字幕师手册

短视频与影视字幕特效制作从入门到精通（剪映版）

字幕师技能树

- 正文动画字幕
- 封面海报字幕
- 定制专属水印 Logo
- 文音同步歌词字幕
- 酷炫片头字幕
- 节目片头字幕
- 商业片头字幕
- 创意片头字幕
- 影视片尾字幕

U0187576

木白 编著

北京大学出版社
PEKING UNIVERSITY PRESS

内 容 提 要

字幕，不仅指在电影银幕或电视机屏幕下方出现的解说文字，视频或者影片的片名、演职员表、唱词、对白、弹幕、说明词，以及因需要提供人物、地名和年代介绍而出现的文字等，都可称为字幕。这些需要出现字幕的应用场景，为视频和影片创作人员提供了很多可以发挥创意的地方，精心设计、富有创意的字幕，能带给观看者更好的视听体验。

本书讲解内容主要包括制作正文动画字幕、电影海报字幕、视频封面字幕、专属水印 Logo、文音同步的歌词字幕、酷炫片头字幕、综艺片头字幕、商业片头字幕、创意片头字幕，以及影视片尾字幕等，帮助读者在较短的时间内，从字幕制作新手，成长为剪映字幕制作高手！

书中既讲解了剪映电脑版的字幕制作方法，也同步讲解了剪映手机版的字幕制作要点，让您买一本书，精通剪映两个版本，轻松玩转剪映电脑版 + 手机版，随时、随地制作出精美的字幕特效。

本书案例丰富、实用，既适合视频制作与剪辑爱好者、字幕文字和动画制作爱好者阅读，也适合片头制作、片尾制作、影视封面设计等从业人员阅读，还可以供学校或培训机构中的新媒体、数字媒体专业作为教材使用。

图书在版编目（CIP）数据

字幕师手册 ：短视频与影视字幕特效制作从入门到精通 ：剪映版 / 木白编著 . — 北京 ：北京大学出版社，2022.11

ISBN 978-7-301-33442-3

Ⅰ. ①字… Ⅱ. ①木… Ⅲ. ①视频制作 Ⅳ. ① TN948.4

中国版本图书馆 CIP 数据核字 (2022) 第 184183 号

书　　名	**字幕师手册：短视频与影视字幕特效制作从入门到精通（剪映版）** ZIMUSHI SHOUCE: DUANSHIPIN YU YINGSHI ZIMU TEXIAO ZHIZUO CONG RUMEN DAO JINGTONG (JIANYING BAN)
著作责任者	木　白　编著
责 任 编 辑	滕柏文
标 准 书 号	ISBN 978-7-301-33442-3
出 版 发 行	北京大学出版社
地　　址	北京市海淀区成府路 205 号　100871
网　　址	http://www. pup. cn　　新浪微博：@ 北京大学出版社
电 子 信 箱	pup7@ pup. cn
电　　话	邮购部 010-62752015　发行部 010-62750672　编辑部 010-62570390
印 刷 者	北京宏伟双华印刷有限公司
经 销 者	新华书店
	787 毫米 ×1092 毫米　16 开本　14.5 印张　420 千字
	2022 年 11 月第 1 版　2022 年 11 月第 1 次印刷
印　　数	1-4000 册
定　　价	89.00 元

前　言

关于本系列图书

感谢您翻开本系列图书。

面对众多的短视频制作与设计教程图书，或许您正在为寻找一本技术全面、参考案例丰富的图书而苦恼，或许您正在为不知该如何进入短视频行业学习而踌躇，或许您正在为不知自己能否做出书中的案例效果而担心，或许您正在为买一本靠谱的入门教材而仔细挑选，或许您正在为自己进步太慢而焦虑……

目前，短视频行业的红利和就业机会汹涌而来，我们急您所急，为您奉献一套优秀的短视频学习用书——“新媒体技能树”系列，它采用完全适合自学的“教程 + 案例”和“完全案例”两种形式编写，兼具技术手册和应用技巧参考手册的特点，随书附赠的超值资料包不仅包含视频教学、案例素材文件、教学 PPT 课件，还包含针对新手特别整理的电子书《剪映短视频剪辑初学 100 问》、103 集视频课《从零开始学短视频剪辑》，以及对提高工作效率有帮助的电子书《剪映技巧速查手册：常用技巧 70 个》。此外，每本书都设置了“短视频职业技能思维导图”，以及针对教学的“课时分配”和“课后实训”等内容。希望本系列书能够帮助您解决学习中的难题，提高技术水平，快速成为短视频高手。

- 自学教程。本系列图书中设计了大量案例，由浅入深、从易到难，可以让您在实战中循序渐进地学习到软件知识和操作技巧，同时掌握相应的行业应用知识。
- 技术手册。书中的每一章都是一个小专题，不仅可以帮您充分掌握该专题中提及的知识和技巧，而且举一反三，带您掌握实现同样效果的更多方法。
- 应用技巧参考手册。书中将许多案例化整为零，让您在不知不觉中学习到专业案例的制作方法和流程。书中还设计了许多技巧提示，恰到好处地对您进行点拨，到了一定程度后，您可以自己动手，自由发挥，制作出相应的专业案例效果。
- 视频讲解。每本书都配有视频教学二维码，您可以直接扫码观看、学习对应本书案例的视频，也可以观看相关案例的最终表现效果，就像有一位专业的老师在您身边一样。您不仅可以使用本系列图书研究每一个操作细节，还可以通过在线视频教学了解更多操作技巧。

剪映应用前景

剪映，是抖音官方的后期剪辑软件，也是国内应用最多的短视频剪辑软件之一，由于其支持零基础轻松入门剪辑，配备海量的免费版权音乐，不仅可以快速输出作品，还能将作品无缝衔接到抖音发布，具备良好的使用体验，截至 2022 年 7 月，剪映在华为手机应用商店的下载量达 42 亿次，在苹果手机应用商店的下载量达 5 亿次，加上在小米、OPPO、vivo 等其他品牌手机应用商店的下载量，共收获超过 50 亿次的下载量！

在广大摄影爱好者和短视频拍摄、制作人员眼中，剪映已基本完成了对“最好用的剪辑软件”这一印象的塑造，俨然成为市场上手机视频剪辑的“第一霸主”软件，将其他视频剪辑软件远远甩在身后。在日活用户大于 6 亿的平台上，剪映的商业应用价值非常高。精美的、有创意的视频，更能吸引用户的目光，得到更多的关注，进而获得商业变现的机会。

剪映软件也有电脑版

可能有许多新人摄友不知道，剪映不仅有手机版软件，还发布了电脑端的苹果版和 Windows 版软件。因为功能的强大与操作的简易，剪映正在“蚕食”Premiere 等电脑端视频剪辑软件的市场，或许在不久的将来，也将拥有众多的电脑端用户，成为电脑端的视频剪辑软件领先者。

剪映电脑版的核心优势是功能的强大、集成，特别是操作时比 Premiere 软件更为方便、快捷。目前，剪映拥有海量短、中视频用户，其中，很多用户同时是电脑端的长视频剪辑爱好者，因此，剪映自带用户流量，有将短、中、长视频剪辑用户一网打尽的基础。

随着剪映的不断发展，视频剪辑用户在慢慢转移，之前 Premiere、会声会影、AE 的视频剪辑用户，可能会慢慢“转粉”剪映；还有初学者，剪映本身的移动端用户，特别是既追求专业效果又要求产出效率的学生用户、Vlog 博主等，也会逐渐“转粉”剪映。

对比优势

剪映电脑版，与 Premiere 和 AE 相比，有什么优势呢？根据本书笔者多年的使用经验，剪映电脑版有 3 个特色。

一是配置要求低：Premiere 和 AE 对电脑的配置要求较高，处理一个大于 1GB 的文件，渲染几个小时算是短的，有些几十 GB 的文件，一般要渲染一个通宵才能完成，而使用剪映，可能十几分钟就可以完成制作并导出。

二是上手快：Premiere 和 AE 界面中的菜单、命令、功能太多，而剪映是扁平式界面，核心功能一目了然。学 Premiere 和 AE 的感觉，相对比较困难，而学剪映更容易、更轻松。

三是功能强：过去用 Premiere 和 AE 需要花上几个小时才能做出来的影视特效、商业广告，现在用剪映几分钟就能做出来；在剪辑方面，无论是方便性、快捷性，还是功效性，剪映都优于两个老牌软件。

简单总结：剪映电脑版，比 Premiere 操作更易上手！比 Final Cut 剪辑更为轻松！比达芬奇调色更为简单！剪映的用户数量，比以上 3 个软件的用户数量之和还要多！

从易用角度来说，剪映很可能会取代 Premiere 和 AE，在调色、影视、商业广告等方面的应用越来越普及。

系列图书品种

剪映强大、易用，在短视频及相关行业深受越来越多的人喜欢，逐渐开始从普通使用转为专业使用，使用其海量的优质资源，用户可以创作出更有创意、视觉效果更优秀的作品。为此，笔者特意策划了本系列图书，希望能帮助大家深入了解、学习、掌握剪映在行业应用中的专业技能。本系列图书包含以下 7 本：

❶《运镜师手册：短视频拍摄与脚本设计从入门到精通》
❷《剪辑师手册：视频剪辑与创作从入门到精通（剪映版）》
❸《调色师手册：视频和电影调色从入门到精通（剪映版）》
❹《音效师手册：后期配音与卡点配乐从入门到精通（剪映版）》
❺《字幕师手册：短视频与影视字幕特效制作从入门到精通（剪映版）》

❻《特效师手册：影视剪辑与特效制作从入门到精通（剪映版）》

❼《广告师手册：影视栏目与商业广告制作从入门到精通（剪映版）》

本系列图书特色鲜明。

一是细分专业：对短视频最热门的 7 个维度——运镜（拍摄）、剪辑、调色、音效、字幕、特效、广告进行深度研究，一本只专注于一个维度，垂直深讲！

二是实操实战：每本书设计 50~80 个案例，均精选自抖音上点赞率、好评率最高的案例，分析制作方法，讲解制作过程。

三是视频教学：笔者对应书中的案例录制了高清语音教学视频，读者可以扫码看视频。同时，每本书都赠送所有案例的素材文件和效果文件。

四是双版讲解：不仅讲解了剪映电脑版的操作方法，同时讲解了剪映手机版的操作方法，让读者阅读一套书，同时掌握剪映两个版本的操作方法，融会贯通，学得更好。

短视频职业技能思维导图：字幕师

本书内容丰富、结构清晰，现对要掌握的技能制作思维导图加以梳理，如下所示。

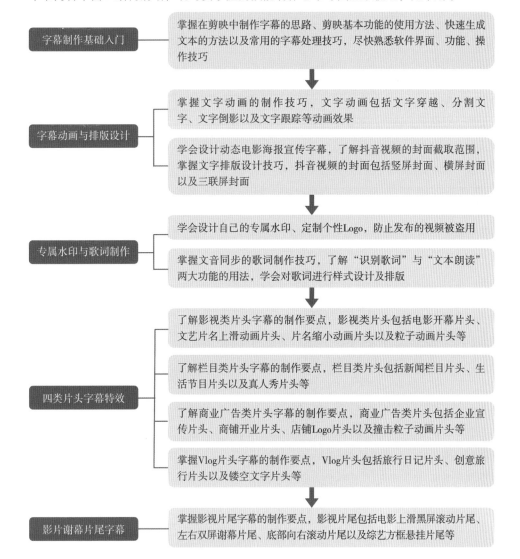

- 字幕制作基础入门
  - 掌握在剪映中制作字幕的思路、剪映基本功能的使用方法、快速生成文本的方法以及常用的字幕处理技巧，尽快熟悉软件界面、功能、操作技巧
- 字幕动画与排版设计
  - 掌握文字动画的制作技巧，文字动画包括文字穿越、分割文字、文字倒影以及文字跟踪等动画效果
  - 学会设计动态电影海报宣传字幕，了解抖音视频的封面截取范围，掌握文字排版设计技巧，抖音视频的封面包括竖屏封面、横屏封面以及三联屏封面
- 专属水印与歌词制作
  - 学会设计自己的专属水印、定制个性Logo，防止发布的视频被盗用
  - 掌握文音同步的歌词制作技巧，了解“识别歌词”与“文本朗读”两大功能的用法，学会对歌词进行样式设计及排版
- 四类片头字幕特效
  - 了解影视类片头字幕的制作要点，影视类片头包括电影开幕片头、文艺片名上滑动画片头、片名缩小动画片头以及粒子动画片头等
  - 了解栏目类片头字幕的制作要点，栏目类片头包括新闻栏目片头、生活节目片头以及真人秀片头等
  - 了解商业广告类片头字幕的制作要点，商业广告类片头包括企业宣传片头、商铺开业片头、店铺Logo片头以及撞击粒子动画片头等
  - 掌握Vlog片头字幕的制作要点，Vlog片头包括旅行日记片头、创意旅行片头以及镂空文字片头等
- 影片谢幕片尾字幕
  - 掌握影视片尾字幕的制作要点，影视片尾包括电影上滑黑屏滚动片尾、左右双屏谢幕片尾、底部向右滚动片尾以及综艺方框悬挂片尾等

课程安排建议

本书是系列图书中的一本，为《字幕师手册：短视频与影视字幕特效制作从入门到精通（剪映版）》，以剪映电脑版为主，手机版为辅，课时分配具体如下（教师可以根据自己的教学计划对课时分配进行适当调整）。

章节内容	课时分配	
	教师讲授	学生上机实训
第 1 章 入门：字幕制作与设计基础	1.5 小时	1.5 小时
第 2 章 进阶：正文动画字幕特效	1.5 小时	1.5 小时
第 3 章 设计：海报、封面字幕特效	1.5 小时	1.5 小时
第 4 章 个性：定制专属水印 Logo	1 小时	1 小时
第 5 章 歌词：文音同步字幕特效	1 小时	1 小时
第 6 章 影视：酷炫片头字幕特效	2 小时	2 小时
第 7 章 栏目：节目片头字幕特效	1 小时	1 小时
第 8 章 广告：商业片头字幕特效	1 小时	1 小时
第 9 章 Vlog：创意片头字幕特效	1 小时	1 小时
第 10 章 谢幕：影视片尾字幕特效	1.5 小时	1.5 小时
合计	13 小时	13 小时

温馨提示

编写本书时，笔者基于剪映软件截取实际操作图片，但书从编写到编辑出版需要一段时间，在这段时间里，软件界面与功能会有调整与变化，比如有的内容删除了、有的内容增加了，这是软件开发商做的更新，很正常。读者在阅读本书时，可以根据书中的思路，举一反三地进行学习，不必拘泥于细微的变化。

素材获取

读者可以用微信扫一扫右侧二维码，关注官方微信公众号，输入本书 77 页的资源下载码，根据提示获取随书附赠的超值资料包的下载地址及密码。

观看《字幕师手册》视频教学，请扫码：

观看 103 集视频课《从零开始学短视频剪辑》，请扫码：

作者售后

本书由木白编著，邓陆英参与编写，向小红、苏苏、巧慧、燕羽、徐必文、黄建波等人协助提供视频素材和拍摄帮助，在此表示感谢。

由于作者知识水平有限，书中难免有错误和疏漏之处，恳请广大读者批评、指正，联系微信：157075539。

如果您对本书有所建议，也可以给我们发邮件：guofaming@pup.cn。

木白

目　录

第1章　入门：字幕制作与设计基础

1.1　掌握文本创建功能　002

1.1.1　字幕基础：理清制作思路　002
1.1.2　设置文字样式：《橘色黄昏》　004
1.1.3　添加花字字幕：《国金中心》　007
1.1.4　添加气泡主题：《彩霞满天》　011

1.2　套用现成的模板　013

1.2.1　添加文字贴纸：《去海边走走吧》　014
1.2.2　套用文字模板：《湘江女神》　015

1.3　常用的处理技巧　017

1.3.1　把重点文字放大：《不粘锅》　017
1.3.2　对重点文字标色：《羽毛吊灯》　021
1.3.3　自动识别字幕：《双语字幕》　023
1.3.4　文稿匹配技巧：《美文朗读》　028
1.3.5　导出字幕文件：《美文朗读》　030

课后实训：添加解说字幕　031

第2章　进阶：正文动画字幕特效

2.1　人物穿越文字　033

2.1.1　向前穿过文字：《夏日美好》　033
2.1.2　从中间穿插走过：《人生海海》　037

2.2　文字分割、倒影与跟踪　040

2.2.1　文字上下分割：《幸福生活》　040
2.2.2　文字倒影效果：《海天相接》　045
2.2.3　人走字出效果：《春暖花开》　051

课后实训：文字跟踪目标车辆　055

第3章　设计：海报、封面字幕特效

3.1　动态电影海报制作　057

3.1.1　动态电影海报：《哥斯拉世纪大战》　057
3.1.2　动态电影宣传海报：《恐龙再现》　062

3.2　抖音发布封面　067

3.2.1　竖屏封面：《运镜师手册》　067
3.2.2　横屏封面：《调色师手册》　072
3.2.3　三联屏封面：《美丽人生》　076

课后实训：编辑视频封面　080

第4章　个性：定制专属水印Logo

4.1　防“盗”水印　083

4.1.1　视频移动水印：《环宇影视》　083
4.1.2　专属标识水印：《小米电影》　086
4.1.3　制作专属印章：《清风》　090

4.2　其他专属水印　092

4.2.1　个人专属字幕条：《北斗》　092
4.2.2　姓氏专属认证：《刘先生与李女士》　096

课后实训：制作方框印章　100

第5章　歌词：文音同步字幕特效

5.1　识别歌词与文本朗读　103

5.1.1　识别歌词添加字幕：《落在生命里的光》　103
5.1.2　文本朗读制作配音：《浪漫夕阳》　107

5.2　歌词排版样式　111

5.2.1　歌词逐句显示：《大雾》　111
5.2.2　歌词滚动：《奔赴星空》　116

课后实训：歌词音符跳动　122

第6章　影视：酷炫片头字幕特效

6.1　电影开幕　124

6.1.1　上下开幕片头：《倾城绝恋》　124
6.1.2　错屏开幕片头：《那年青春正年少》　127

6.2 片头动画 131

6.2.1 文艺片名上滑：《灯火阑珊》 131
6.2.2 片名二合一：《纵横四海》 137
6.2.3 片名缩小：《诸神黄昏》 141
6.2.4 粒子动画片头：《疯狂的麦克斯》 144

课后实训：溶解消散片头 150

第7章 栏目：节目片头字幕特效

7.1 新闻类片头 153

7.1.1 娱乐新闻快闪片头：《娱乐播报》 153
7.1.2 节目立方体开场：《新闻晨报》 156

7.2 生活类片头 162

7.2.1 节目卷轴开场：《人间烟火》 163
7.2.2 节目瞳孔开场：《长沙之眼》 165

7.3 真人秀片头：《出发吧！巴厘岛！》 167

课后实训：箭头开场片头 170

第8章 广告：商业片头字幕特效

8.1 科技感宣传片头：《云行天际》 172

8.2 广告片头 176

8.2.1 商铺开业文字：《开业大吉》 176
8.2.2 店铺Logo制作：《墨香阁》 178
8.2.3 撞击粒子动画片头：《龙腾科技》 180

课后实训：健身广告片头 183

第9章 Vlog：创意片头字幕特效

9.1 旅行出游片头 186

9.1.1 旅行日记片头：《日出山巅》 186
9.1.2 创意旅行文字：《诗和远方》 187

9.2 镂空文字片头 192

9.2.1 上下分屏镂空片头：《记录美景》 192
9.2.2 镂空文字右滑开场：《DUSK》 196
9.2.3 镂空文字穿越开场：《VLOG》 198

课后实训：文字划过开场 201

第10章 谢幕：影视片尾字幕特效

10.1 电影片尾 204

10.1.1 上滑黑屏滚动片尾：《片尾1》 204
10.1.2 左右双屏谢幕片尾：《片尾2》 208
10.1.3 底部向右滚动片尾：《片尾3》 213

10.2 综艺片尾：《片尾4》 217

课后实训：半透明白底滚动片尾 221

附录 剪映快捷键大全 223

第 1 章 入门：字幕制作与设计基础

简单的文字，可以是点睛之笔。字幕文字在短视频、电影、电视剧、广告以及综艺节目中都是不可或缺的，它可以用作解说、旁白、提示，在标题、片头、片尾以及广告文案等各个地方。在剪映中，我们可以充分使用文本功能，制作上述所有字幕，为作品添彩。本章，将带领大家学习剪映的字幕录入基础知识，帮助大家快速掌握字幕的制作技巧。

1.1 掌握文本创建功能

在剪映中，用户想要制作出各种字幕，首先需要理清制作字幕的思路，其次需要了解创建文本、设置文字样式、添加花字和气泡的操作方法，以此作为基础，才能制作出多样化的字幕。

1.1.1 字幕基础：理清制作思路

字幕可以为视频增色，能够很好地向观众传递视频信息和制作理念，是视频后期制作中重要的艺术手段之一。当字幕以各种字体、样式以及动画等形式出现在视频中时，能起到画龙点睛的作用。

制作字幕时，我们可以根据背景画面、主题以及视频用途等，去构思和创作。抖音上的一些配有镂空字幕、海报字幕、粒子消散字幕以及片头字幕的火爆、热门的视频，看上去好像制作难度很大，其实在剪映中可以轻松地制作出来，如图 1-1 所示。这些字幕效果不仅可以应用在封面、歌词、电影以及综艺中，还可以应用在日常 Vlog 和商业广告中。

图1-1

1. 静态字幕和动态字幕

字幕有静态和动态之分，静态字幕指静止不动的文字，动态字幕指有运动轨迹或者明显变化的文字。制作字幕时，用户可以根据需要制作静态字幕或动态字幕。

在剪映中制作静态字幕时，用户可以通过设置字体、样式、颜色、描边、阴影、排列、大小、角度以及花字等属性，让字幕在画面中更加好看，还可以使用边框、线条等贴纸来辅助制作字幕。排版时，用户可以对重点文字标色、放大，也可以逐字创建文本，将文字大小不一、位置不一地错开排版，可以横排，也可以竖排。如果是制作不易被人察觉的水印，可以通过设置不透明度、缩小文字等方式，将水印字幕置于画面中不起眼的位置，既能起到标识防伪作用，又能保证画面的视觉观感良好。

在剪映中制作动态字幕时，可以在静态字幕的基础上，通过添加动画效果和关键帧的方式，实现字幕的动态效果。

- 剪映为用户提供了入场动画、出场动画以及循环动画等效果，用户可以根据需要选择合适的动画效果，并设置动画的持续时长，使字幕更有观赏性。
- 在不同的时间位置添加关键帧，通过调整位置、大小、旋转角度以及不透明度等操作，可以让字幕动起来。

2. 画中画合成字幕

在剪映中使用“混合模式”功能和“色度抠图”功能，可以制作画中画合成字幕效果，其要点是先制作一个底色单一的文字，然后将制作的文字导出为字幕视频备用，文字可以是动态的，也可以是静态的。

- 使用“混合模式”功能，一共有“正常”“变亮”“滤色”“变暗”“叠加”“强光”“柔光”“颜色加深”“线性加深”“颜色减淡”“正片叠底”等 11 种混合模式可以设置，能够将字幕视频中的白色或者黑色去除，黑底的镂空文字便是这样制作出来的。需要注意的是，使用“混合模式”功能制作的合成字幕效果，更适用于黑白色的字幕视频，与其他颜色的字幕视频合成后，会出现文字半透明的情况。
- 使用“色度抠图”功能，可以对字幕视频中的某种颜色进行抠除，例如很多影视剧在拍摄时常用绿幕特效，后期使用“色度抠图”功能对绿色进行抠除，进而制作出精彩、炫酷的特效视频。参考绿幕特效的思路，先将字幕视频背景设置成单一的颜色，再将文字设置成其他颜色，使用“色度抠图”功能抠除背景颜色，即可得到一个有颜色的字幕视频。

对于合成后的字幕，用户可以为其添加蒙版效果，剪映提供了“线性”“镜面”“圆形”“矩形”“爱心”“星形”等蒙版，结合关键帧，可以制作出创意蒙版动画效果。

3. 使用文字模板

在剪映的“文字模板”素材库中，有非常丰富的文字模板样式，包括“热门”“情绪”“综艺感”“新闻”“气泡”“手写字”“简约”“互动引导”“片头标题”“片中序章”“片尾谢幕”“美食”“科技感”等类型，用户可以直接套用模板，修改模板中的文本内容，制作出精良又好看的字幕效果，省去设计字幕的时间。

这只是一种“懒人”创作思路，可以为用户省心、省事、省时，如果想要成为字幕大师，还是得自己多花点时间去学习、练习，开拓思维才能制作出具有个人风格的字幕效果。

1.1.2 设置文字样式：《橘色黄昏》

效果对比 在剪映中，用户可以为文字设置字体、颜色、描边、边框、阴影和排列方式等属性，还可以添加动画效果，制作出不同样式的文字效果，如图 1-2 所示。

图1-2

1. 用剪映电脑版制作

剪映电脑版的操作方法如下。

步骤 01 在剪映电脑版中，❶导入视频素材并将其添加到视频轨道中；❷在“文本”功能区的“新建文本”选项卡中单击“默认文本”的“添加到轨道”按钮，如图 1-3 所示。

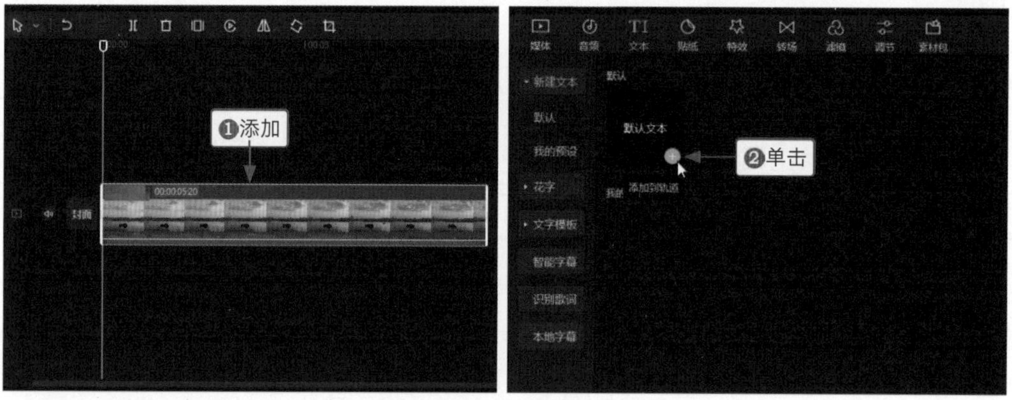

图1-3

步骤 02 执行操作后，即可添加一个默认文本，如图 1-4 所示。

步骤 03 调整文本时长至与视频时长一致，如图 1-5 所示。

步骤 04 选择添加的文本，在“文本”操作区的“基础”选项卡中，❶输入相应文字；❷设置一个合适的字体，如图 1-6 所示。

步骤 05 选择合适的预设样式，如图 1-7 所示。

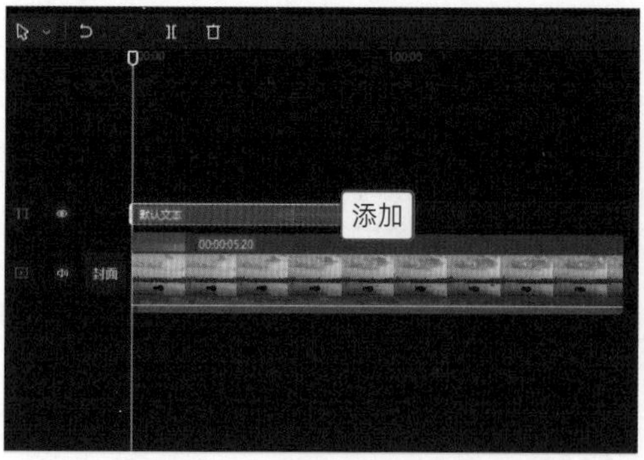

图1-4

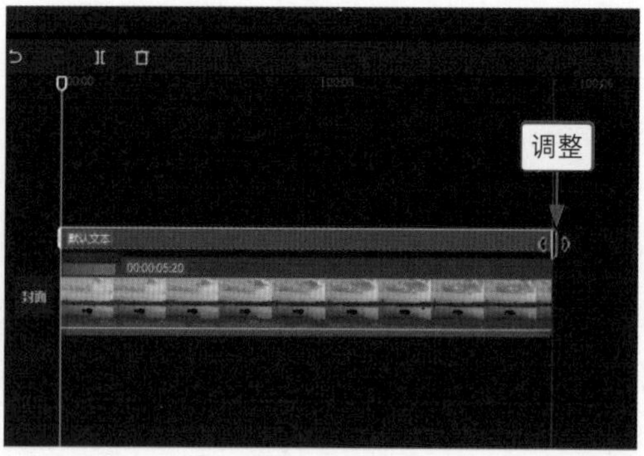

图1-5

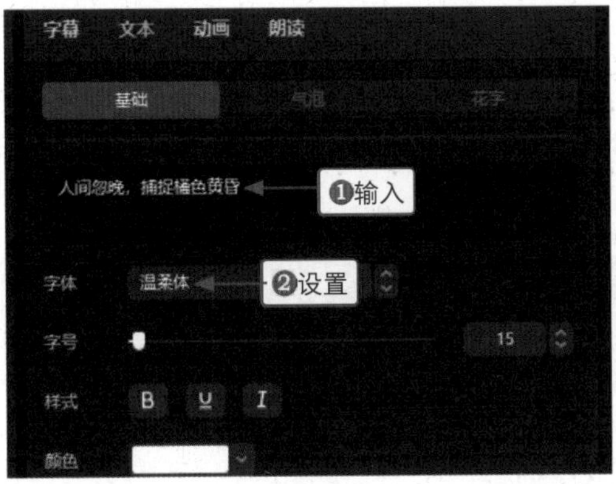

图1-6

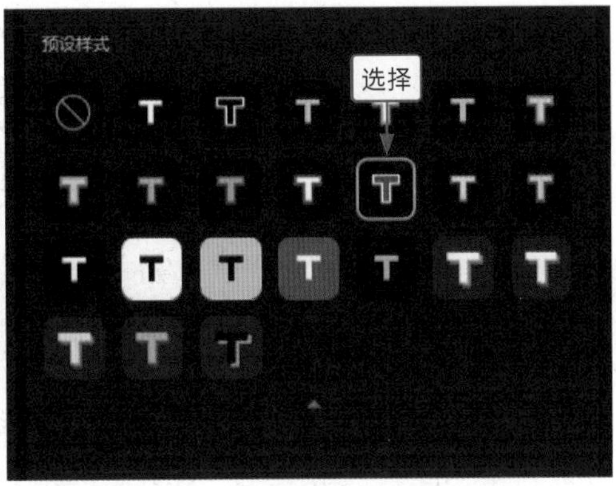

图1-7

步骤 06　在“排列”选项区中，设置“字间距”参数为 4，如图 1-8 所示，调整字间距。

步骤 07　在“描边”选项区中，设置“粗细”参数为 15，如图 1-9 所示，调整白边粗细。

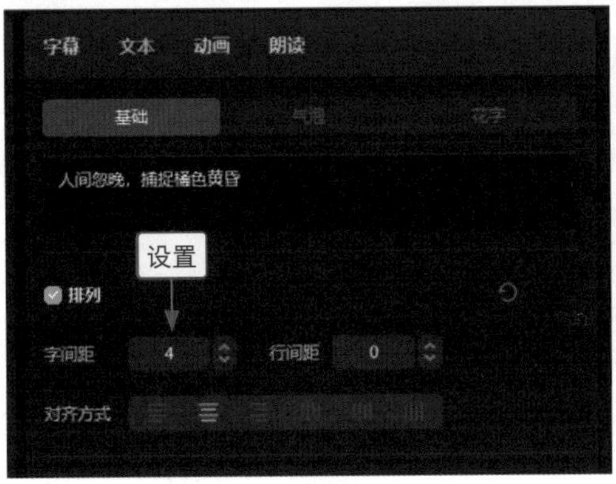

图1-8

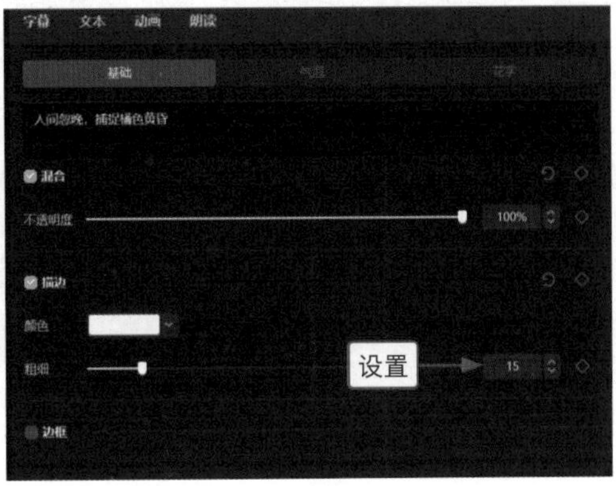

图1-9

步骤 08　在“播放器”面板中，调整文本的大小和位置，如图 1-10 所示。

步骤 09　❶切换至“动画”操作区；❷在“入场”选项卡中选择“羽化向右擦开”动画；❸设置“动画时长”参数为 3.5s（时长可以根据视频需要进行调整），如图 1-11 所示。执行操作后，即可在“播放器”面板中预览视频效果。

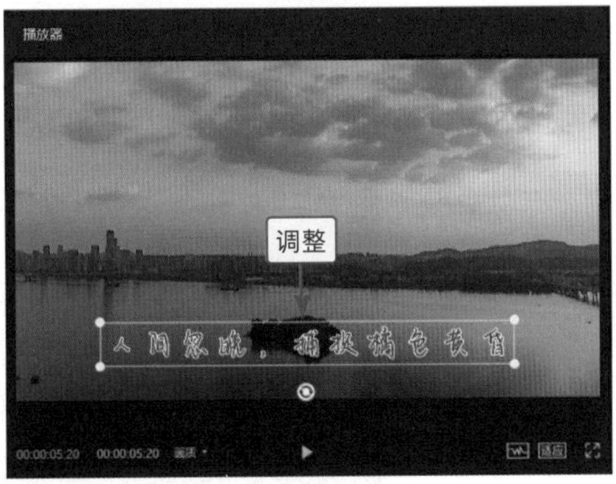

图1-10

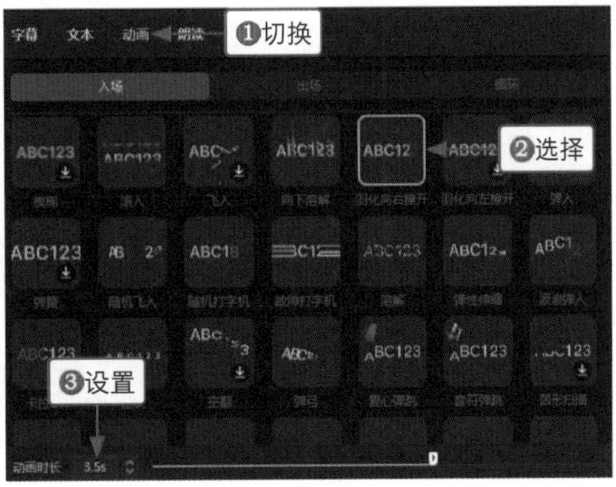

图1-11

2. 用剪映手机版制作

剪映手机版的操作方法如下。

步骤 01 在剪映手机版中导入视频，点击“文字”按钮，如图 1-12 所示。

步骤 02 在工具栏中，点击“新建文本”按钮，如图 1-13 所示。

步骤 03 ❶在文本框中输入文本内容；❷选择一个合适的字体；❸调整文本的大小和位置，如图 1-14 所示。

图1-12

图1-13

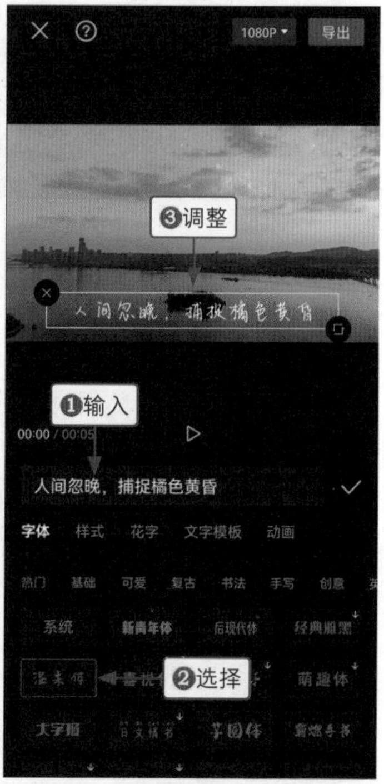

图1-14

步骤 04 ❶切换至“样式”选项卡；❷选择一个预设样式；❸在“描边”选项区中设置“粗细度”参数为 15，如图 1-15 所示。

步骤 05 在“排列”选项区中，设置“字间距”参数为 4，如图 1-16 所示。

步骤 06 返回，调整文本时长至与视频时长一致，点击“动画”按钮，❶切换至“动画”选项卡；❷在“入场动画”选项区中选择“羽化向右擦开”动画；❸设置动画时长为 3.5s，如图 1-17 所示。执行操作后，即可完成对字幕的制作。

图1-15

图1-16

图1-17

1.1.3 添加花字字幕：《国金中心》

效果对比 剪映中内置了很多花字字幕模板，可以帮助用户一键制作出各种精彩的艺术字效果，如图 1-18 所示。

图1-18

1. 用剪映电脑版制作

剪映电脑版的操作方法如下。

步骤 01 在剪映电脑版中导入视频素材并将其添加到视频轨道中，如图 1-19 所示。

步骤 02 在“文本”功能区中，展开“花字”选项卡，如图 1-20 所示。

步骤 03 单击相应花字样式的“添加到轨道”按钮，如图 1-21 所示。

步骤 04 在视频轨道上方添加一个文本并调整文本时长，如图 1-22 所示。

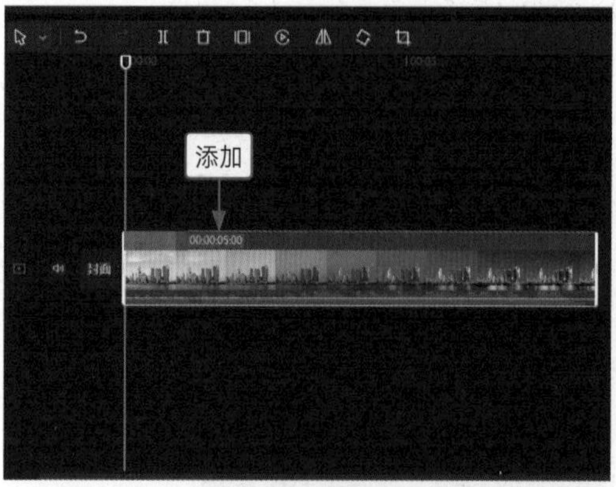

图1-19

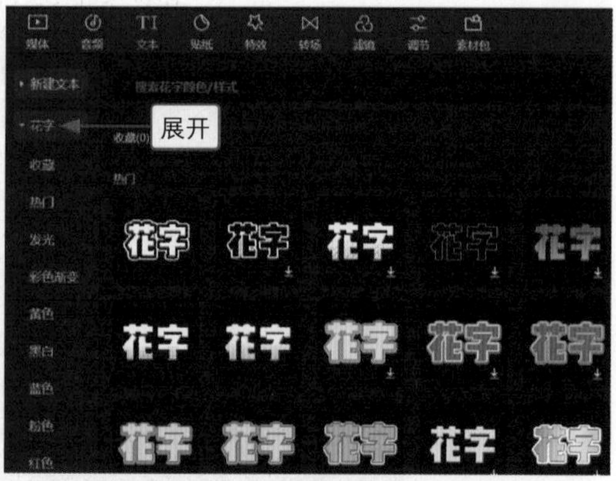

图1-20

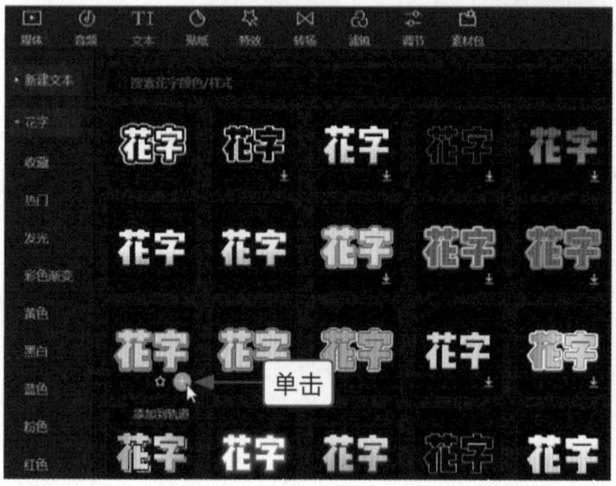

图1-21

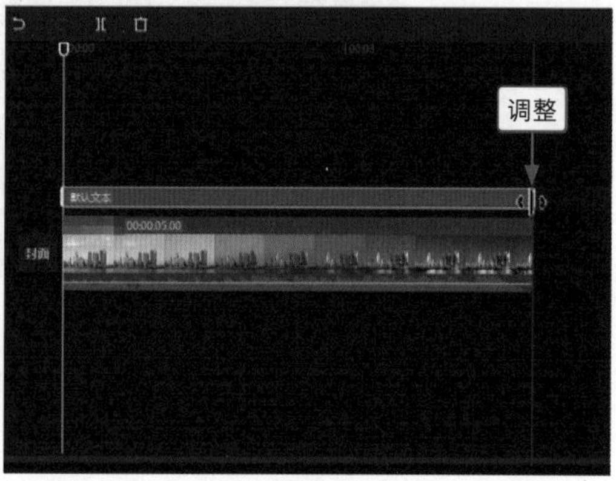

图1-22

步骤 05 在“文本”操作区的“基础”选项卡中，❶输入相应文字；❷设置一个合适的字体，如图 1-23 所示。

步骤 06 在“排列”选项区中，设置“字间距”参数为 3，如图 1-24 所示，稍微拉开一点字与字之间的距离。

步骤 07 在“播放器”面板中，可以查看花字文本的效果，并调整文本的位置和大小，如图 1-25 所示。

步骤 08 ❶拖曳时间指示器至 00:00:02:00 的位置；❷单击“分割”按钮，将文本分割为两段，如图 1-26 所示。

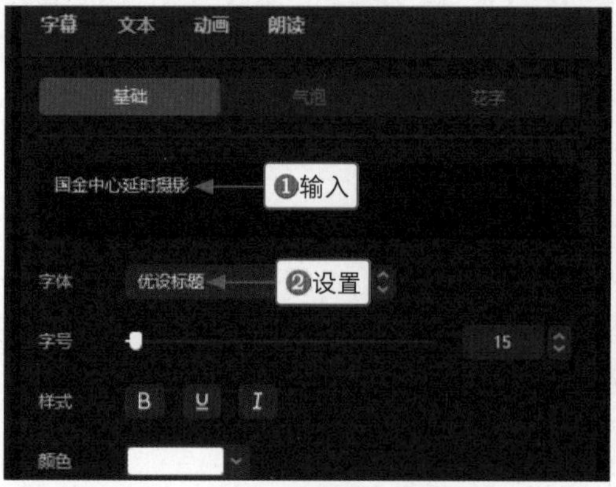

图1-23

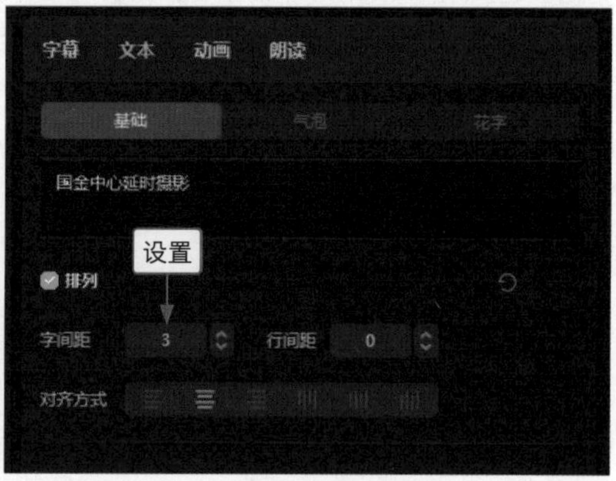

图1-24

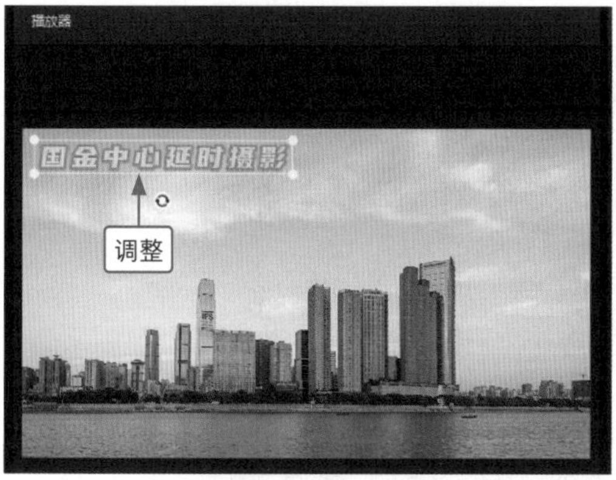

图1–25

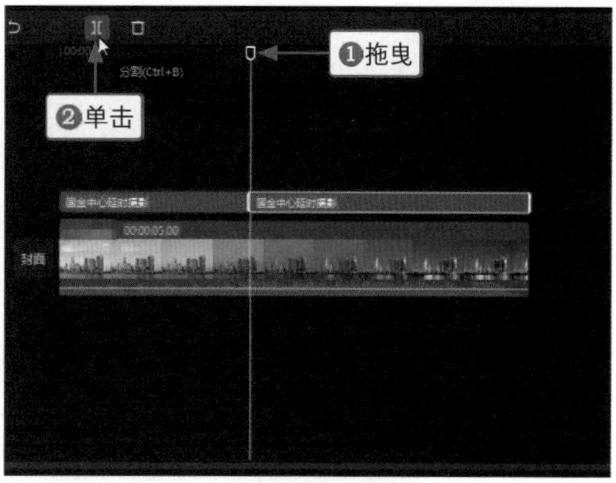

图1–26

步骤 09 在“文本”操作区中，❶切换至“花字”选项卡；❷选择其他花字样式，如图 1-27 所示。

步骤 10 执行上述操作后，即可更改花字样式。在“播放器”面板中，可以查看更改后的花字样式，如图 1-28 所示。

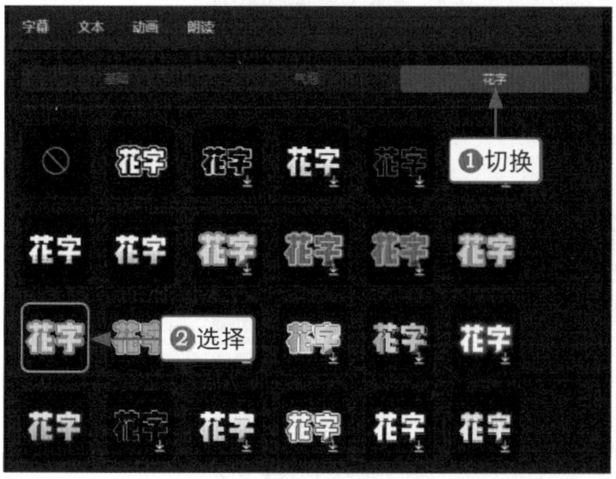

图1–27

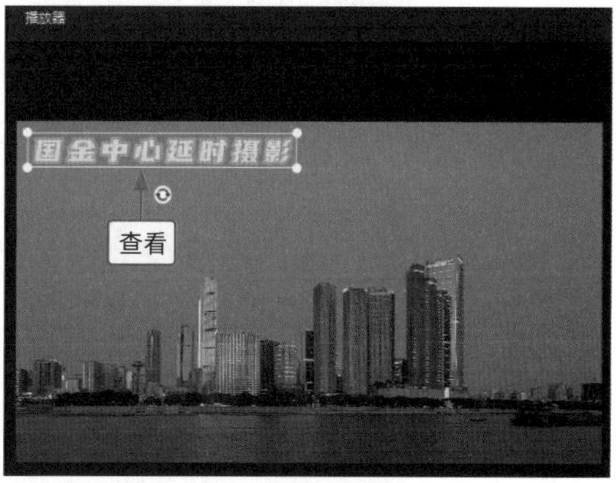

图1–28

2. 用剪映手机版制作

剪映手机版的操作方法如下。

步骤 01 在剪映手机版中导入视频，❶新建一个文本；❷调整文本时长至与视频时长一致；❸点击“编辑”按钮，如图 1-29 所示。

步骤 02 ❶选择一个合适的字体；❷调整文本的大小和位置，如图 1-30 所示。

步骤 03 ❶切换至“样式”选项卡；❷在“排列”选项区中设置“字间距”参数为 3，如图 1-31 所示。

步骤 04 ❶切换至“花字”选项卡；❷选择一个花字样式，如图 1-32 所示。

图1-29

图1-30

图1-31

图1-32

步骤 05 点击 按钮返回，在 00:02 的位置，点击“分割”按钮，如图 1-33 所示。

步骤 06 将文本分割成两段后，❶选择后半段文本；❷点击“编辑”按钮，如图 1-34 所示。

步骤 07 在“花字”选项卡中，选择一个其他的花字样式，如图 1-35 所示。执行操作后，即可更换花字样式。

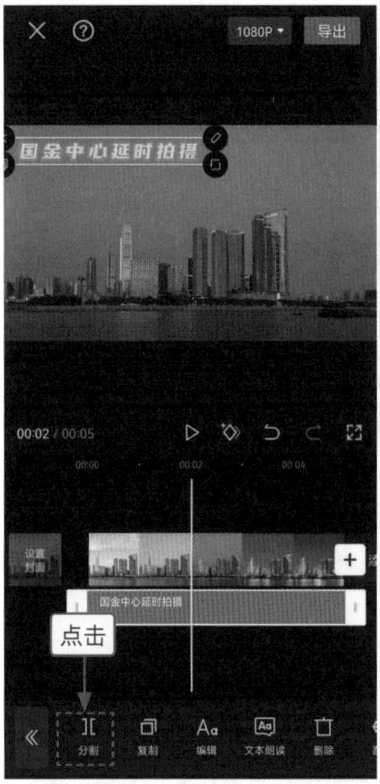

图1-33

图1-34

图1-35

1.1.4 添加气泡主题：《彩霞满天》

效果对比 剪映中，除了有特色花字之外，还有多种气泡模板，套用这些气泡模板，能够制作出各种风格的主题文字，效果如图 1-36 所示。

图1-36

1. 用剪映电脑版制作

剪映电脑版的操作方法如下。

步骤 01 在剪映电脑版中，导入视频素材并将其添加到视频轨道中，如图 1-37 所示。

步骤 02 ❶切换至“文本”功能区；❷在“新建文本”选项卡中单击“默认文本”的“添加到轨道”按钮，如图 1-38 所示。

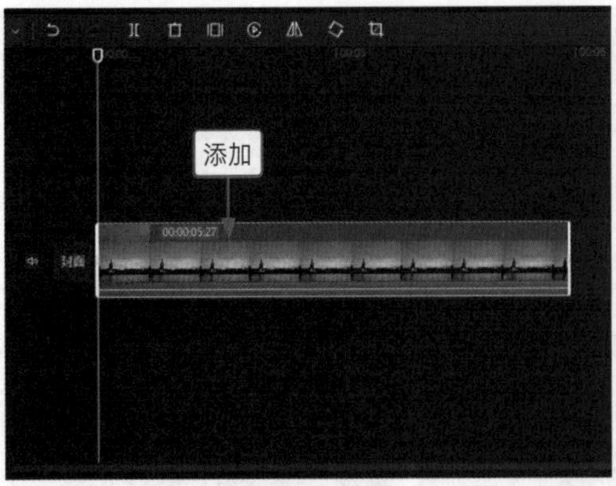

图1–37

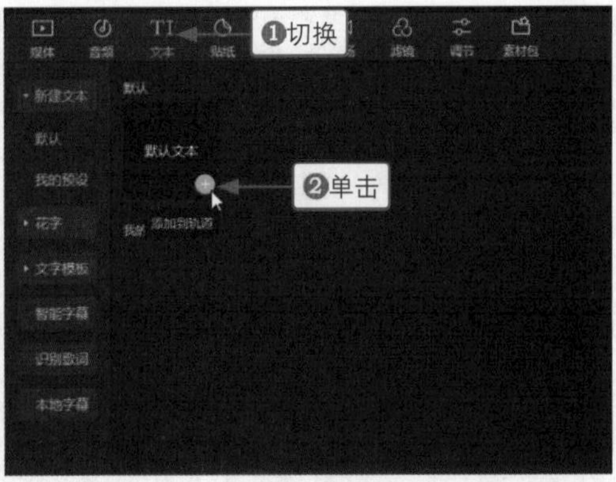

图1–38

步骤 03 执行上述操作后，即可添加一个默认文本。调整文本时长至与视频时长一致，在“文本”操作区的“基础”选项卡中，❶输入相应的主题内容；❷设置一个合适的字体，如图 1–39 所示。

步骤 04 ❶切换至“气泡”选项卡；❷选择一个气泡模板，如图 1–40 所示。

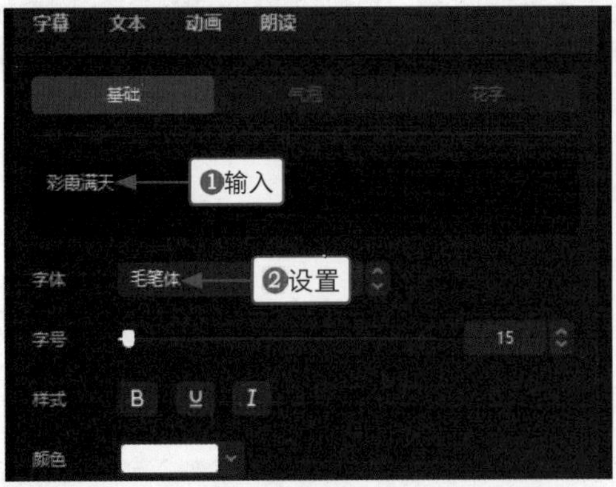

图1–39

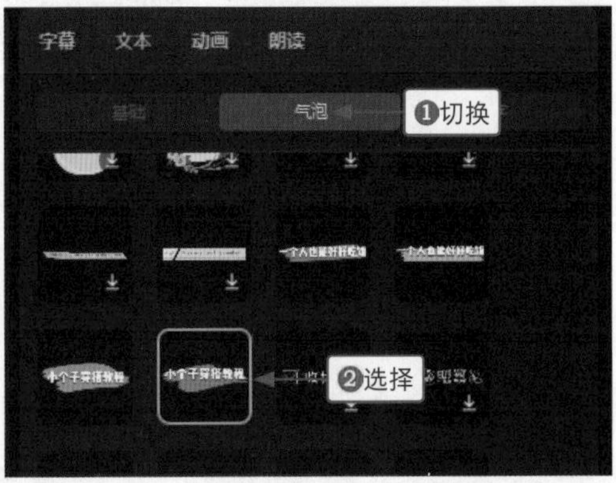

图1–40

步骤 05 在“播放器”面板中，调整气泡文本的大小和位置，如图 1–41 所示。

步骤 06 在“动画”操作区中，❶选择“溶解”入场动画；❷设置“动画时长”参数为 1.5s（注意，不论是在本例中，还是在本书其他案例中，参数是根据视频需要和用户自己的喜好来设置的，用户制作字幕效果时，不一定要完全按照本书所述的参数来设置），如图 1–42 所示。执行操作后，即可完成对气泡主题的制作。

图1–41

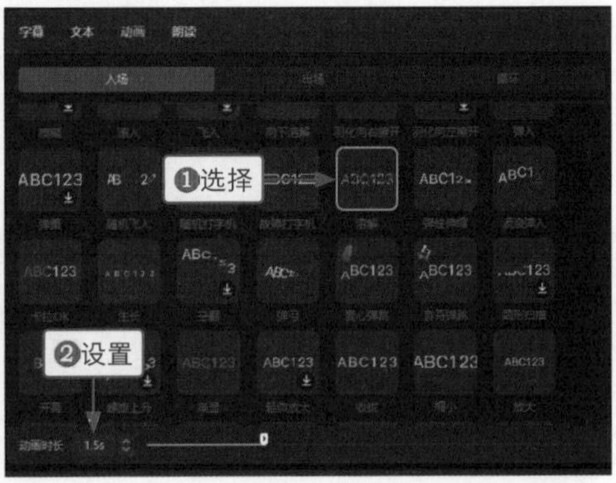

图1–42

2. 用剪映手机版制作

相比剪映电脑版而言，剪映手机版没有那么多气泡模板可供选择，但用户可以在现有的气泡模板中选择一个进行套用，具体的操作方法如下。

步骤 01 在剪映手机版中导入视频，❶新建一个文本，调整文本时长至与视频时长一致；❷点击“编辑”按钮，如图 1-43 所示。

步骤 02 ❶切换至“文字模板”|“气泡”选项卡；❷选择一个气泡样式；❸调整文本的大小和位置，如图 1-44 所示。

步骤 03 ❶切换至“字体”选项卡；❷选择一个合适的字体，如图 1-45 所示。

步骤 04 ❶切换至“动画”选项卡；❷选择“溶解”入场动画；❸设置动画时长为 1.5s，如图 1-46 所示。

图1-43

图1-44

图1-45

图1-46

1.2 套用现成的模板

在剪映中，用户可以套用现成的贴纸和文字模板，不用自己花费心思制作字幕效果。但贴纸与文字模板有所区别，贴纸上的文字是无法修改的，而文字模板中的文字是可以修改的。当用户在文字模板中找不到好看的字幕效果时，可以去贴纸素材库中输入关键字进行搜索，例如很多节日的文字设计，在文字模板中不一定有，但在贴纸素材库中搜索节日名称，往往能搜索到很多不同的节日贴纸，搜索到后，即可直接套用现成的字幕效果。

1.2.1 添加文字贴纸：《去海边走走吧》

效果对比 剪映中有非常多的贴纸，风格种类多样，用户可以根据视频的内容，添加相应的贴纸。例如，可以为风景类视频添加一些文字类贴纸，丰富画面内容，效果如图 1-47 所示。

图1-47

1. 用剪映电脑版制作

剪映电脑版的操作方法如下。

步骤 01 在剪映电脑版中导入视频素材并将其添加到视频轨道中，如图 1-48 所示。

步骤 02 ❶切换至“贴纸”功能区；❷展开“线条风”选项卡；❸单击所选文字贴纸的“添加到轨道”按钮，如图 1-49 所示。

步骤 03 执行上述操作后，即可添加贴纸，调整贴纸时长至与视频时长一致，如图 1-50 所示。

步骤 04 ❶切换至“贴纸”操作区；❷设置“缩放”参数为 77%；❸调整贴纸的位置，如图 1-51 所示。

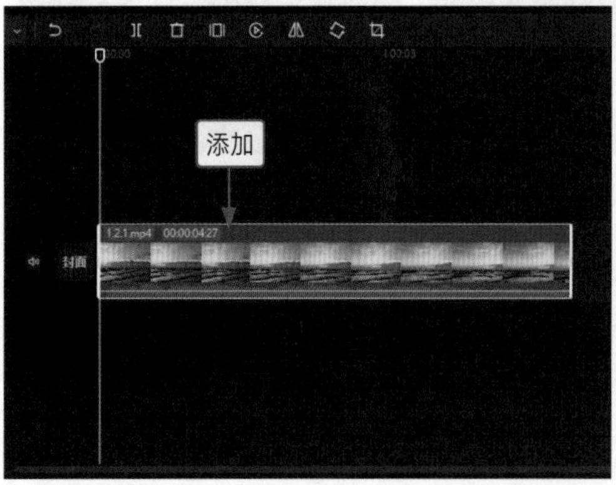

图1-48

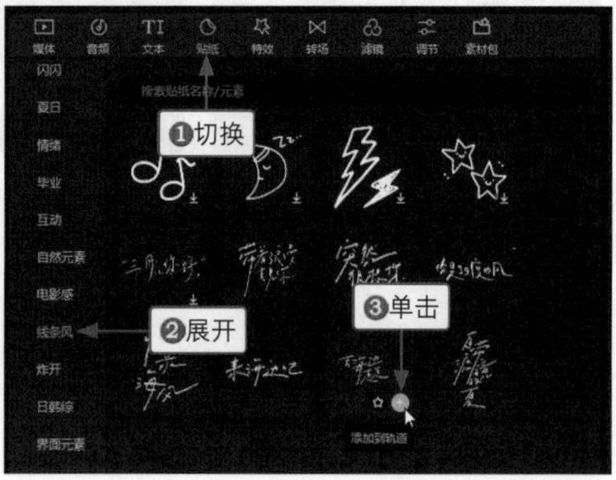

图1-49

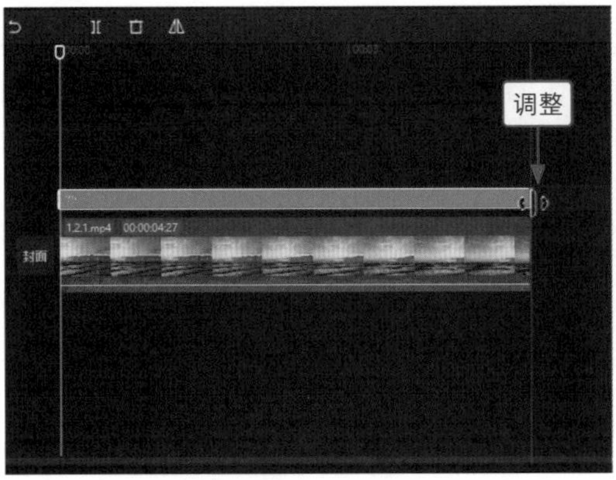

图1–50

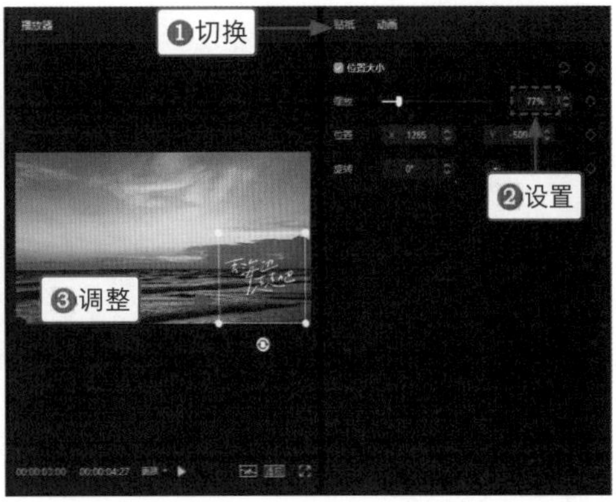

图1–51

2. 用剪映手机版制作

剪映手机版的操作方法如下。

步骤 01 在剪映手机版中，❶导入视频；❷点击“贴纸”按钮，如图 1–52 所示。

步骤 02 点击“添加贴纸”按钮，❶切换至“线条风”选项卡；❷选择一个文字贴纸；❸调整贴纸的大小和位置，如图 1–53 所示。

步骤 03 执行上述操作后，返回，调整贴纸时长，如图 1–54 所示。至此，完成对文字贴纸的添加。

图1–52

图1–53

图1–54

1.2.2 套用文字模板：《湘江女神》

效果对比 剪映自带很多文字模板，款式多样且不需要设置动画样式，直接套用文字模板后，修改原来的文字内容即可，非常方便，效果如图 1–55 所示。

图1-55

1. 用剪映电脑版制作

剪映电脑版的操作方法如下。

步骤 01 在剪映电脑版中，导入视频素材并将其添加到视频轨道中，如图 1-56 所示。

步骤 02 ❶切换至“文本”功能区；❷展开“文字模板”|“手写字”选项卡；❸单击所选文字模板的“添加到轨道”按钮⊕，如图 1-57 所示，即可将文字模板添加到字幕轨道中，调整其时长至与视频时长一致。

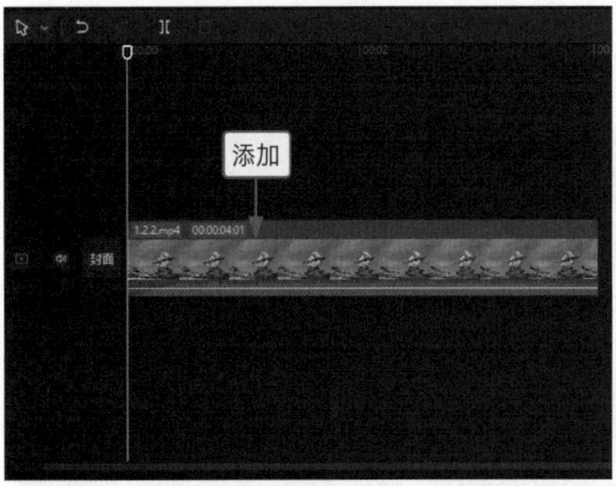

图1-56

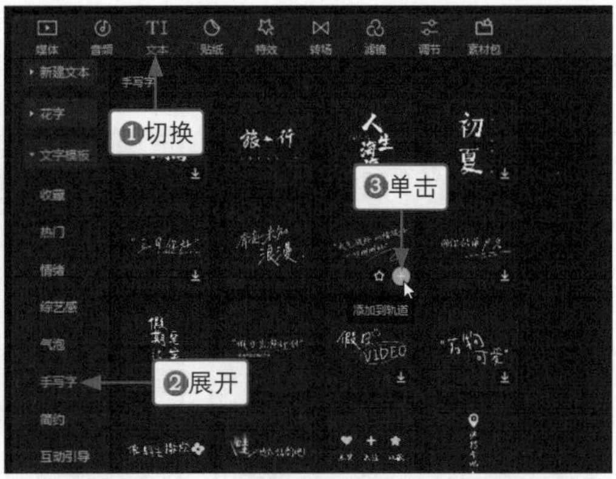

图1-57

步骤 03 在“文本”操作区的“基础”选项卡中，删除原来的文本，修改文本内容，如图 1-58 所示。

步骤 04 在“播放器”面板中，调整文本的位置和大小，如图 1-59 所示。

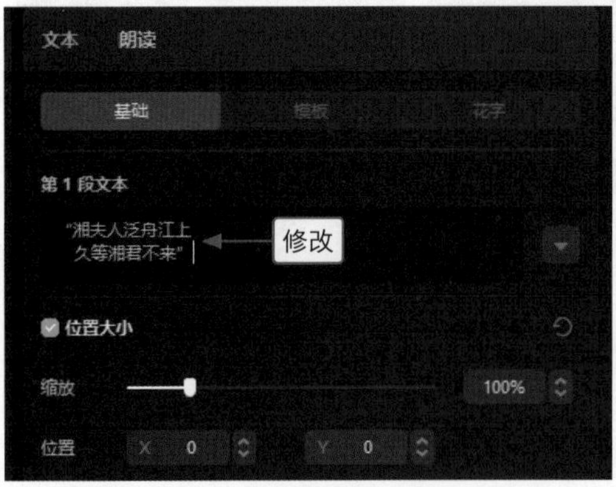

图1-58

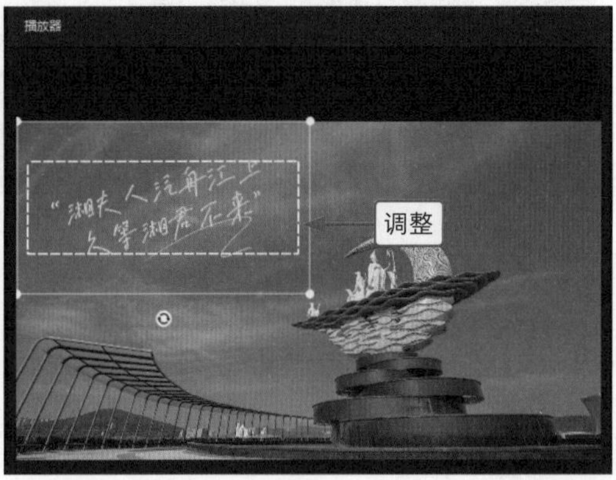

图1-59

2. 用剪映手机版制作

剪映手机版的操作方法如下。

步骤 01　在剪映手机版中导入视频，点击“文字”|“文字模板”按钮，如图 1-60 所示。

步骤 02　❶切换至“手写字”选项区；❷选择一个文字模板；❸修改文字内容；❹调整文本的大小和位置，如图 1-61 所示。

步骤 03　执行上述操作后，返回，调整文本时长，如图 1-62 所示。至此，完成对文字模板的套用。

图1-60

图1-61

图1-62

1.3 常用的处理技巧

在剪映中制作字幕时，有几种常用的处理技巧，主要可以分为凸显重点文字和批量添加字幕两大类。凸显重点文字有两种常见的处理方法，一是将重点文字放大，二是给重点文字添加颜色标记，让观众一眼就能看到。批量添加字幕可以使用剪映的“识别字幕”功能和“文稿匹配”功能来实现，还可以将制作好的文本导出为字幕文件，在制作其他视频效果时，将字幕文件导入剪映进行使用。本节将就以上几点，给大家介绍在剪映中处理字幕的常用技巧。

1.3.1　把重点文字放大：《不粘锅》

效果对比　在剪映中处理字幕时，不论重点文字是在开头、中间还是结尾的位置，都可以将文字放大呈现，其制作要点是首先将一句话中不重要的文字制作好，并为重要的文字留出空白位置，然后制作重要文字的文本，将重要文字放到空白处并进行放大，效果如图 1-63 所示。

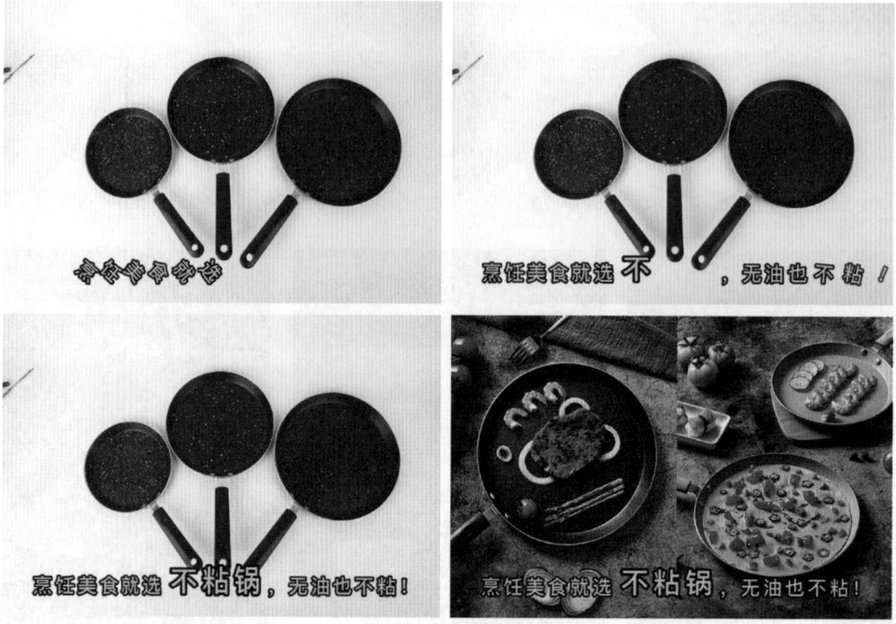

图1-63

1. 用剪映电脑版制作

剪映电脑版的操作方法如下。

步骤 01 在剪映电脑版中，❶导入视频素材并将其添加到视频轨道中；❷在字幕轨道中添加一个文本，调整文本时长至与视频时长一致，如图 1-64 所示。

步骤 02 在“文本”操作区的“基础”选项卡中，❶输入文本内容；❷在“预设样式”选项区中选择一个预设样式，如图 1-65 所示。

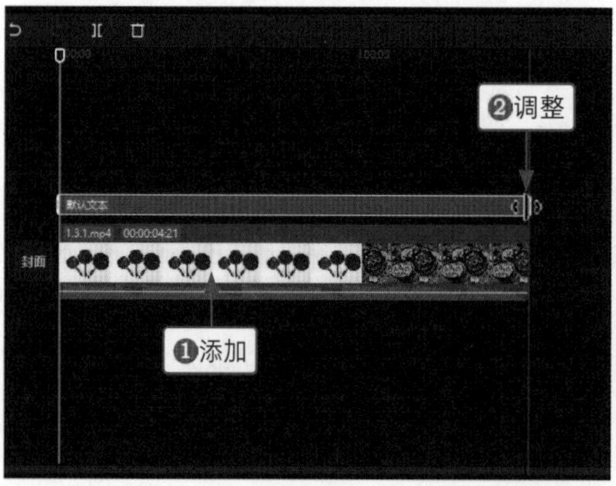

图1-64

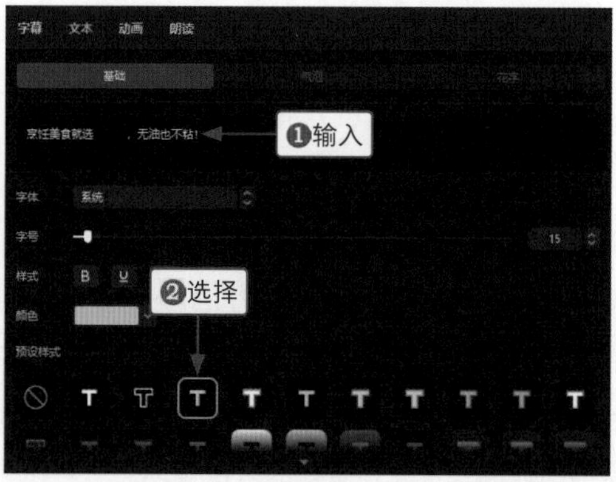

图1-65

温馨提示

注意，这里输入的是第 1 个文本中的内容，重点文字不要输入进去，但要给重点文字留下可以补缺的空白位置，以便对第 2 个文本（重点文字）进行位置调整后，两个文本中的文字连在一起成为一句完整的话。

步骤 03 在“排列”选项区中，设置“字间距”参数为 3，如图 1-66 所示。

步骤 04 在“播放器”面板中，调整文本的大小和位置，如图 1-67 所示。

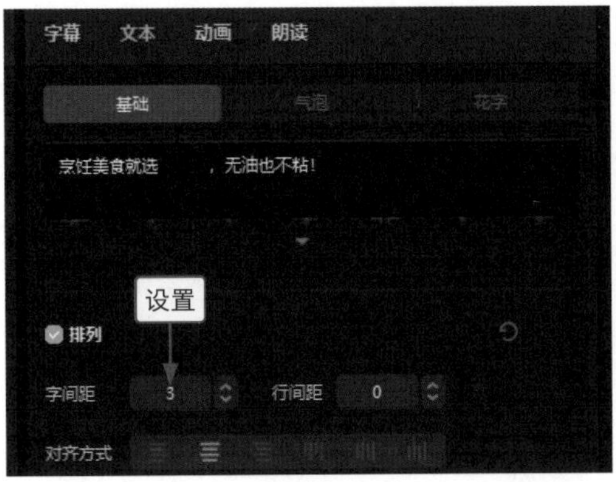

图1–66

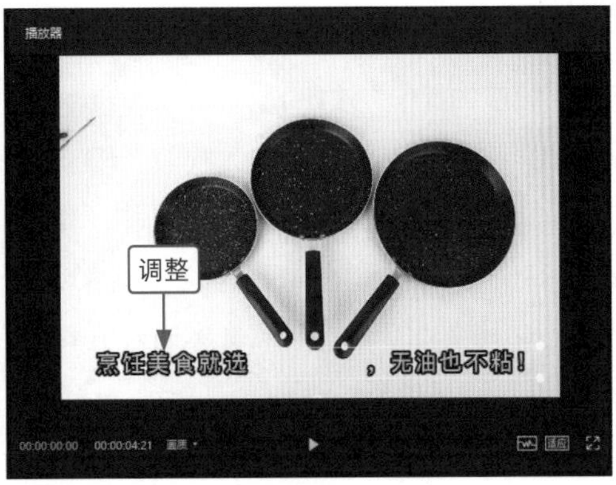

图1–67

步骤 05 在“动画”操作区中，❶选择“逐字旋转”入场动画；❷设置“动画时长”参数为 2.0s，如图 1–68 所示。

步骤 06 ❶按【Ctrl + C】组合键复制文本；❷拖曳时间指示器至 00:00:01:15 的位置；❸按【Ctrl + V】组合键粘贴文本，调整文本时长，如图 1–69 所示。

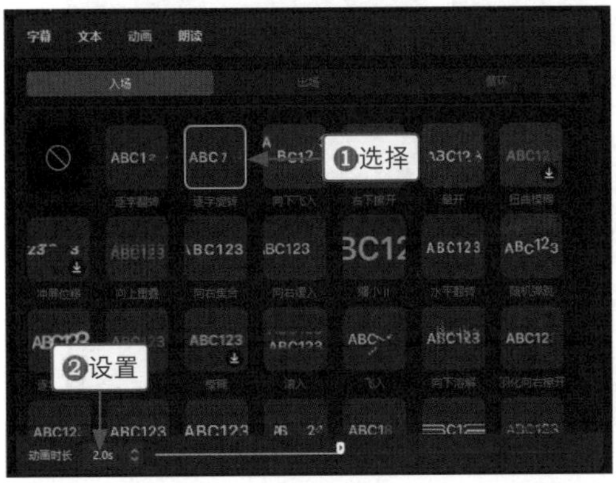

图1–68

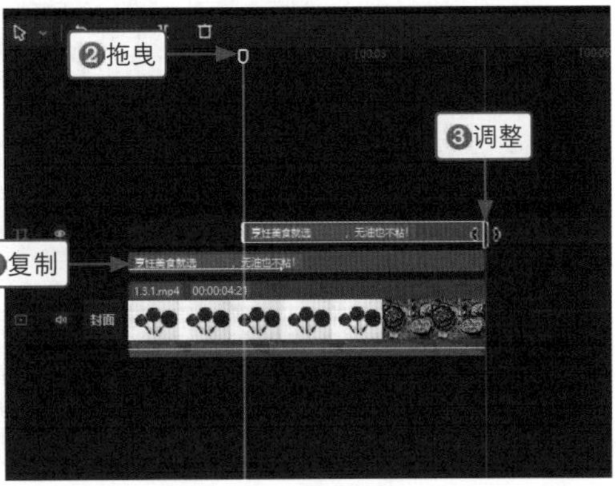

图1–69

步骤 07 ❶在“文本”操作区中修改内容为重点文字；❷在“播放器”面板中调整重点文字的位置，使其刚好位于第 1 个文本的空白位置，如图 1–70 所示。

步骤 08 在“动画”操作区中，❶选择“弹性伸缩”入场动画；❷设置“动画时长”参数为 3.2s，如图 1–71 所示。

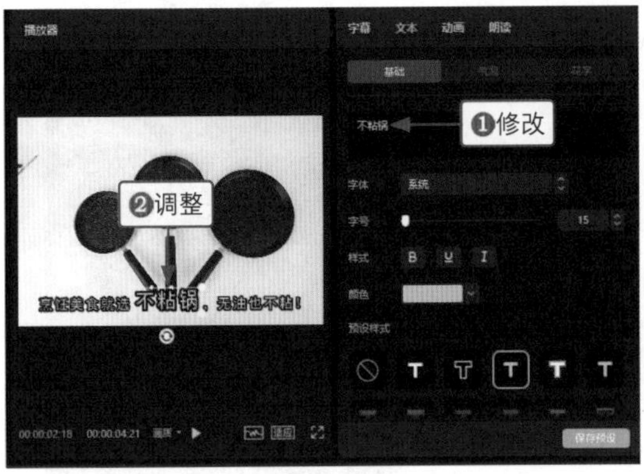

图1–70

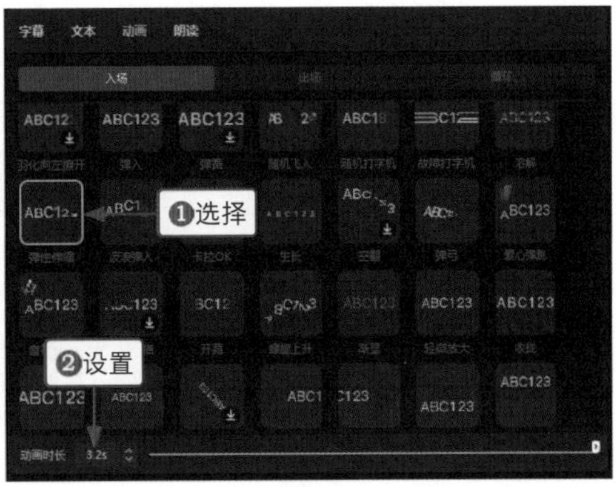

图1–71

2. 用剪映手机版制作

剪映手机版的操作方法如下。

步骤 01 在剪映手机版中导入视频，❶新建一个文本；❷调整文本时长至与视频时长一致；❸点击“编辑”按钮，如图 1-72 所示。

步骤 02 ❶切换至“样式”选项卡；❷选择一个预设样式；❸在“排列”选项区中设置“字间距”参数为 3；❹调整文本的大小和位置，如图 1-73 所示。

步骤 03 ❶切换至“动画”选项卡；❷选择“逐字旋转”入场动画；❸设置动画时长为 2.0s，如图 1-74 所示。

图1-72

图1-73

图1-74

步骤 04 返回上一级工具栏，点击“复制”按钮，如图 1-75 所示。

步骤 05 ❶调整所复制文本的文本时长；❷点击“编辑”按钮，如图 1-76 所示。

步骤 06 ❶修改文本内容；❷调整文本的大小和位置；❸在“动画”选项卡中选择“弹性伸缩”入场动画；❹设置动画时长为 3.2s，如图 1-77 所示。

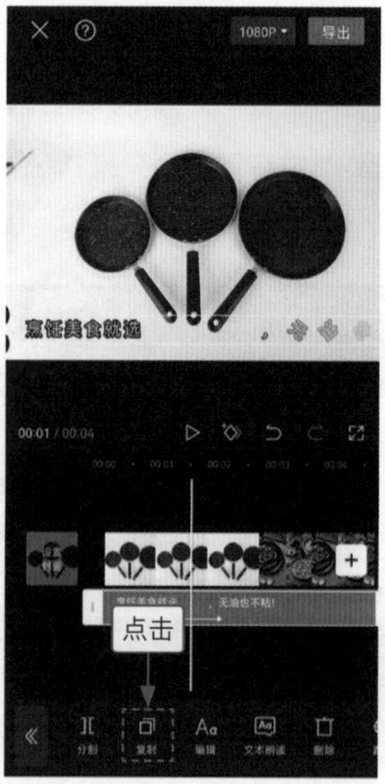

图1-75

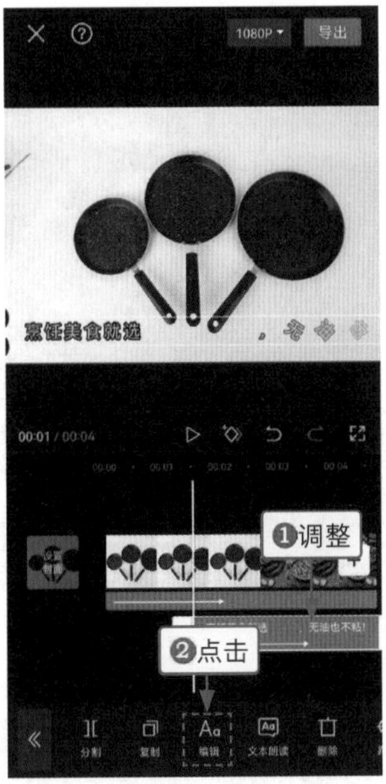

图1–76

图1–77

1.3.2 对重点文字标色：《羽毛吊灯》

效果对比 在剪映中处理字幕时，除了将重点文字放大可以达到比较醒目的效果外，还可以为重点文字设置一个颜色，以此来吸引观众的目光，效果如图 1–78 所示。

图1–78

1. 用剪映电脑版制作

剪映电脑版的操作方法如下。

步骤 01 在剪映电脑版中，❶导入视频素材并将其添加到视频轨道中；❷在 1s 左右的位置添加一个文本并调整文本时长，如图 1–79 所示。

步骤 02 在“文本”操作区的“基础”选项卡中，❶输入文本内容；❷在“排列”选项区中设置“字间距”参数为 3，如图 1–80 所示。

步骤 03 在“播放器”面板中，调整文本的大小和位置，如图 1–81 所示。

步骤 04 在“动画”操作区中，❶选择“向下溶解”入场动画；❷设置“动画时长”参数为 2.0s，如图 1–82 所示。

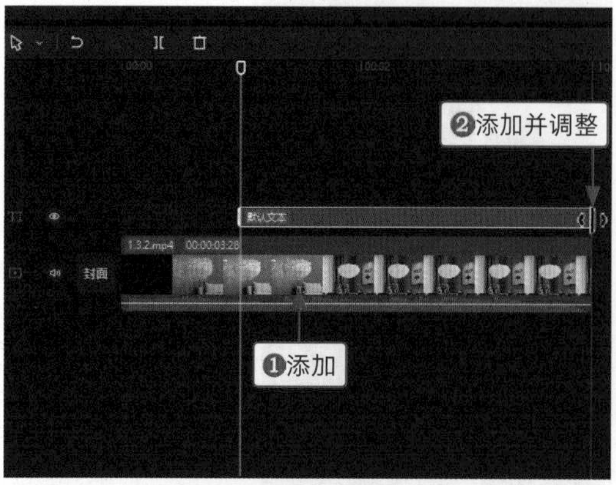

图1-79

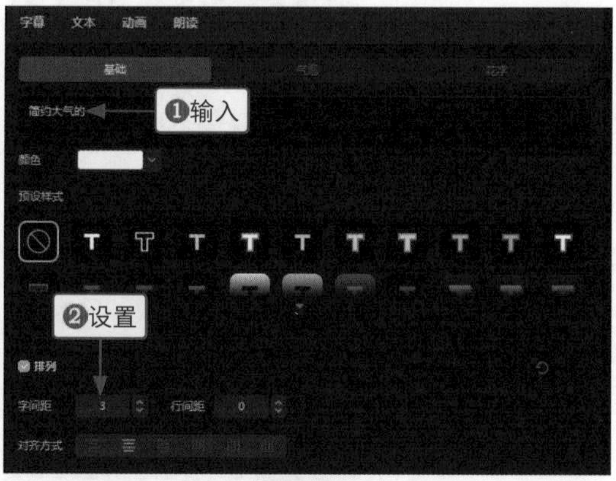

图1-80

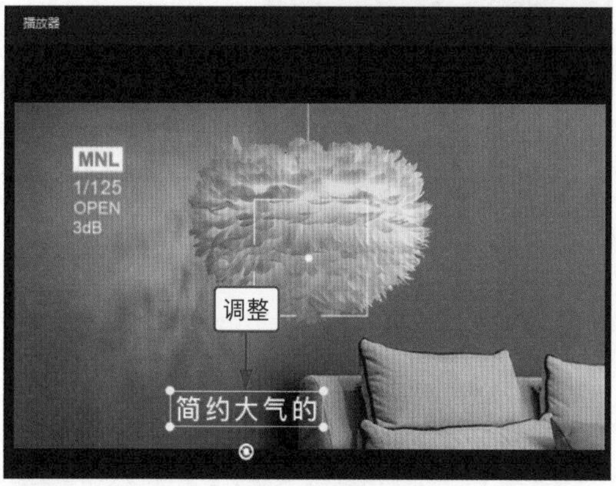

图1-81

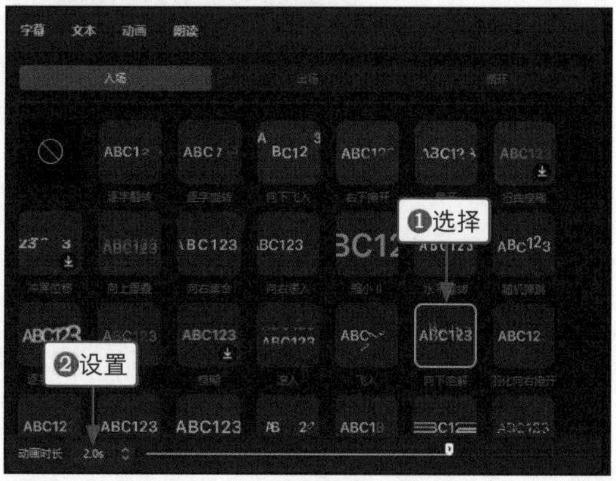

图1-82

步骤 05 复制制作的文本并粘贴在第 2 条字幕轨道中，❶在“文本”操作区中修改文本内容；❷选择一个颜色适合的预设样式（如果用户不满意预设样式的颜色，可以根据自己的视频需求单击“颜色”下拉按钮，在弹出的颜色色板中选择一个喜欢的色块，即可设置文字的颜色），如图 1-83 所示。

步骤 06 执行上述操作后，在“播放器”面板中调整重点文字的位置，使其位于第 1 个文本的后面，如图 1-84 所示。

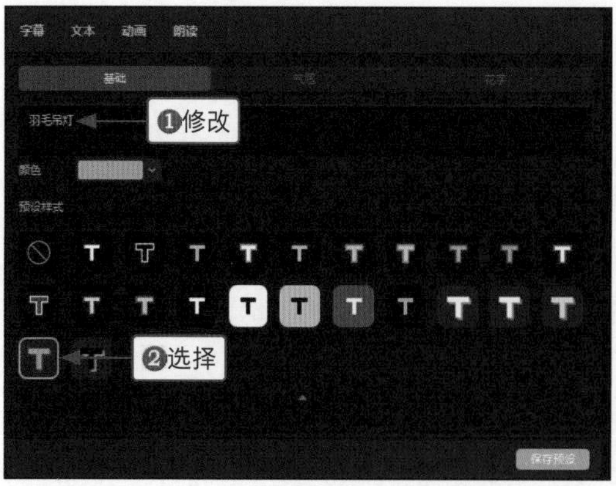

图1-83

图1-84

2. 用剪映手机版制作

剪映手机版的操作方法如下。

步骤 01 在剪映手机版中导入视频，在 1s 处新建一个文本，❶在文本框中输入文本内容；❷调整文本的大小和位置；❸在“样式”选项卡的“排列”选项区中设置“字间距”参数为 3，如图 1-85 所示。

步骤 02 ❶切换至“动画”选项卡；❷选择“向下溶解”入场动画；❸设置动画时长为 2.0s，如图 1-86 所示。

步骤 03 返回，调整文本时长，复制制作的文本并粘贴在第 2 条字幕轨道中，如图 1-87 所示。

步骤 04 点击“编辑”按钮，进入文字编辑界面，❶修改文本内容为重点文字；❷在“样式”选项卡中选择一个预设样式；❸调整文本的位置，如图 1-88 所示。

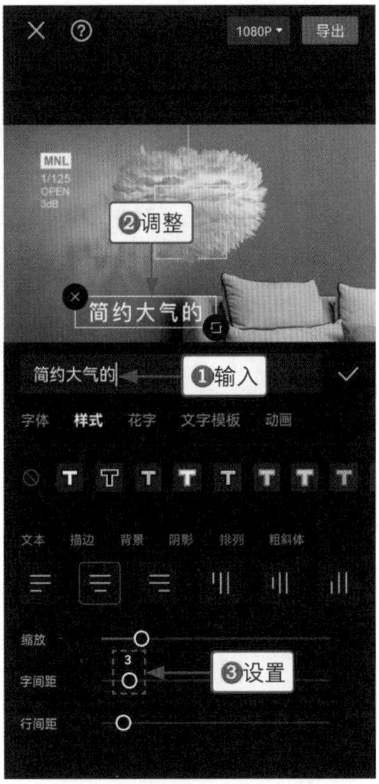

图1-85

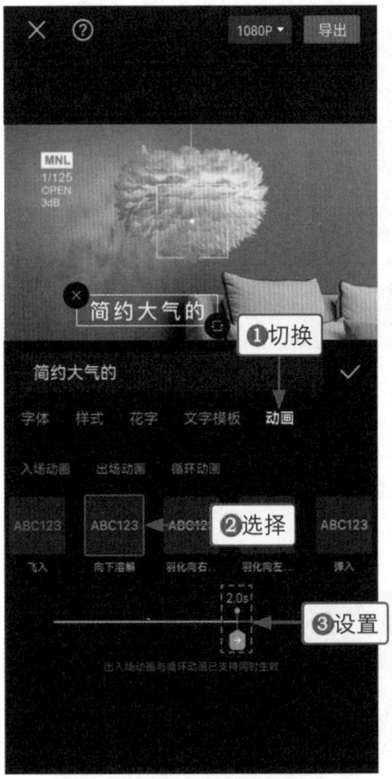

图1-86

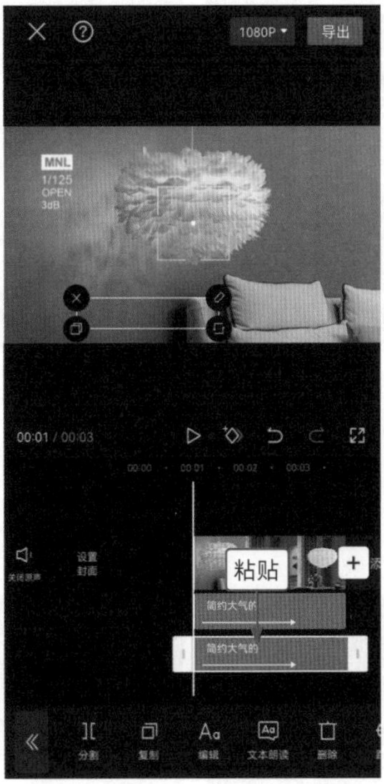

图1-87

图1-88

1.3.3 自动识别字幕：《双语字幕》

效果对比 在剪映中使用“识别字幕”功能，可以把视频中的语音识别成字幕，后期添加英文字幕，即可制作出中英文双语字幕，如图 1-89 所示。

图1-89

1. 用剪映电脑版制作

剪映电脑版的操作方法如下。

步骤 01 在剪映电脑版中，将视频素材添加到视频轨道中，如图 1-90 所示。

步骤 02 在“文本”功能区中，❶展开“智能字幕”选项卡；❷单击“识别字幕”中的“开始识别”按钮，如图 1-91 所示。

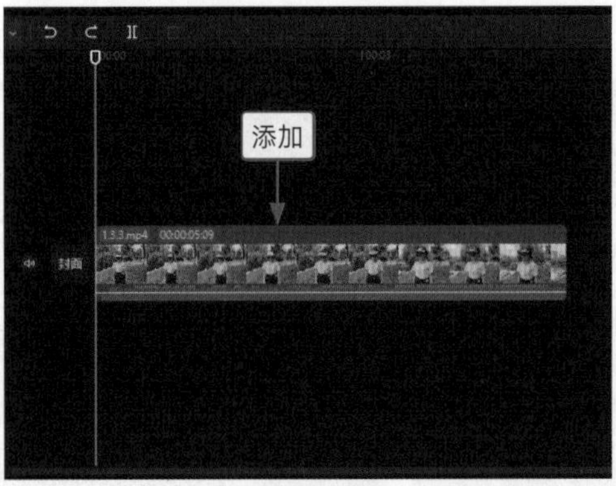

图1-90

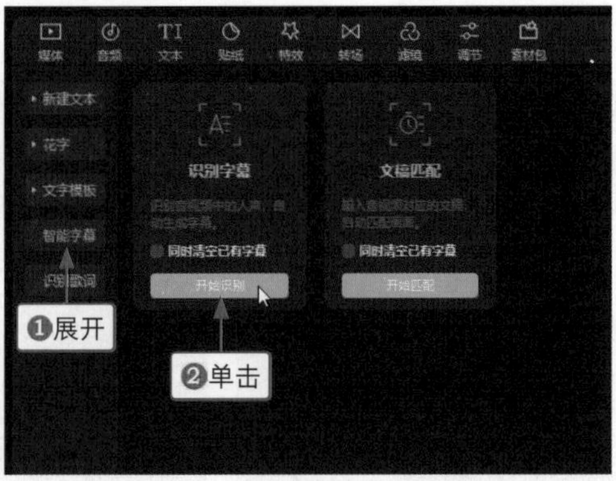

图1-91

步骤 03 稍等片刻，即可生成识别的字幕，如图 1-92 所示。

步骤 04 在“文本”操作区的“基础”选项卡中，❶设置一个合适的字体；❷选择第 1 个预设样式，如图 1-93 所示。此外，在下方的“排列”选项区中，设置“字间距”参数为 4。

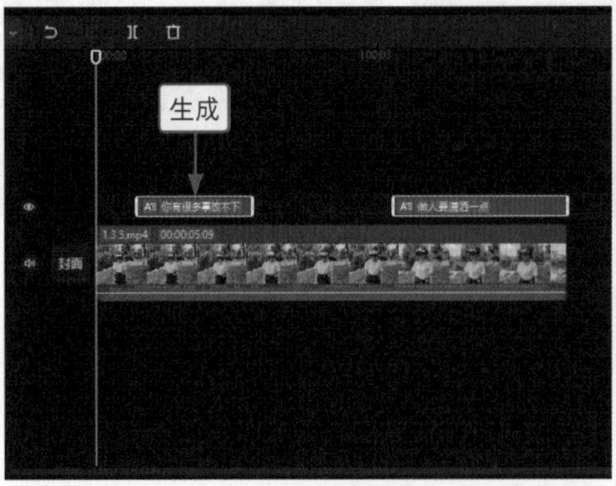

图1-92

图1-93

步骤 05 在“播放器”面板中，调整文本的大小和位置，如图 1–94 所示。

步骤 06 在“动画”操作区的“入场”选项卡中，选择“向下溶解”动画，如图 1–95 所示。此外，选择第 2 个文本，为其添加“向下溶解”动画。

图1–94

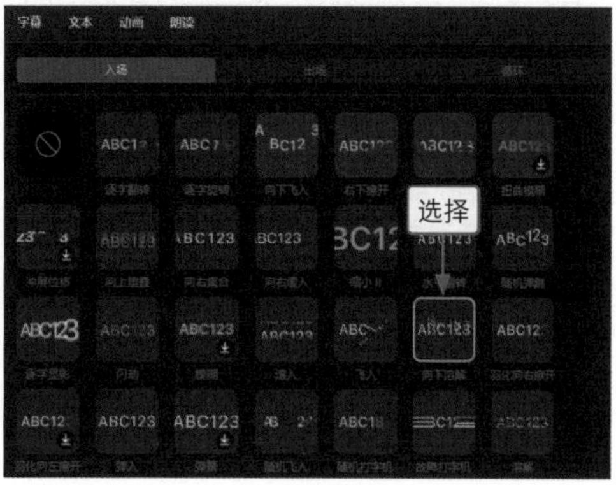

图1–95

步骤 07 在第 1 个文本上方新建一个默认文本，如图 1–96 所示。

步骤 08 在“文本”操作区的“基础”选项卡中，❶输入第 1 句话的英文翻译；❷设置一个合适的字体，如图 1–97 所示。此外，在下方的“排列”选项区中，设置“字间距”参数为 2。

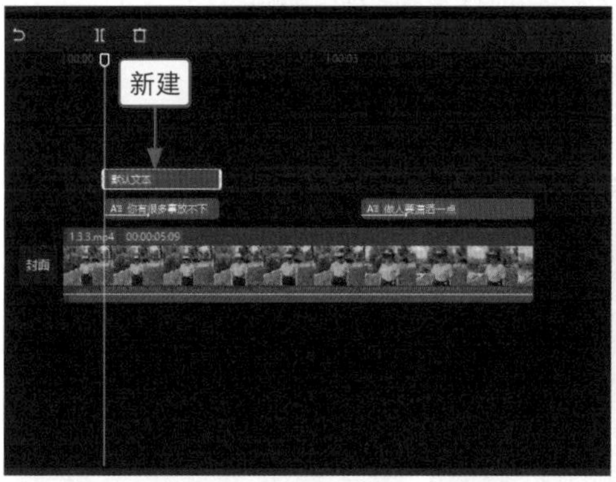

图1–96

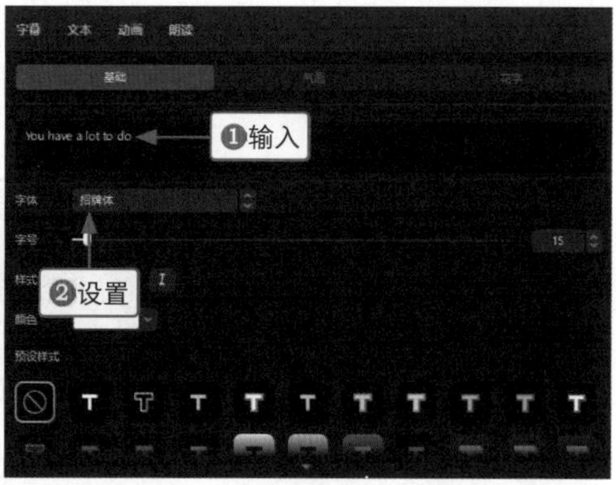

图1–97

步骤 09 在“播放器”面板中，调整英文文本的大小和位置，如图 1–98 所示。

步骤 10 执行上述操作后，在“动画”操作区的“入场”选项卡中，选择“溶解”动画，如图 1–99 所示。

图1–98

图1–99

步骤 11 复制制作的英文文本并粘贴在第 2 个中文文本上方，如图 1-100 所示。

步骤 12 在“文本”操作区的“基础”选项卡中，修改文本内容，如图 1-101 所示。执行操作后，即可完成对自动识别字幕的制作。

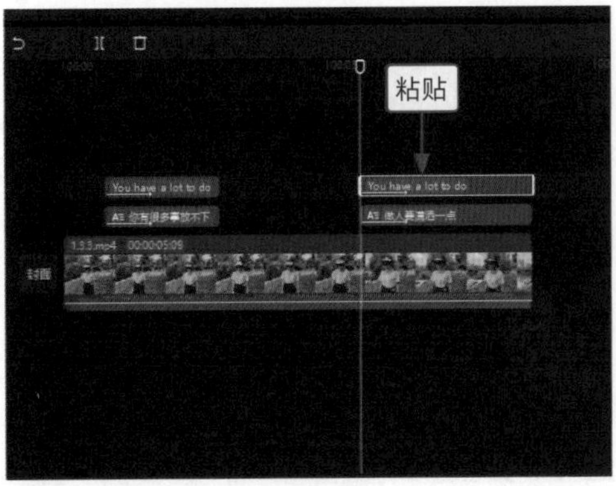

图1-100

图1-101

2. 用剪映手机版制作

剪映手机版的操作方法如下。

步骤 01 在剪映手机版中，❶将视频素材添加到视频轨道中；❷点击“文字”按钮，如图 1-102 所示。

步骤 02 进入文字工具栏，点击“识别字幕”按钮，如图 1-103 所示。

步骤 03 在弹出的面板中，点击“开始识别”按钮，如图 1-104 所示。

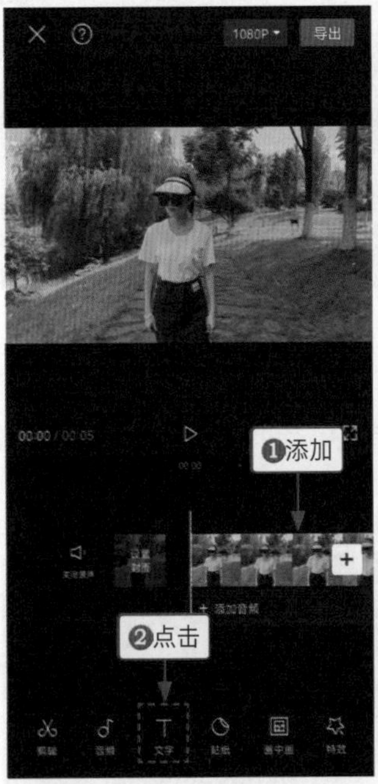

图1-102

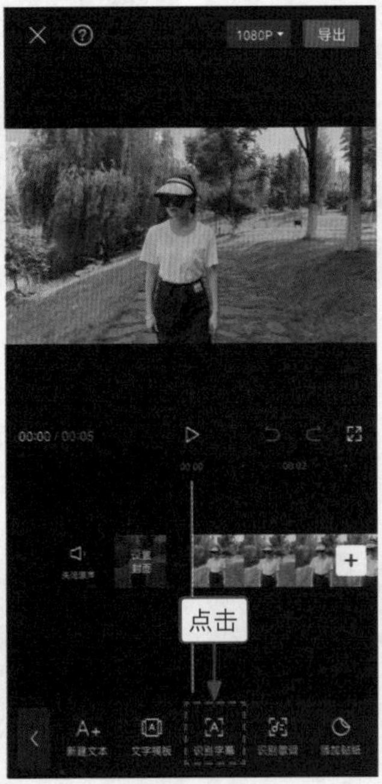

图1-103

图1-104

步骤 04 识别完成之后，❶选择第 1 个文本；❷点击“批量编辑”按钮，如图 1-105 所示。

步骤 05 选择第 1 段文本内容，如图 1-106 所示。

步骤 06 在“字体”选项卡中，❶选择一个合适的字体；❷调整文本的位置和大小，如图 1-107 所示。

图1–105

图1–106

图1–107

步骤 07 ❶切换至“样式”选项卡；❷在“排列”选项区中设置“字间距”参数为 4，如图 1–108 所示。

步骤 08 ❶切换至“动画”选项卡；❷在“入场动画”选项区中选择“向下溶解”动画，如图 1–109 所示。执行操作后，为第 2 个文本添加同样的动画效果。

步骤 09 在第 1 个文本的起始位置，点击“新建文本”按钮，如图 1–110 所示。

图1–108

图1–109

图1–110

步骤 10 ❶输入英文文字；❷选择一个合适的字体；❸调整英文文本的大小和位置，如图 1–111 所示。

步骤 11 在“样式”选项卡中，❶展开“排列”选项区；❷设置“字间距”参数为 2，如图 1–112 所示。

步骤 12 ❶切换至“动画”选项卡；❷在“入场动画”选项区中选择“溶解”动画，如图 1–113 所示。

图1–111

图1–112

图1–113

步骤 13 ❶选择英文文本并调整文本时长；❷点击“复制”按钮，如图 1–114 所示。

步骤 14 ❶拖曳复制并粘贴的英文文本至第 2 个中文文本下方；❷点击“编辑”按钮，如图 1–115 所示。

步骤 15 进入文字编辑界面，修改第 2 个英文文本的内容，如图 1–116 所示。

图1–114

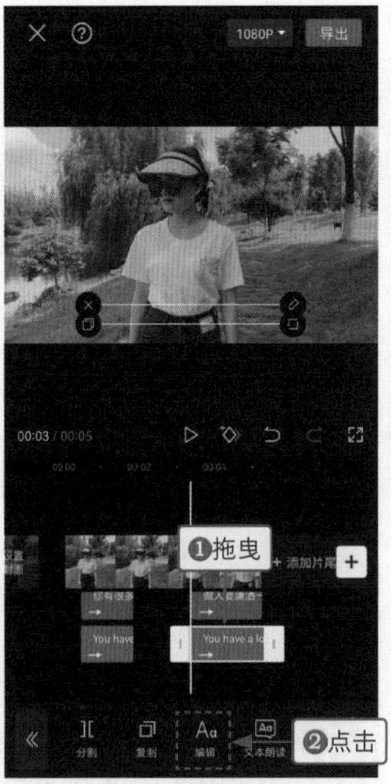

图1–115

图1–116

1.3.4 文稿匹配技巧：《美文朗读》

效果对比 在剪映中使用“文稿匹配”功能，可以根据视频或音频中的人声，快速、批量添加字幕，使字幕出现的时机与声音吻合，非常适合用于制作电影解说字幕、配音朗读字幕、教学讲解字幕以及访谈字幕等，效果如图 1–117 所示。

图1–117

目前，“文稿匹配”功能只有剪映电脑版有，具体操作步骤如下。

步骤 01 在剪映电脑版中，将视频素材添加到视频轨道中，如图 1–118 所示。

步骤 02 在“文本”功能区中，❶展开“智能字幕”选项卡；❷单击“文稿匹配”中的“开始匹配”按钮，如图 1–119 所示。

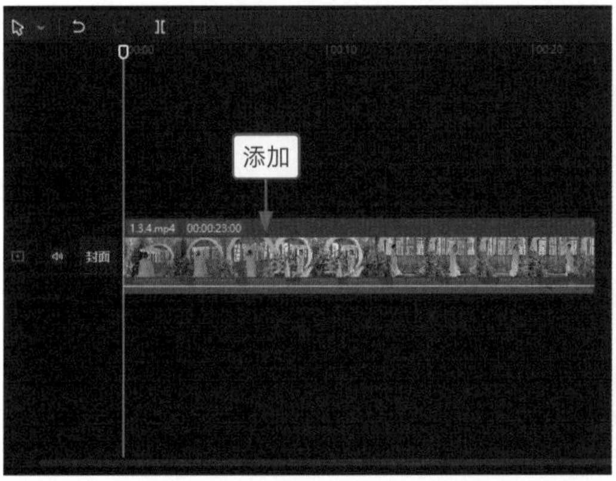

图1–118

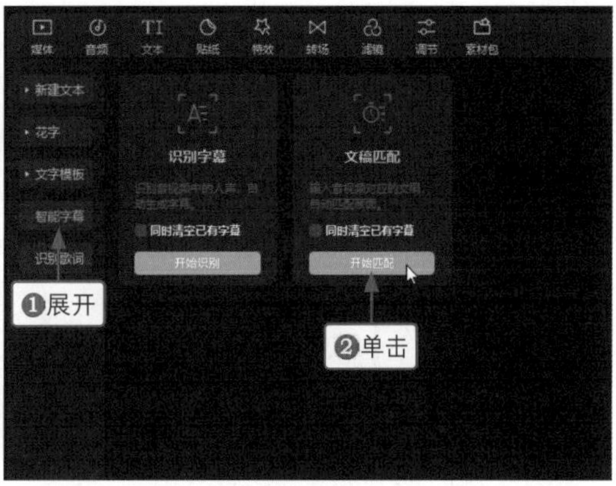

图1–119

步骤 03 弹出“输入文稿”对话框，❶在其中输入解说文案；❷单击“开始匹配”按钮，如图 1–120 所示。

步骤 04 稍等片刻，即可生成匹配的字幕，如图 1–121 所示。在“文本”操作区中，可以检查每个文本中的内容。

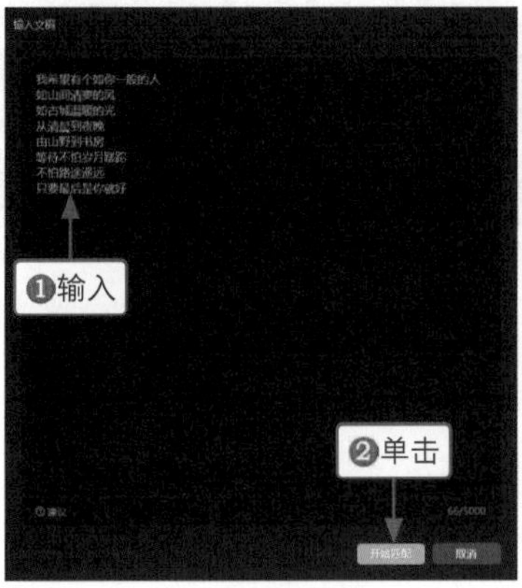

图1–120

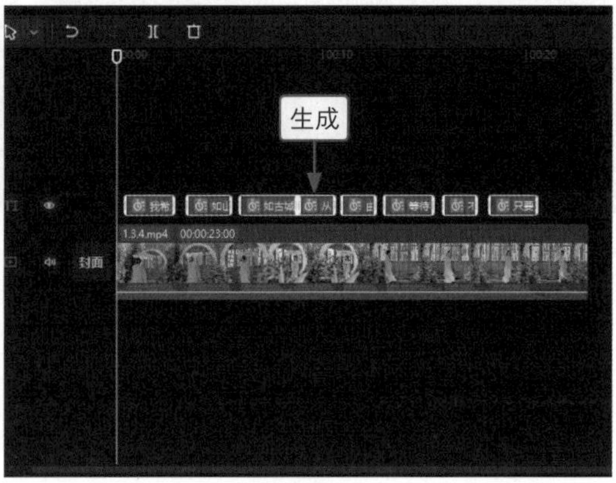

图1–121

步骤 05 ❶在“文本”操作区中设置一个字体；❷选择一个预设样式，如图 1-122 所示。

步骤 06 在“播放器”面板中，调整文本的大小，如图 1-123 所示。执行操作后，即可完成文稿匹配。

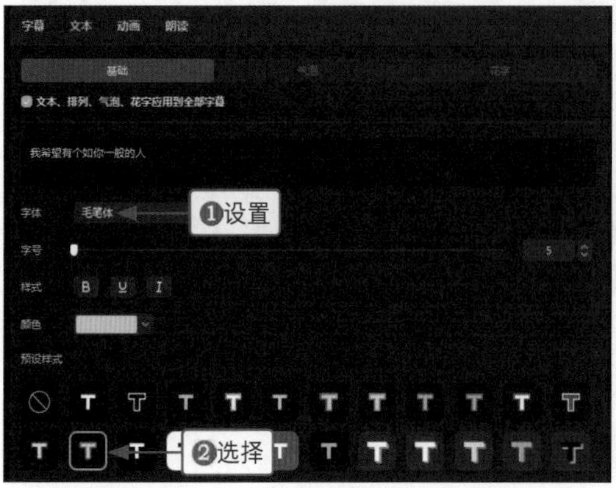

图1–122

图1–123

1.3.5 导出字幕文件：《美文朗读》

在剪映电脑版中，用户制作的字幕效果是可以单独导出为 .SRT 字幕文件的，导出的字幕文件可以进行二次使用，或者应用到其他视频剪辑软件中。目前，只有剪映电脑版可以导出字幕文件，剪映手机版暂时不支持该操作。接下来，以在上一例中制作的字幕效果为例，介绍导出字幕文件的操作方法。

步骤 01 在剪映电脑版中，打开上一例草稿文件，单击页面上方的“导出”按钮，如图1-124所示。

步骤 02 弹出“导出”对话框，❶设置作品名称和导出位置；❷取消选中“视频导出”复选框；❸在下方选中“字幕导出”复选框；❹单击“导出”按钮，如图 1-125 所示。执行操作后，即可将字幕文件导出。

图1–124

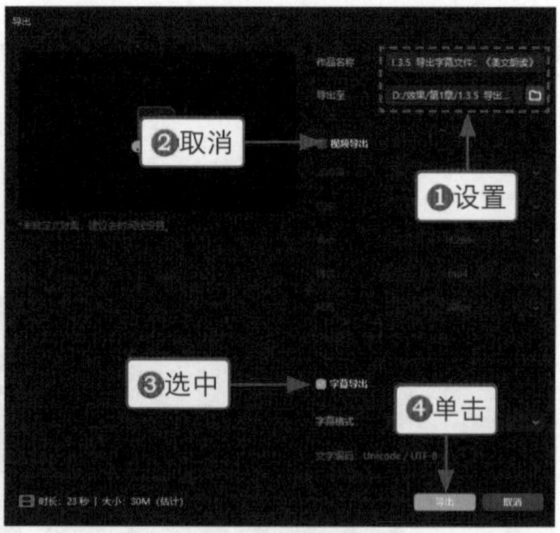

图1–125

课后实训：添加解说字幕

效果对比 从视频声音中提取字幕添加在视频下方，可以让观众看视频时更加方便，就算是因为环境噪声过大听不清视频中的声音，观众也可以通过字幕了解视频内容，效果如图 1-126 所示。

图1-126

本案例制作步骤如下。

首先，❶将视频添加到视频轨道中；❷在“文本”功能区，单击“智能字幕”中的“开始识别”按钮；❸识别视频中的声音并生成字幕文本，如图 1-127 所示。

然后，在“文本”操作区中，❶设置字体；❷选择一个预设样式；❸设置“字间距”参数为 5；❹调整字幕文本的大小和位置，即可添加解说字幕，如图 1-128 所示。

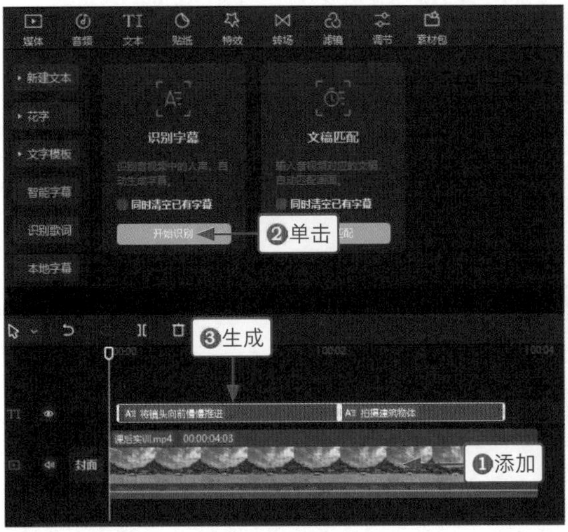

图1-127

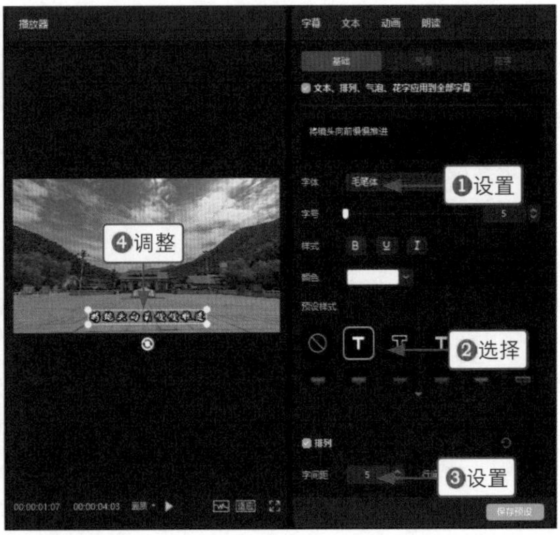

图1-128

第 2 章 进阶：正文动画字幕特效

在剪映中，除了为文字添加动画效果，使静态的文字动起来之外，还可以使用关键帧，制作出文字沿着路径轨迹移动的效果。掌握这些比较基础的动画制作方法后，我们可以学习进阶操作，将文字导出为文字视频，使用“混合模式”功能和“蒙版”功能，制作出画中画动画字幕特效，让字幕变得更加精美。

2.1 人物穿越文字

在短视频和电影中，经常能够看到人物穿越文字的动态画面，其实这些字幕特效在剪映中做起来一点也不复杂，只要掌握了制作要点和思路，大家就可以举一反三，制作出精美的动画字幕特效。

2.1.1 向前穿过文字：《夏日美好》

效果对比 想实现人物向前穿越文字的效果，需要先制作一个文字视频，再使用剪映中的“智能抠像”功能，让人物从文字中间穿越过去，走到文字的前面，效果如图 2-1 所示。

图2-1

1. 用剪映电脑版制作

剪映电脑版的操作方法如下。

步骤 01 在剪映电脑版中，新建一个默认文本，调整文本时长为 00:00:07:10，如图 2-2 所示。

步骤 02 在“文本”操作区中，❶输入正文内容；❷设置一个字体，如图 2-3 所示。

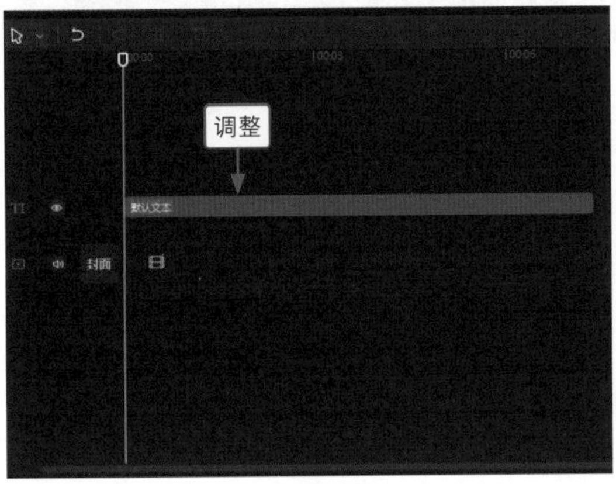

图2-2

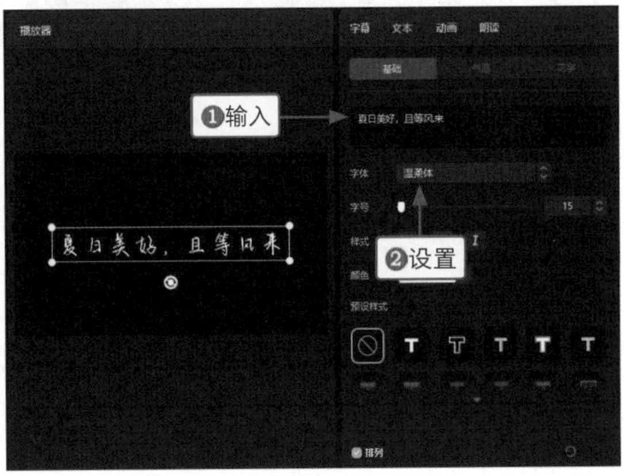

图2-3

步骤 03 在“动画”操作区的“出场”选项卡中，❶选择“逐字虚影”动画；❷设置“动画时长”参数为 1.0s，如图 2-4 所示。执行操作后，单击“导出”按钮，将文字导出为文字视频备用。

步骤 04 删除轨道中的文本，❶在视频轨道中添加一个人物视频；❷在第 1 条画中画轨道中添加步骤 03 中导出的文字视频；❸在第 2 条画中画轨道中添加同一个人物视频，如图 2-5 所示。

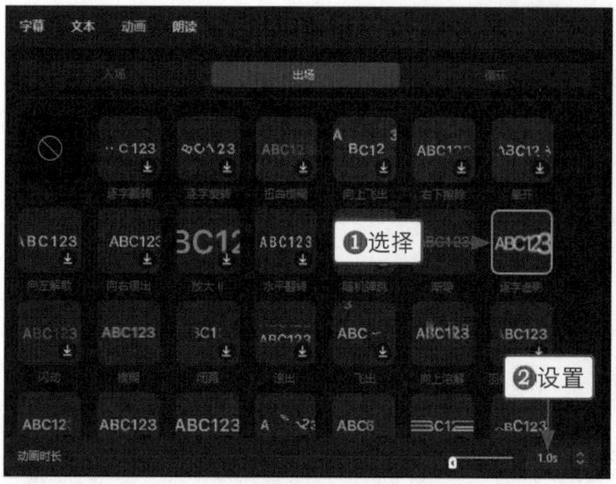

图2-4

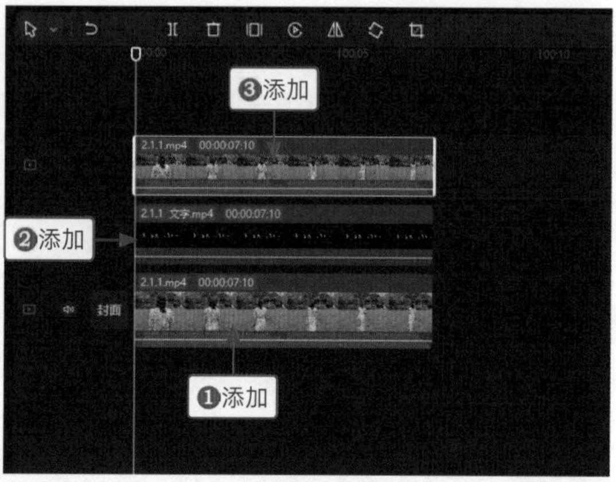

图2-5

步骤 05 调整第 2 条画中画轨道中的人物视频时长为 00:00:03:00，如图 2-6 所示。

步骤 06 在“画面”操作区的“抠像”选项卡中，选中“智能抠像”复选框，将人物抠取出来，如图 2-7 所示。

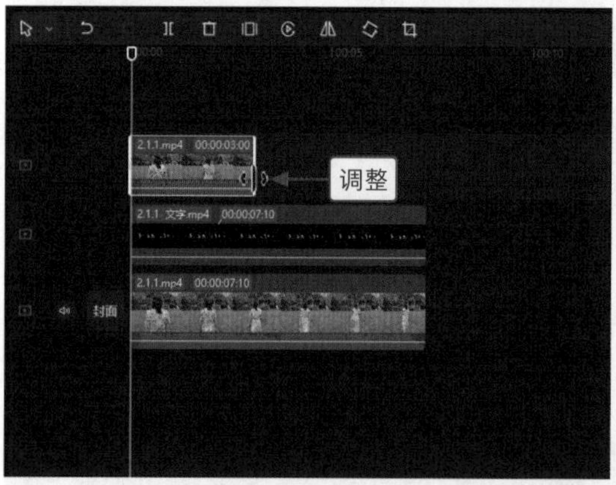

图2-6

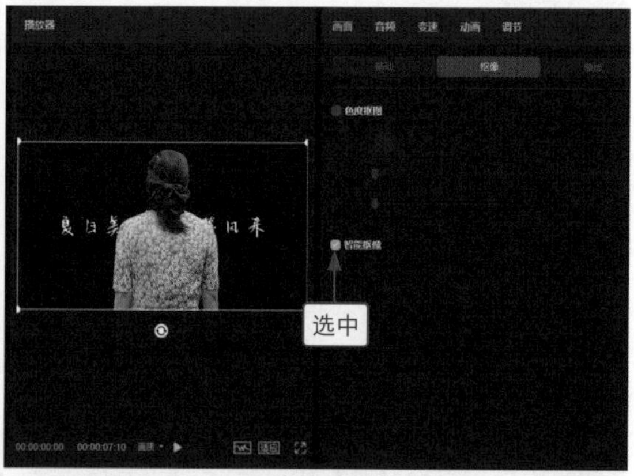

图2-7

温馨提示

大家可以按层级来理解本例操作：由于进行了抠像处理的人物视频在文字视频上方，所以当视频中的人像被抠出来后，自然就可以挡住下一层级的文字内容，在 3s 的位置，抠取的人像消失，取而代之的是最底层的人像，就呈现出了人物穿过文字的效果。

步骤 07 选择文字视频，在“画面”操作区的“基础”选项卡中，设置“混合模式”为“滤色”模式，即可去除视频中的黑底，留下白色的文字，如图 2-8 所示。

步骤 08 在“音频”功能区的“音效素材”|“转场”选项卡中，选择“‘呼’的转场音效”，进行音效试听，如图 2-9 所示。随后，将选择的音效拖曳至人物穿过文字的位置，即可完成对人物向前穿过文字这一效果的制作。

图2-8

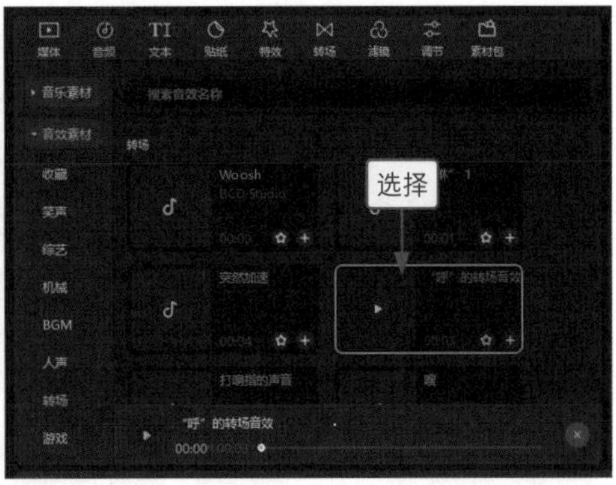

图2-9

2. 用剪映手机版制作

剪映手机版的操作方法如下。

步骤 01 在剪映手机版的“素材库”界面中，❶选择黑场素材；❷点击“添加”按钮，如图 2-10 所示。将黑场素材添加到视频轨道中后，调整其时长为 7.4s。

步骤 02 新建一个文本，❶输入正文内容；❷选择一个合适的字体，如图 2-11 所示。

步骤 03 在“动画”选项卡中，❶选择“出场动画”选项区中的“逐字虚影”动画；❷设置动画时长为 1.0s，如图 2-12 所示。随后，返回，调整动画时长为 7.4s，点击“导出”按钮，将文字导出为文字视频备用。

图2-10

图2-11

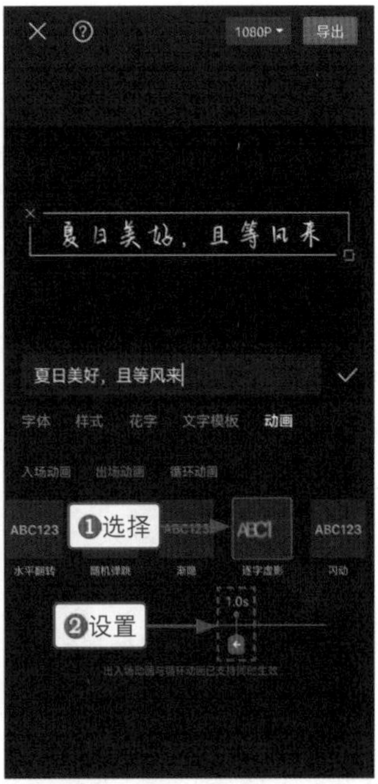

图2-12

步骤 04 新建一个草稿文件，❶导入人物视频；❷点击“画中画”按钮，如图 2-13 所示。

步骤 05 点击“新增画中画”按钮，❶在第 1 条画中画轨道中添加步骤 03 中导出的文字视频；❷调整画面大小，使其铺满屏幕；❸点击“混合模式”按钮，如图 2-14 所示。

步骤 06 在“混合模式”面板中，选择“滤色”选项，如图 2-15 所示，去除黑色背景。

图2–13

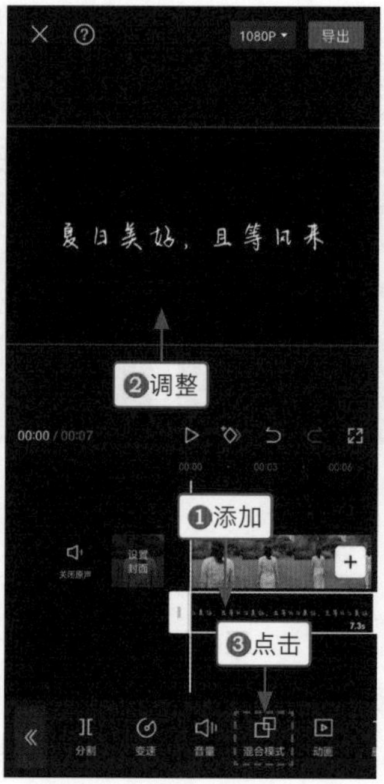

图2–14

图2–15

步骤 07 在第 2 条画中画轨道中，❶再次添加人物视频；❷调整画面大小，使其铺满屏幕；❸点击“智能抠像”按钮，如图 2–16 所示，抠取人像。

步骤 08 执行上述操作后，调整抠取的人物素材时长为 3.0s，如图 2–17 所示。

步骤 09 返回一级工具栏，点击“音频”按钮，如图 2–18 所示。

图2–16

图2–17

图2–18

步骤 10 进入二级工具栏，点击“音效”按钮，如图 2–19 所示。

步骤 11 在“转场”选项卡中，点击“‘呼’的转场音效”右侧的“使用”按钮，如图 2–20 所示。执行操作后，在人物穿过文字的位置添加转场音效，完成对该效果的制作。

图2-19

图2-20

2.1.2　从中间穿插走过：《人生海海》

效果对比 从文字中间穿插走过的效果制作过程与向前穿过文字的效果制作过程相比，相同点是都要先制作一个文字视频，再使用“智能抠像”功能抠选人像，不同点是需要使用蒙版才能制作出人物从文字中间穿插走过的效果，如图 2-21 所示。

图2-21

1. 用剪映电脑版制作

文字视频的制作方法与 2.1.1 节中介绍的制作方法一样，用户可以根据需要设置字体和文本位置，这里将直接使用制作完成的文字视频来介绍在剪映电脑版中制作人物从文字中间穿插走过的效果的操作方法。

步骤 01 在剪映电脑版中，❶将人物视频添加到视频轨道中；❷将文字视频添加到画中画轨道中，如图 2-22 所示。

步骤 02 选择文字视频，在“画面”操作区的“基础”选项卡中，设置“混合模式”为“滤色”模式，如图 2-23 所示。

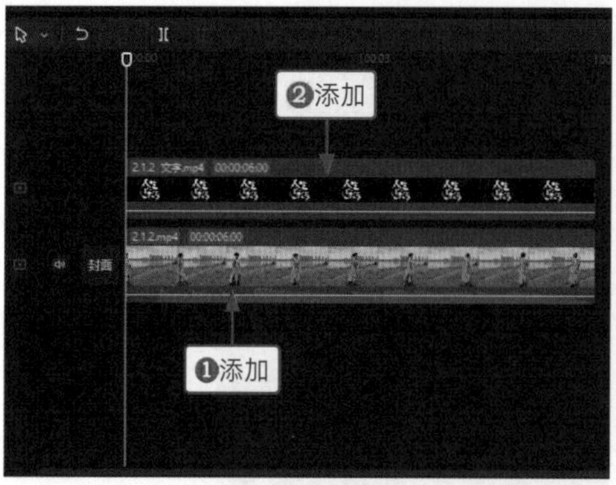

图2-22

图2-23

步骤 03 复制人物视频并粘贴至第 2 条画中画轨道中，如图 2-24 所示。

步骤 04 在“画面”操作区的“抠像”选项卡中，选中“智能抠像”复选框，如图 2-25 所示，抠取人像。

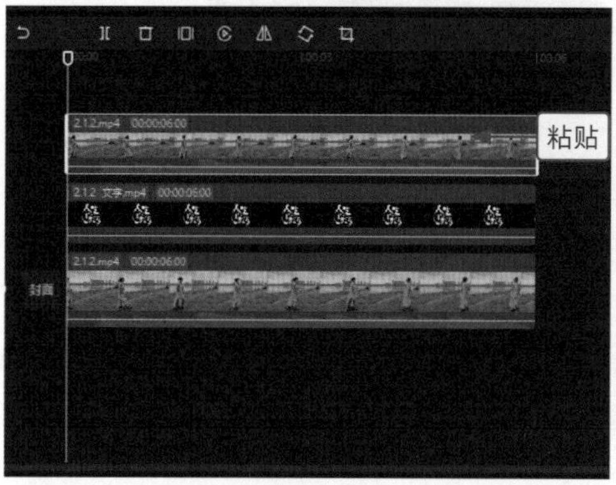

图2-24

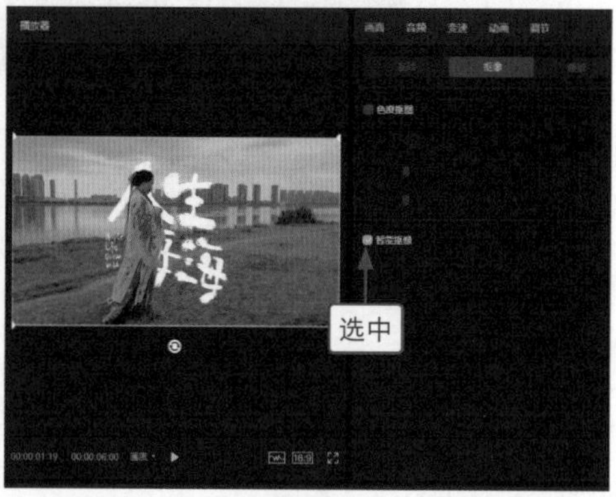

图2-25

步骤 05 在“蒙版”选项卡中，选择“线性”蒙版，如图 2-26 所示。

步骤 06 在“播放器”面板中，调整蒙版的角度和位置，使人物上半身在文字前面，下半身在文字后面，如图 2-27 所示。

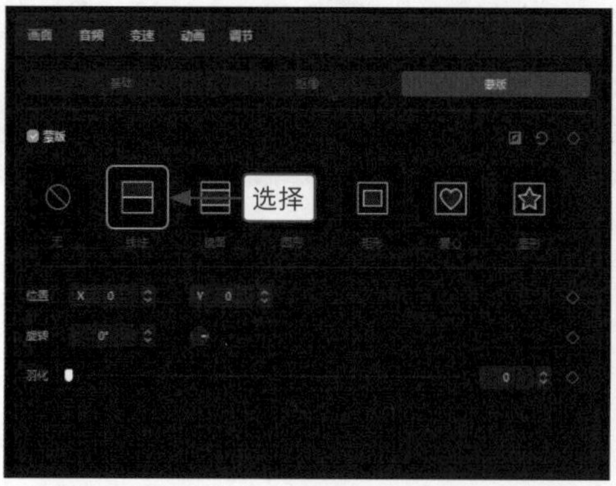

图2-26

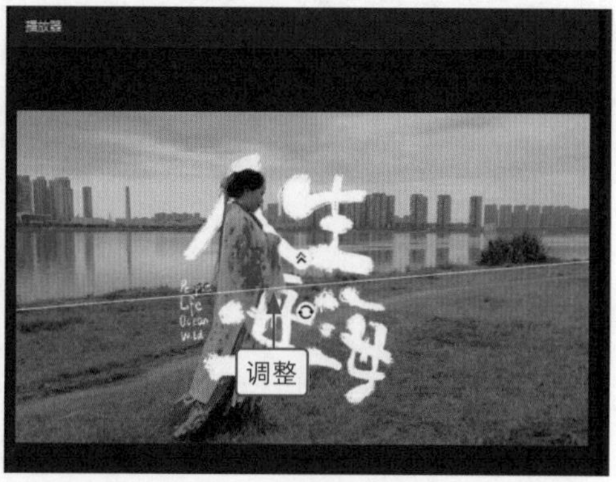

图2-27

2. 用剪映手机版制作

剪映手机版的操作方法如下。

步骤 01 在剪映手机版中，❶将人物视频添加到视频轨道中；❷将文字视频添加到画中画轨道中，如图 2-28 所示。

步骤 02 选择文字视频，点击“混合模式”按钮，如图 2-29 所示。

步骤 03 在“混合模式”面板中，选择“滤色”选项，如图 2-30 所示，去除黑色背景。

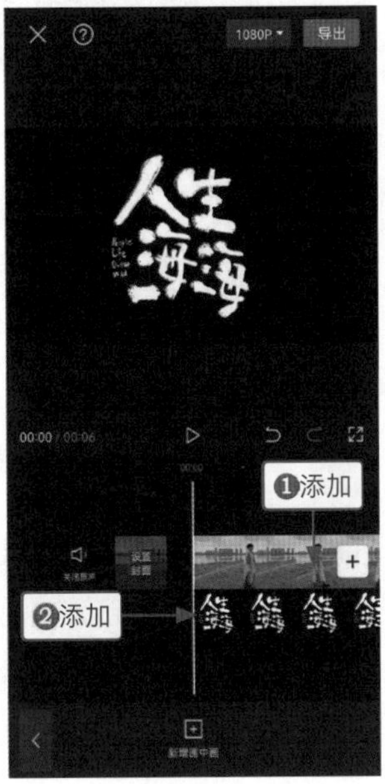

图2-28

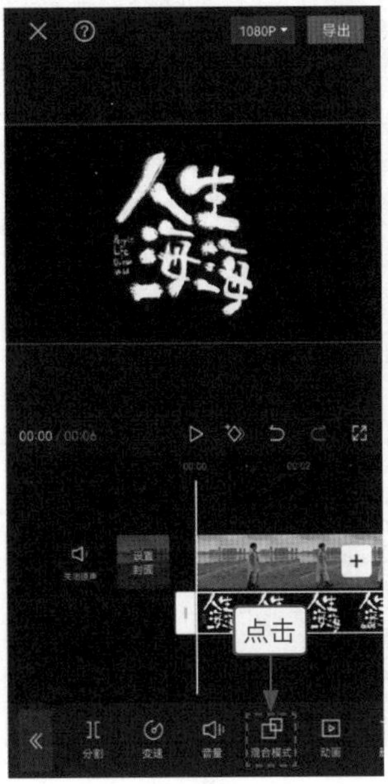

图2-29

图2-30

步骤 04 ❶选择人物视频素材；❷点击“复制”按钮，如图 2-31 所示，复制并粘贴视频素材。

步骤 05 ❶选择第 1 个视频素材；❷点击“切画中画”按钮，如图 2-32 所示。

步骤 06 执行上述操作后，即可将视频切换至画中画轨道中，如图 2-33 所示。

图2-31

图2-32

图2-33

步骤 07 ❶选择画中画轨道中的人物视频素材；❷点击“智能抠像”按钮，如图 2-34 所示，抠取人像。

步骤 08 在工具栏中，点击“蒙版”按钮，如图 2-35 所示。

步骤 09 在“蒙版”面板中，❶选择“线性”蒙版；❷调整蒙版的位置和角度，使人物上半身在文字前面，下半身在文字后面，如图 2-36 所示。

图2-34

图2-35

图2-36

2.2 文字分割、倒影与跟踪

本节将要介绍的是文字上下分割效果、文字倒影效果以及人走字出效果的制作方法，这 3 个案例中的字幕特效是比较常见的字幕特效，希望大家学习后可以完全掌握制作方法。

2.2.1 文字上下分割：《幸福生活》

效果对比 直接制作的文本是无法添加蒙版的，但文字视频可以，通过添加蒙版，可以制作出新奇有趣的文字上下分割效果，如图 2-37 所示。

图2-37

1. 用剪映电脑版制作

剪映电脑版的操作方法如下。

步骤 01 在剪映电脑版中，制作一个时长为 7s、“字体”为“真言体”、“字间距”参数为 5、“缩放”参数为 186% 的文本，如图 2-38 所示，制作完成后，将文字导出为文字视频备用。

步骤 02 执行上述操作后，删除轨道中的文本，❶在视频轨道中添加视频素材；❷在字幕轨道中新建一个默认文本，并调整文本时长至与视频时长一致，如图 2-39 所示。

图2-38

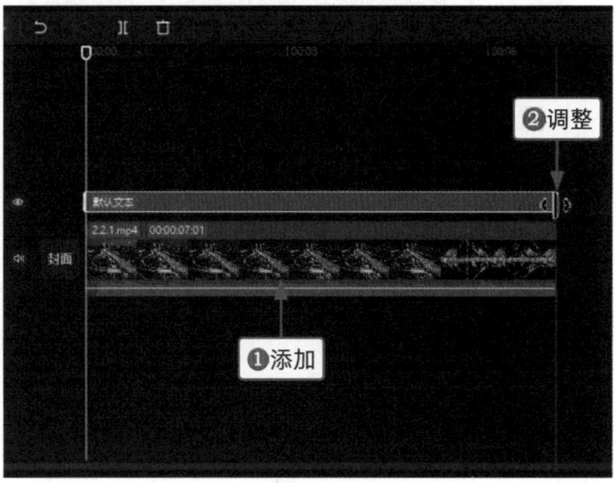

图2-39

步骤 03 在“文本”操作区的“基础”选项卡中，❶输入正文内容；❷设置一个合适的字体；❸选择一个预设样式，如图 2-40 所示。

步骤 04 在“播放器”面板中，调整文本的大小，如图 2-41 所示。

图2-40

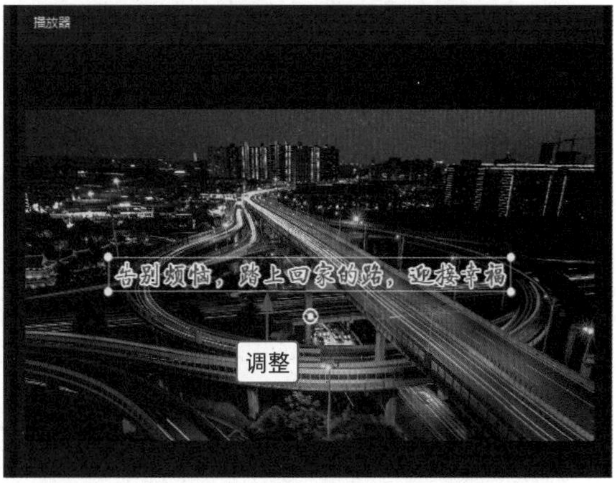

图2-41

步骤 05 在“动画”操作区的“入场”选项卡中，❶选择“随机弹跳”动画；❷设置“动画时长”参数为 4.0s，如图 2-42 所示。

步骤 06 在画中画轨道中添加步骤 01 中导出的文字视频，如图 2-43 所示。

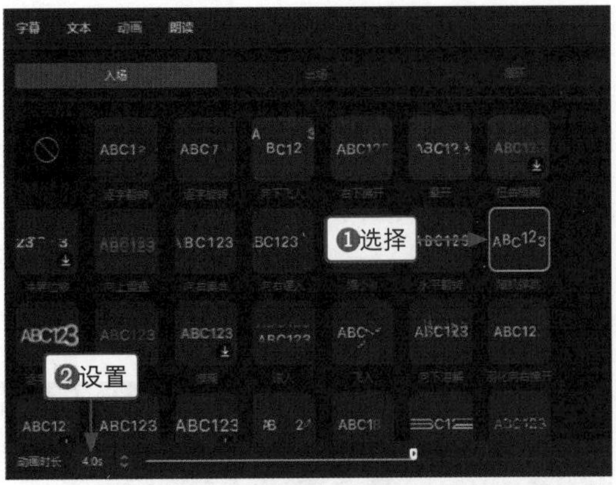

图2-42

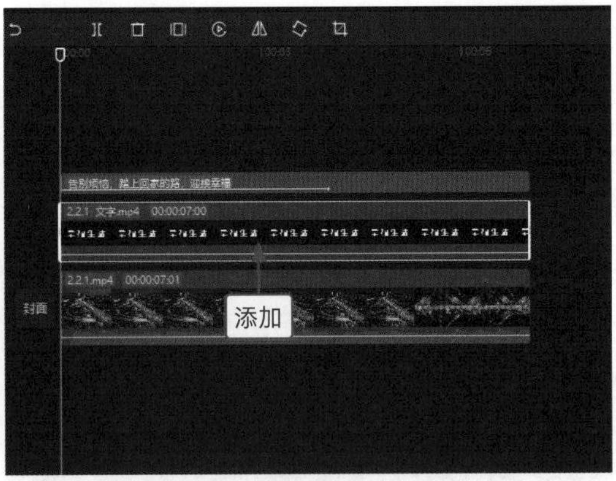

图2-43

步骤 07 在“画面”操作区的“基础”选项卡中，设置“混合模式”为“滤色”模式，如图 2-44 所示。

步骤 08 在“蒙版”选项卡中，选择“矩形”蒙版，如图 2-45 所示。

步骤 09 在“播放器”面板中，调整蒙版的大小，如图 2-46 所示。

步骤 10 在“蒙版”选项卡中，❶单击“反转”按钮，反转蒙版，将文字视频中的文字遮挡住；❷点亮“大小”右侧的关键帧，如图 2-47 所示。

步骤 11 拖曳时间指示器至 00:00:04:00 的位置，在“播放器”面板中，调整蒙版的大小，将文字视频中文字的上面和下面显示出来，中间刚好可以显示正文文字，如图 2-48 所示。此时，“蒙版”选项卡中的关键帧会自动点亮，完成对文字上下分割效果的制作。

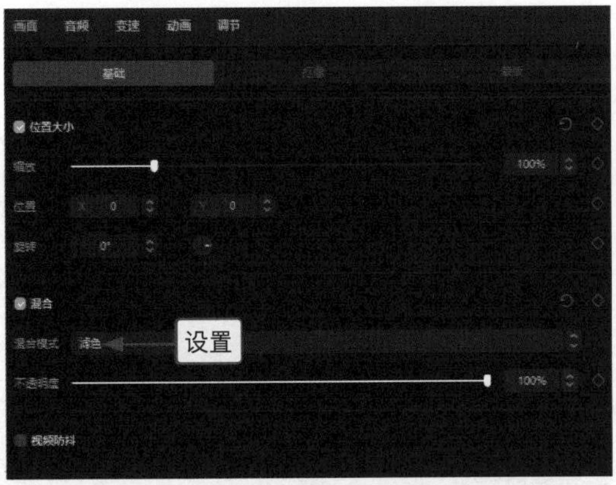

图2-44

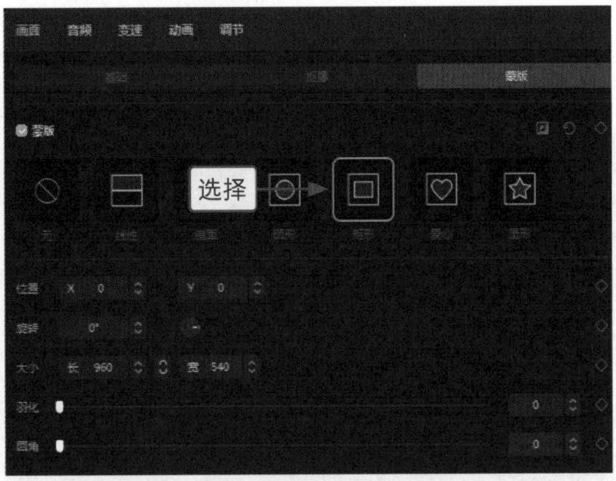

图2-45

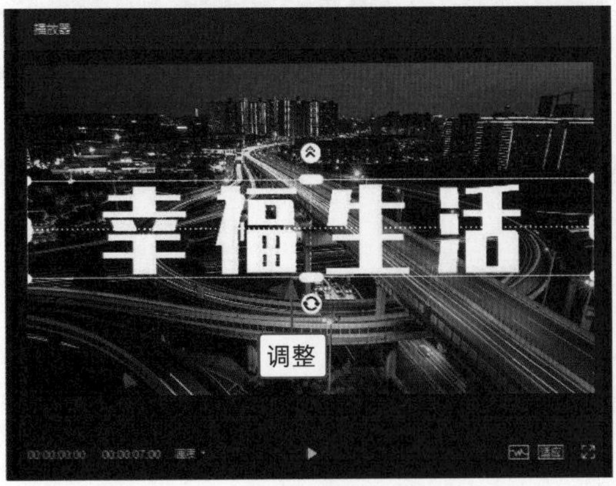

图2-46

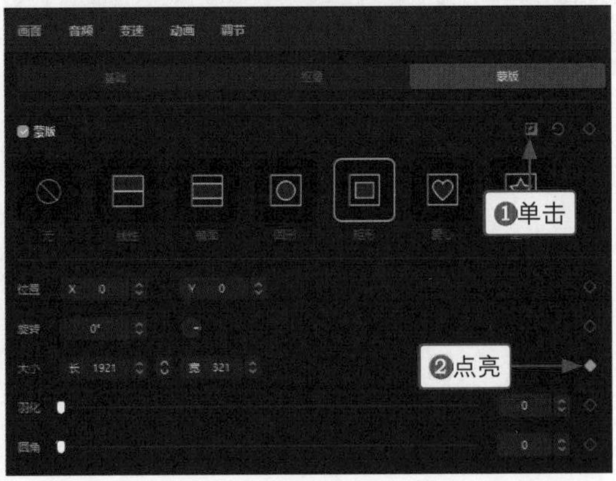

图2-47

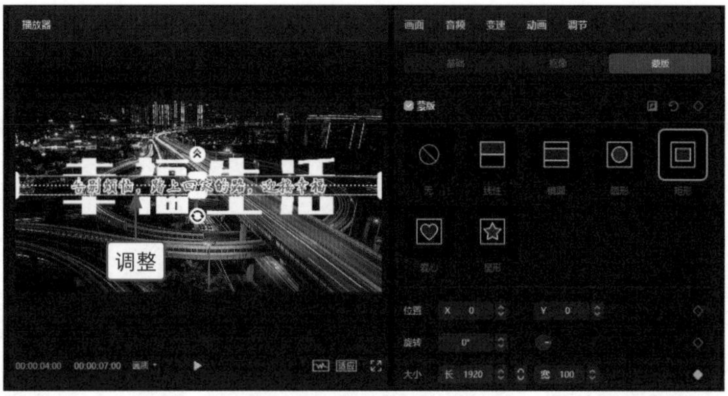

图2-48

2. 用剪映手机版制作

在剪映手机版中，可以使用“镜面”蒙版制作文字上下分割效果，操作方法如下。

步骤 01 在剪映手机版中，制作一个背景为黑色、时长为 7s、“字体”为“真言体”、“字间距”参数为 5、“缩放”参数为 46 的文本，如图 2-49 所示，制作完成后，将文字导出为文字视频备用。

步骤 02 新建一个草稿文件，在视频轨道中添加视频素材。新建一个文本，❶输入正文内容；❷选择一个字体；❸调整文本的大小，如图 2-50 所示。

步骤 03 返回，调整文本时长为 7s，点击“编辑”按钮，进入文本编辑界面，在“样式”选项卡中选择一个预设样式，如图 2-51 所示。

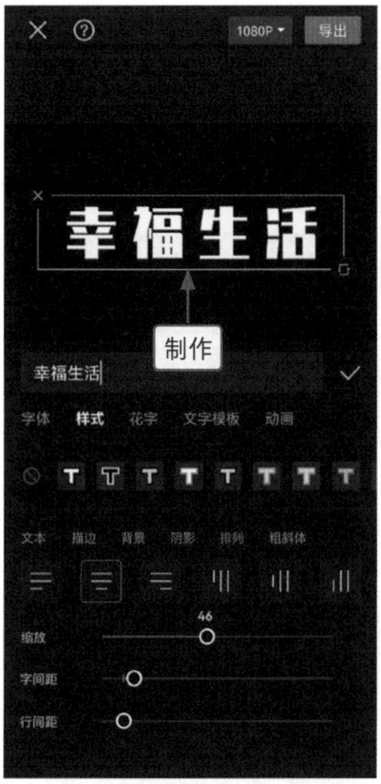

图2-49

图2-50

图2-51

步骤 04 在“动画”选项卡中，❶选择“随机弹跳”入场动画；❷设置动画时长为 4.0s，如图 2-52 所示。

步骤 05 ❶在画中画轨道中添加步骤 01 中导出的文字视频；❷调整画面大小；❸点击“混合模式”按钮，如图 2-53 所示。

步骤 06 在“混合模式”面板中，选择“滤色”选项，如图 2-54 所示，去除黑底。

图2-52

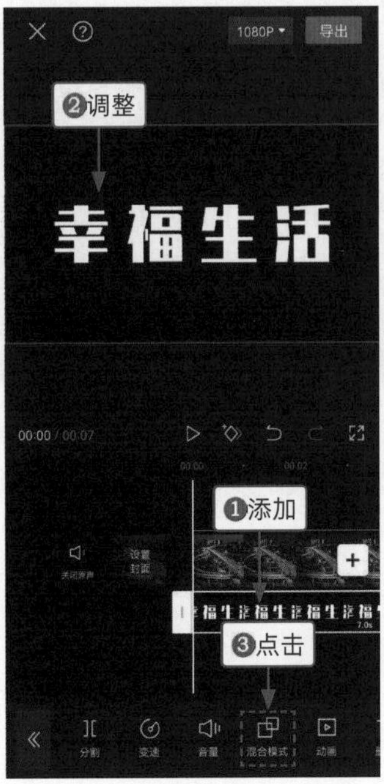

图2-53

图2-54

步骤 07 ❶点击◇按钮，添加一个关键帧；❷点击“蒙版”按钮，如图 2-55 所示。

步骤 08 在“蒙版”面板中，❶选择“镜面”蒙版；❷点击“反转”按钮；❸调整蒙版的大小，如图 2-56 所示。

步骤 09 ❶拖曳时间轴至 00:04 的位置；❷再次调整蒙版的大小，将文字视频中文字的上面和下面显示出来，中间刚好可以显示正文文字，如图 2-57 所示，完成对文字上下分割效果的制作。

图2-55

图2-56

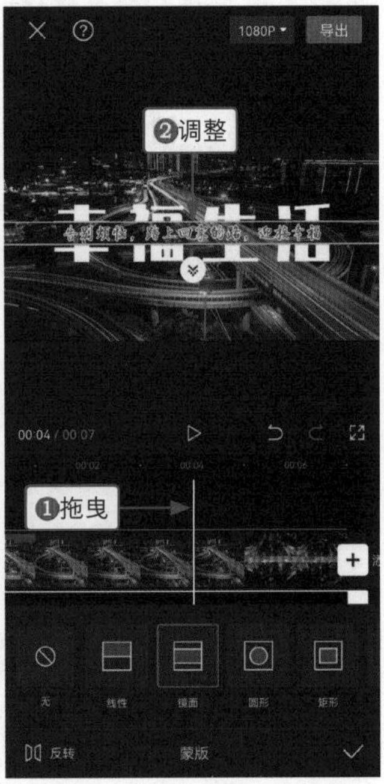

图2-57

2.2.2 文字倒影效果：《海天相接》

效果对比 在剪映中使用“镜像”功能和“旋转”功能，可以制作文字倒影效果，使用“蒙版”功能和“不透明度”功能，可以让效果更加自然，如图 2-58 所示。

图2-58

1. 用剪映电脑版制作

剪映电脑版的操作方法如下。

步骤 01 在剪映电脑版中，新建一个时长为 5s 的文本，❶在“文本”操作区中输入文本内容；❷设置一个字体，如图 2-59 所示。

步骤 02 在“排列”选项区中，设置“字间距”参数为 2，如图 2-60 所示。

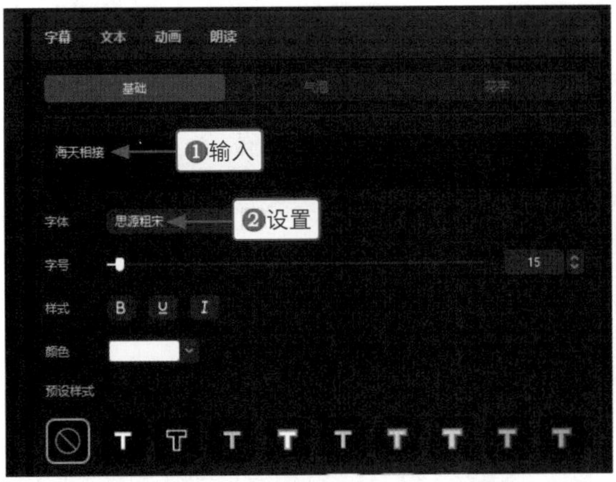

图2-59

图2-60

步骤 03 在“动画”操作区中，❶选择“溶解”入场动画；❷设置“动画时长”参数为 2.5s，如图 2-61 所示。

步骤 04 在第 2 条字幕轨道中新建一个文本时长为 5s 的文本，❶在“文本”操作区中输入一个“-”符号；❷放大符号，使其大小可以覆盖文字，如图 2-62 所示。

步骤 05 拖曳时间指示器至 00:00:02:15 的位置（动画结束位置），选择“海天相接”文本，❶在“播放器”面板中调整文字文本的位置，使其位于符号上方；❷在“文本”操作区中点亮“位置”关键帧◆，如图 2-63 所示，在动画结束位置添加一个关键帧。

步骤 06 拖曳时间指示器至开始位置，在“播放器”面板中调整文字文本的位置，使其被符号覆盖，如图 2-64 所示。随后，在开始位置添加一个关键帧，制作文字缓缓上滑的效果；在“文本”操作区中设置符号颜色为黑色，并将制作好的文字导出为文字视频备用。

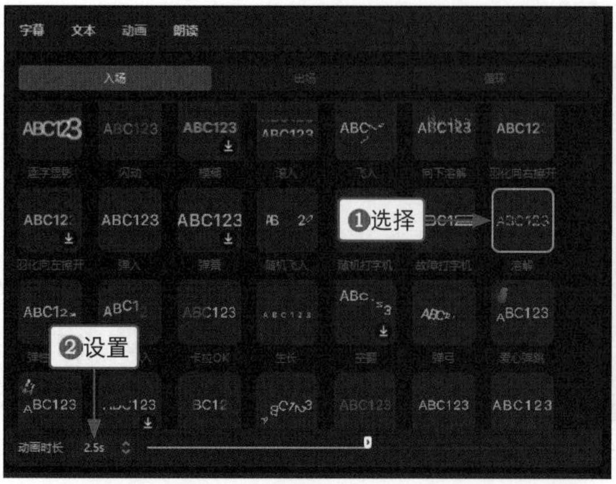

图2-61

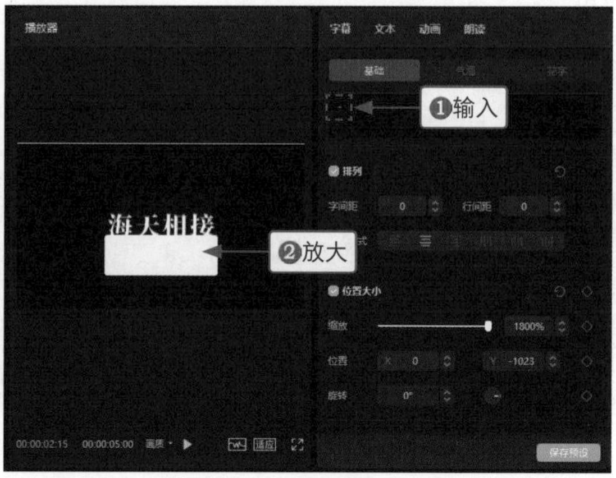

图2-62

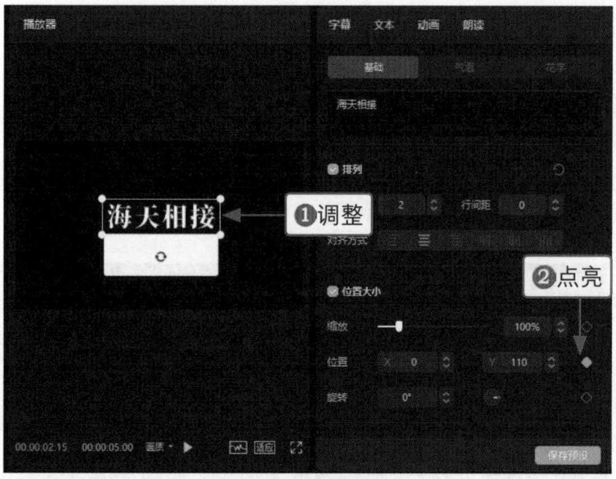

图2-63

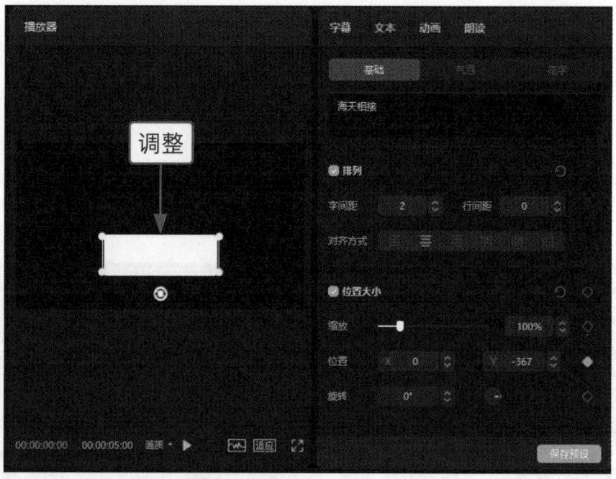

图2-64

步骤 07 新建一个草稿文件，❶在视频轨道中添加一个视频素材；❷在画中画轨道中添加步骤 06 中导出的文字视频，如图 2-65 所示。

步骤 08 选择文字视频，在“画面”操作区中，设置“混合模式”为“滤色”模式，如图 2-66 所示。

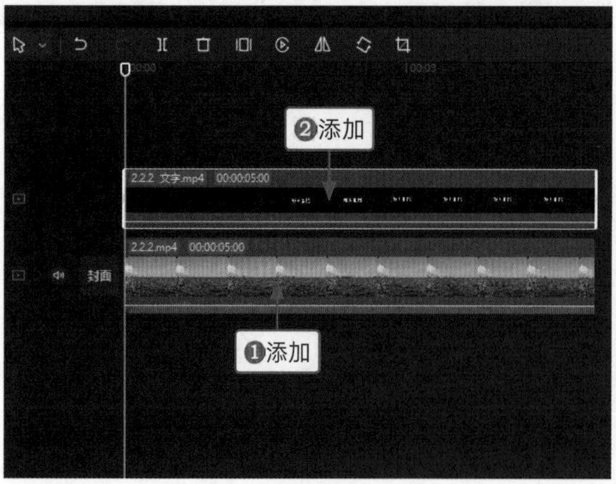

图2-65

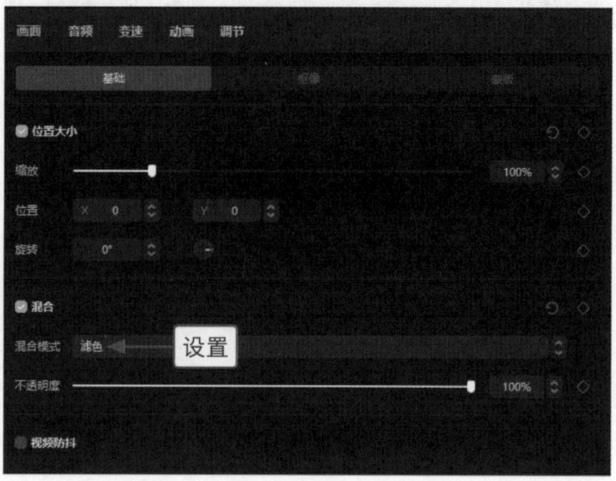

图2-66

温馨提示

在“混合模式”列表中，有“正常”“变亮”“滤色”“变暗”“叠加”“强光”“柔光”“颜色加深”“线性加深”“颜色减淡”“正片叠底”等 11 种模式，其中，“变亮”模式和“滤色”模式一样，可以去除暗色或黑色背景的文字和画面；“变暗”模式和“正片叠底”模式则与之相反，可以去除亮色或白色背景的文字和画面。

步骤 09 在“蒙版”选项卡中，❶选择“线性”蒙版；❷在“播放器”面板中调整蒙版，使之位于文字下方，如图 2-67 所示，呈现文字从水面上升的效果。

图2-67

步骤 10 ❶复制文字视频并粘贴至第 2 条画中画轨道中；❷单击“镜像”按钮；❸连续单击“旋转”按钮两次，将文字视频旋转 180°，即翻转文字视频，如图 2-68 所示。

步骤 11 在“播放器”面板中，调整文字视频的位置，使文字呈现上下对称的倒影效果，如图 2-69 所示。

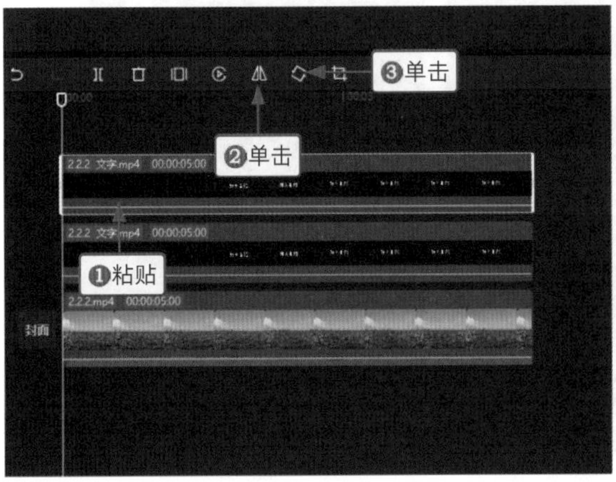

图2-68

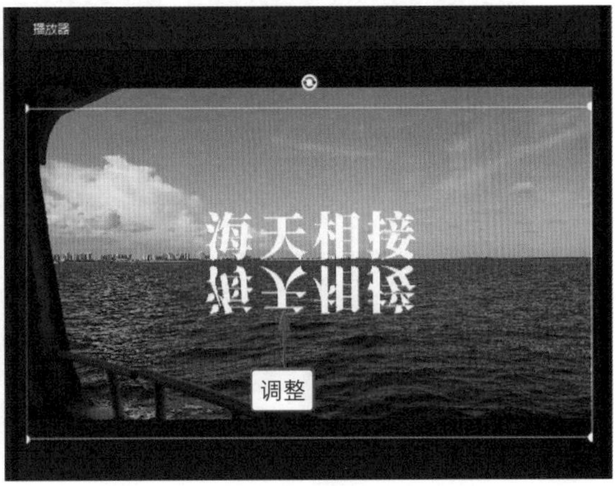

图2-69

步骤 12 在“画面”操作区中，设置“不透明度”参数为 40%，使倒影更加真实，如图 2-70 所示。

图2-70

2. 用剪映手机版制作

剪映手机版的操作方法如下。

步骤 01 在剪映手机版中，新建一个文本时长为 5s 的黑底白字文本，❶在文本编辑界面中输入文本内容；❷选择一个字体，如图 2-71 所示。

步骤 02 在“样式”选项卡中，设置“字间距”参数为 2，如图 2-72 所示。

步骤 03 在“动画”选项卡中，❶选择“溶解”入场动画；❷设置动画时长为 2.5s，如图 2-73 所示。

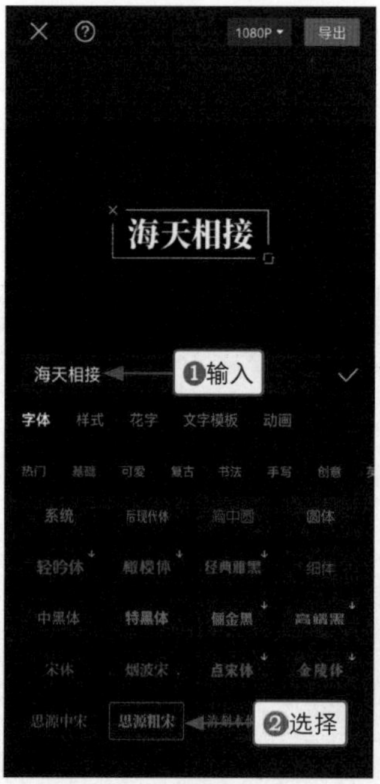

图2-71

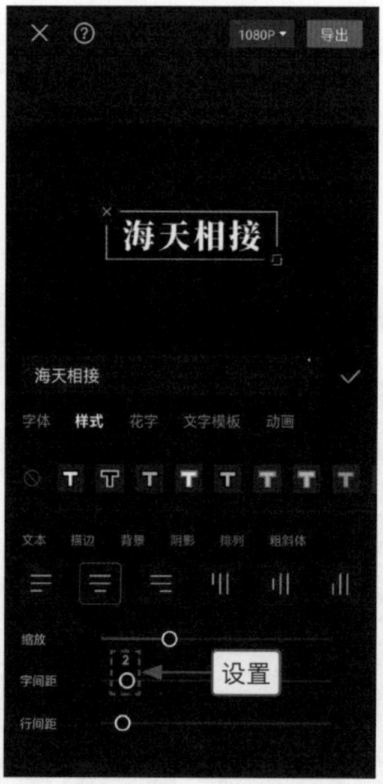

图2-72

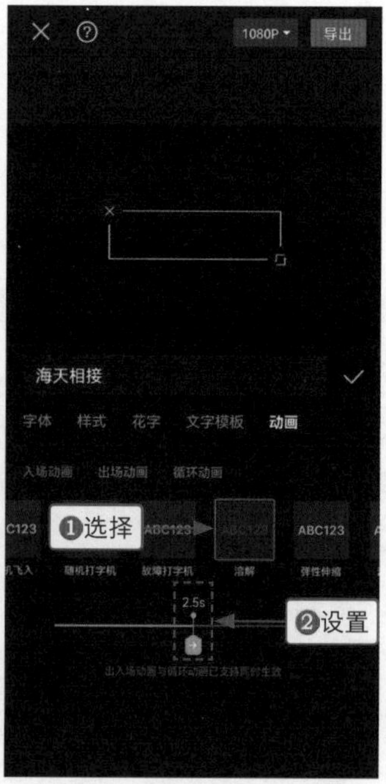

图2-73

步骤 04 在第 2 条字幕轨道中新建一个文本时长为 5s 的文本，❶在文本编辑界面中输入一个“-”符号；❷放大符号，使其大小可以覆盖文字，如图 2-74 所示。

步骤 05 ❶在“海天相接”文字动画结束的位置点击◇按钮，添加关键帧；❷调整文字文本的位置，使其位于符号上方，如图 2-75 所示。

步骤 06 ❶拖曳时间轴至文字视频的起始位置；❷调整“海天相接”文字文本的位置，使其被符号覆盖，如图 2-76 所示。

步骤 07 选择符号文本，点击“编辑”按钮，❶切换至“样式”选项卡；❷选择黑色色块，设置符号颜色为黑色；❸点击“导出”按钮，如图 2-77 所示，导出文字为文字视频备用。

步骤 08 新建一个草稿文件，❶在视频轨道中添加视频素材；❷在画中画轨道中添加文字视频；❸调整文字视频的大小；❹点击“混合模式”按钮，如图 2-78 所示。

步骤 09 在“混合模式”面板中，选择“滤色”选项，如图 2-79 所示。

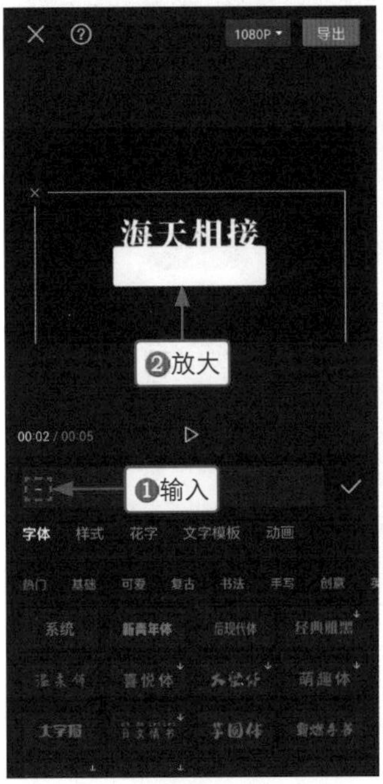

图2-74

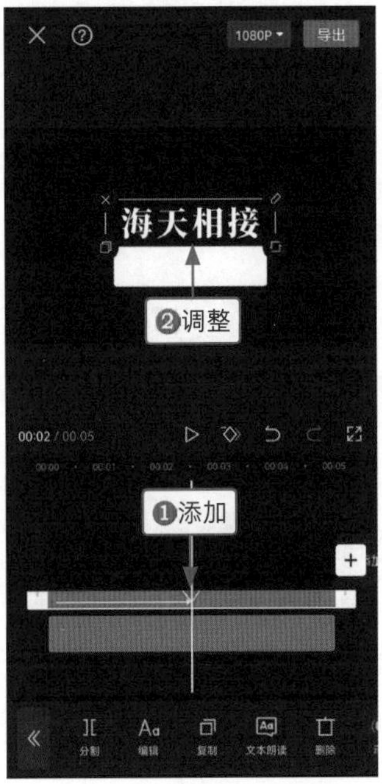

图2-75

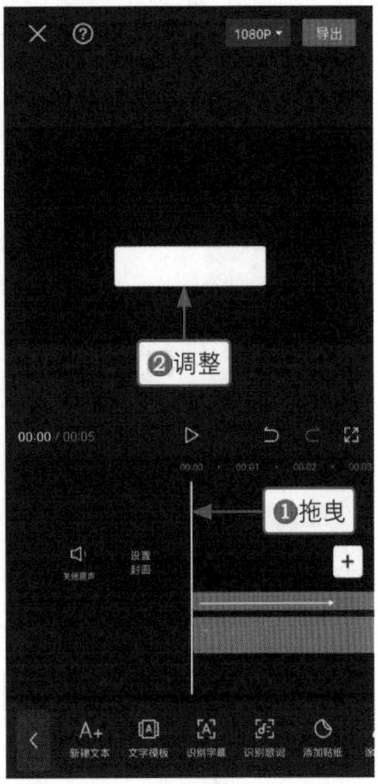

图2-76

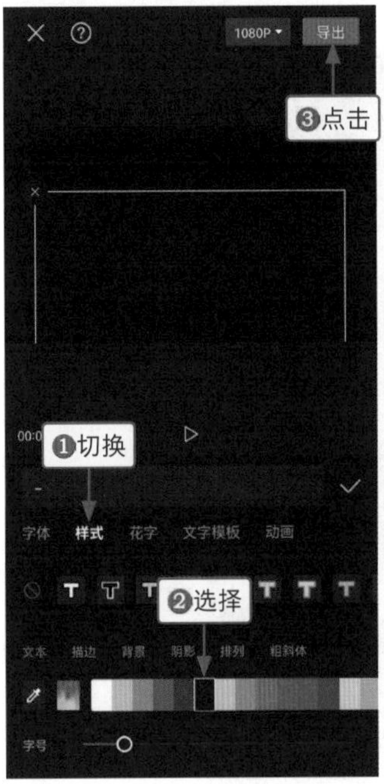

图2-77

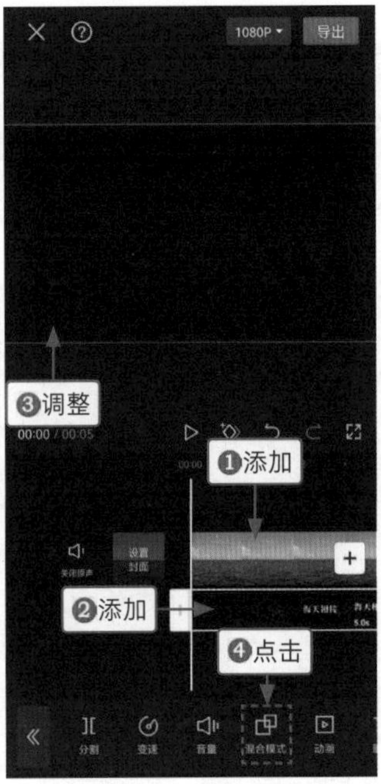

图2-78

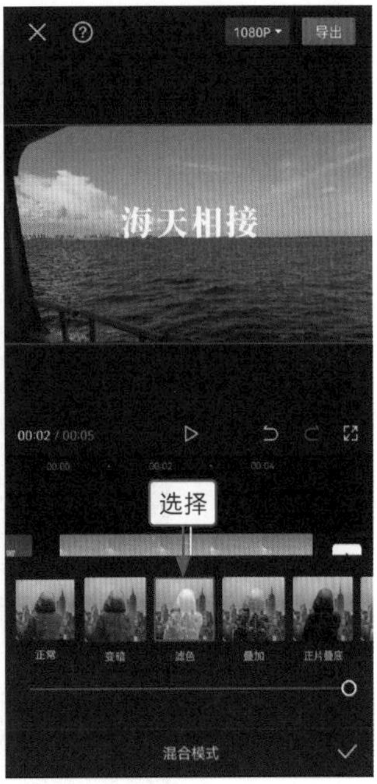

图2-79

步骤 10 点击“蒙版”按钮，进入“蒙版”面板，❶选择“线性”蒙版；❷调整蒙版的位置，如图 2-80 所示。

步骤 11 ❶返回，复制并粘贴文字视频，将新的文字视频拖曳至第 2 条画中画轨道中；❷点击“编辑”按钮，如图 2-81 所示。

步骤 12 在编辑工具栏中，❶点击“镜像”按钮；❷连续点击“旋转”按钮两次，翻转文字视频；❸调整翻转后的文字视频的位置，如图 2-82 所示。

图2-80

图2-81

图2-82

步骤 13 返回上一级工具栏，点击“不透明度”按钮，如图 2-83 所示。

步骤 14 在“不透明度”面板中，拖曳滑块至 40，将文字视频虚化，使倒影更加真实，如图 2-84 所示。

图2-83

图2-84

2.2.3 人走字出效果：《春暖花开》

效果对比 人走字出效果是一个文字跟踪字幕特效，让文字跟着人物的运动轨迹渐渐出现，效果如图 2-85 所示。读者学会制作过程后，可以举一反三，制作文字跟踪目标动物、跟踪目标车辆出现等特效。

图2-85

1. 用剪映电脑版制作

剪映电脑版的操作方法如下。

步骤 01 在剪映电脑版中，新建一个文本时长为 00:00:04:13 的文本，❶在“文本”操作区中输入文本内容；❷设置一个字体；❸将文本调大一些，如图 2-86 所示。将制作的文字导出为文字视频备用。

步骤 02 清空轨道，将人物行走视频和文字视频分别添加至视频轨道和画中画轨道中，并调整两个视频的时长，均调整为 00:00:04:11（人物视频和文字视频的时长可以根据实际需要来调整），如图 2-87 所示。

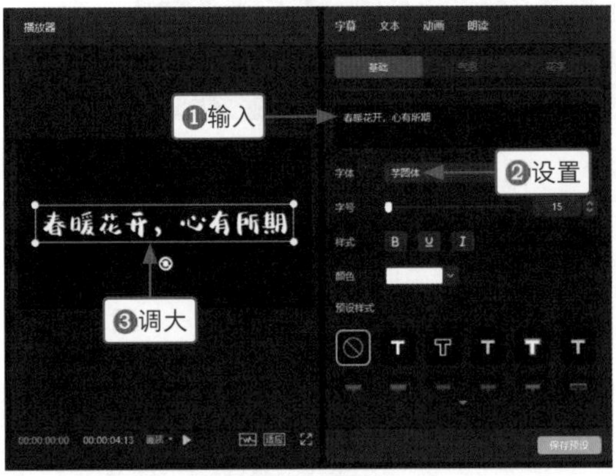

图2-86

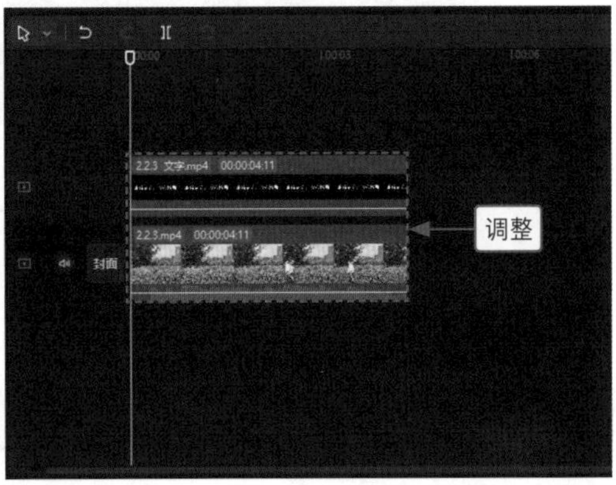

图2-87

步骤 03 选择文字视频，在“画面”操作区中，❶设置“混合模式”为“滤色”模式；❷在“播放器”面板中调整文字视频的大小和位置，如图 2-88 所示。

步骤 04 拖曳时间指示器至 00:00:01:15 的位置，此时，视频中的人物刚好走进画面，走到即将越过第 1 个字的位置。在“画面”操作区的“蒙版”选项卡中，❶选择“线性”蒙版；❷在“播放器”面板中调整蒙版的位置和旋转角度；❸在“蒙版”选项卡中点亮“位置”和“旋转”关键帧◆，如图 2-89 所示，在文字视频上添加第 1 个蒙版关键帧，让人物将文字全部遮盖住。

图2–88

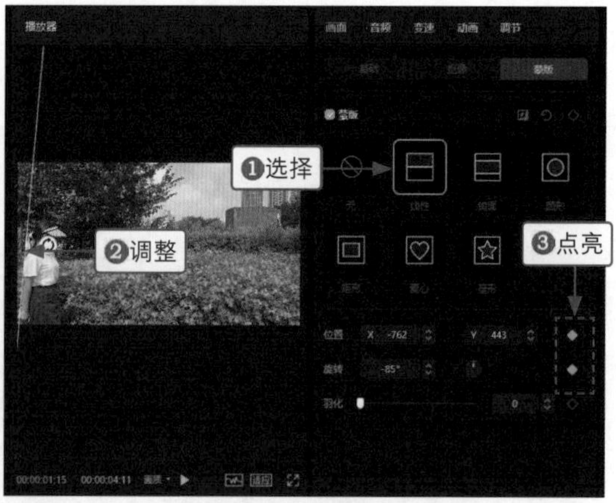

图2–89

步骤 05 将时间指示器向后拖曳 5 帧，至 00:00:01:20 处，在“播放器”面板中，根据人物的行走速度和位置，调整蒙版的位置和旋转角度，如图 2–90 所示。

图2–90

步骤 06 用与上述方法同样的方法，每隔 5 帧，❶根据人物位置，调整蒙版的位置和旋转角度；❷为视频添加多个蒙版关键帧，直至文字跟随人物完全出现，效果如图 2–91 所示。执行操作后，即可呈现人走字出的文字跟踪效果。

图2–91

2. 用剪映手机版制作

剪映手机版的操作方法如下。

步骤 01 在剪映手机版中，新建一个文本时长为 4.4s 的文本，❶在文本编辑界面输入文本内容；❷选择一个字体；❸调整文本的大小，如图 2-92 所示。将制作的文字导出为文字视频备用。

步骤 02 新建一个草稿文件，❶将人物行走视频和文字视频分别添加到视频轨道和画中画轨道中，并调整视频时长；❷选择文字视频；❸点击“混合模式”按钮，如图 2-93 所示。

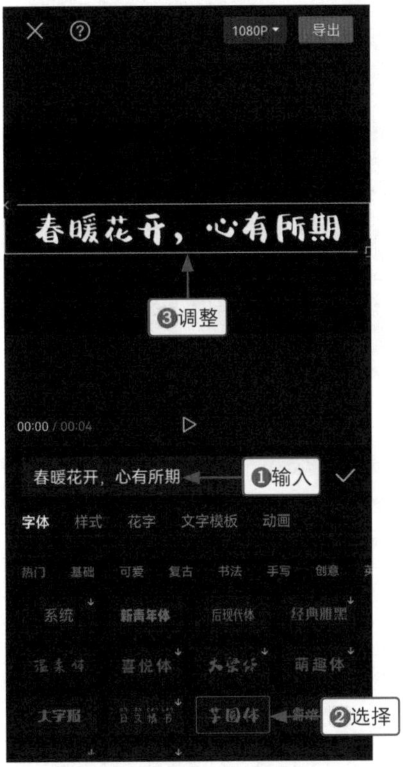

图2–92

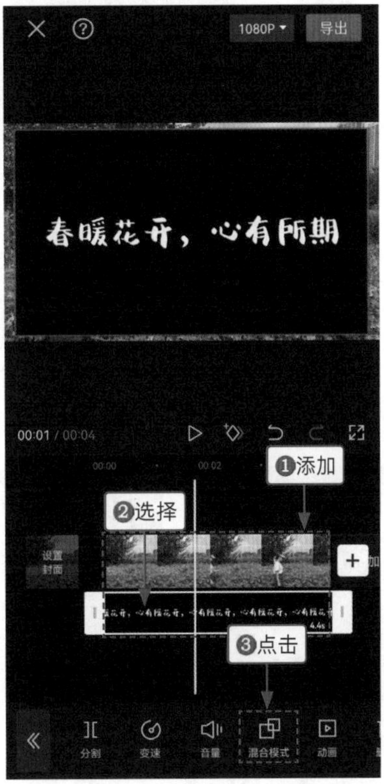

图2–93

步骤 03 在“混合模式”面板中，❶选择“滤色”选项；❷调整文本的位置和大小，如图 2-94 所示。

步骤 04 ❶拖曳时间轴至人物出现的位置；❷点击按钮，添加关键帧；❸点击“蒙版”按钮，如图 2-95 所示。

步骤 05 ❶选择“线性”蒙版；❷调整蒙版的位置和旋转角度，如图 2-96 所示，使蒙版贴着人物的手臂。

步骤 06 ❶向后拖曳时间轴；❷调整蒙版的位置和旋转角度，如图 2-97 所示，露出文字。

步骤 07 用与上述方法同样的方法，不断拖曳时间轴，调整蒙版的位置和旋转角度，直到露出所有文字，如图 2-98 所示。

图2-94

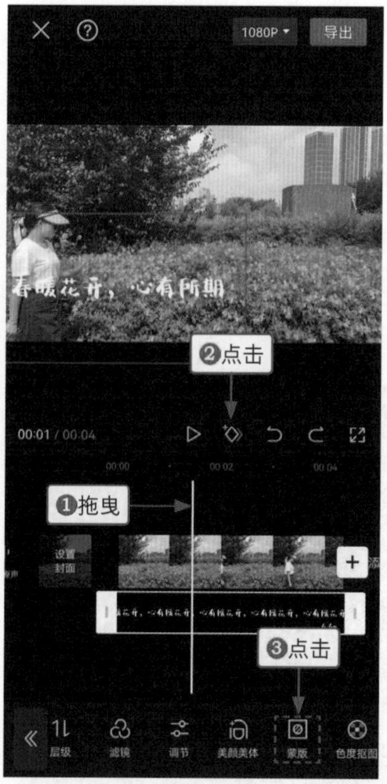

图2-95

图2-96

图2-97

图2-98

课后实训：文字跟踪目标车辆

效果对比 跟踪目标车辆效果是文字跟踪动画特效，视频中出现目标车辆后，文字会紧紧跟随车辆移动，效果如图 2-99 所示。

图2-99

本案例制作步骤如下。

首先，使用文本和箭头贴纸，制作一个视频时长为 5s 的跟踪文字视频（文字字体和贴纸样式，大家可以自由选择，拓展一下制作思路，还可以为文字添加边框和动画效果），如图 2-100 所示。制作完成后，导出备用。

然后，清空轨道，将车辆视频添加到视频轨道中，将跟踪文字视频添加到画中画轨道中，❶设置跟踪文字视频为“滤色”混合模式；❷根据目标车辆的位置和大小变化，调整跟踪文字的位置和大小，如图 2-101 所示。

最后，如果目标车辆的位置和大小一直在变化，大家可以参考 2.2.3 节中人走字出效果的制作思路，为文字视频添加“缩放”和“位置”关键帧，实时跟踪目标车辆。

图2-100

图2-101

第 3 章　设计：海报、封面字幕特效

本章主要介绍使用剪映制作动态电影海报字幕和视频封面字幕的方法。动态电影海报上的字幕需要根据电影的画面、主题以及风格特点来制作；发布抖音作品时用的封面，需要用户明确封面截取的尺寸和位置后，根据尺寸设计制作。为动态电影海报和视频封面添加字幕，能够点明主题，吸引观众的注意力，希望大家学会后，可以举一反三。

3.1 动态电影海报制作

本节主要介绍动态电影海报字幕特效的制作方法。设计动态电影海报，需要制作多张电影海报及其所对应的不同文字和动画；设计动态电影宣传海报，需要制作单张电影宣传海报的宣传配文动画效果。希望大家学会以后，可以灵活使用剪映的各项功能，制作出更多精美的动态海报字幕特效。

3.1.1 动态电影海报：《哥斯拉世纪大战》

效果对比 在剪映中，只需要添加花字并设置相应的文字动画，就能做出炫酷的动态电影海报，制作方法十分简单，效果如图 3-1 所示。

图 3-1

1. 用剪映电脑版制作

剪映电脑版的操作方法如下。

步骤 01 在剪映电脑版中，添加动态电影海报相关视频，如图 3-2 所示，从视频缩略图上可以看出，视频由 3 张不同的海报组成。

步骤 02 在“文本”功能区中，❶展开“花字”|“蓝色”选项卡；❷单击所选花字的“添加到轨道”按钮⊕，如图 3-3 所示。

步骤 03 执行上述操作后，即可添加一个文本。根据“播放器”面板中显示的画面调整文本时长，使其结束位置与第 1 张海报画面的结束位置一致，如图 3-4 所示。

步骤 04 在“文本”操作区的“基础”选项卡中，❶输入文本内容；❷在“播放器”面板中调整文本的位置和大小，如图 3-5 所示。

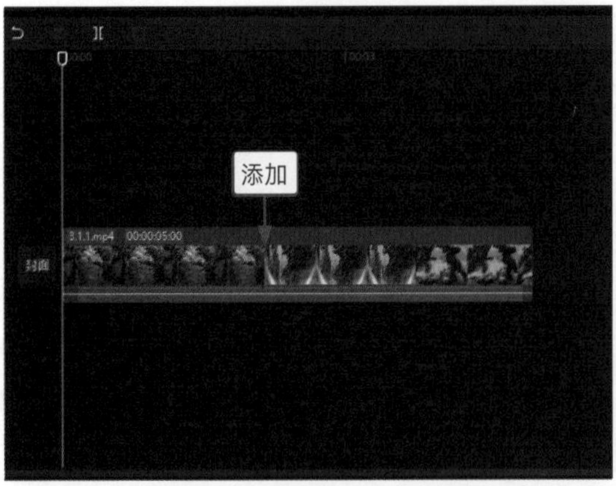

图 3-2

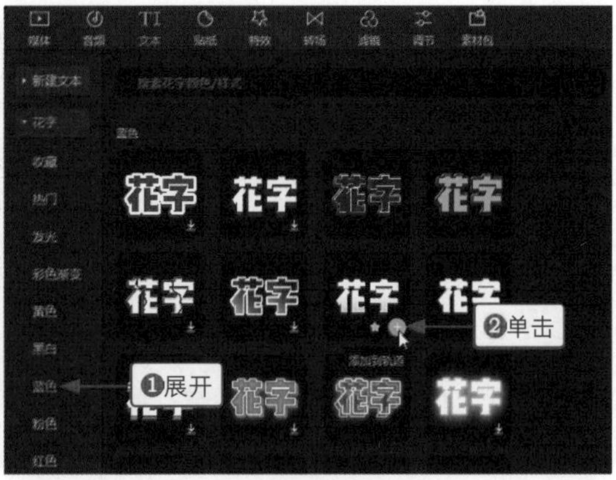

图 3-3

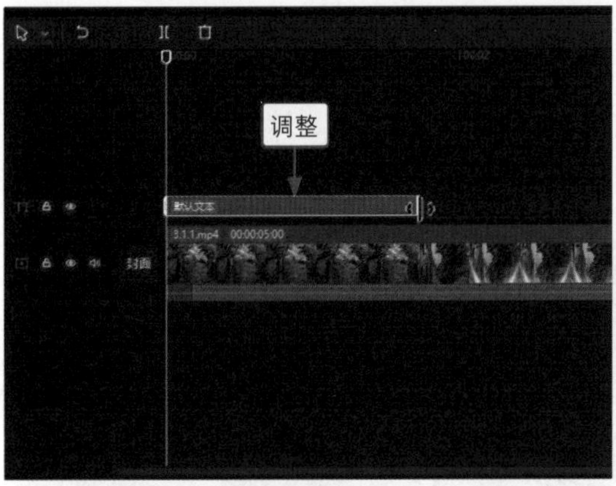

图 3-4

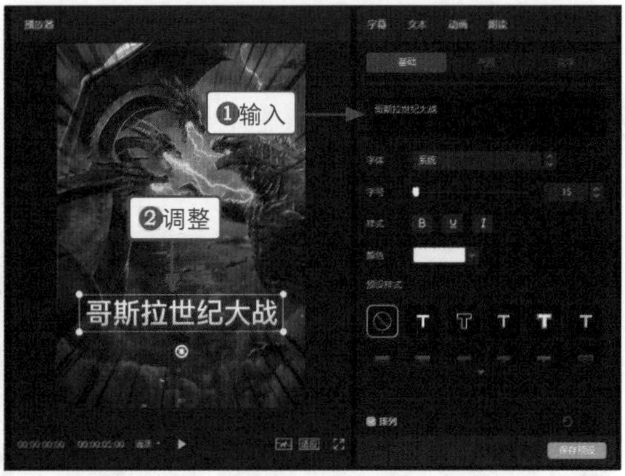

图 3-5

步骤 05 在“动画”操作区的“入场”选项卡中，❶选择“向下溶解”动画；❷设置“动画时长”参数为最长（1.7s），如图 3-6 所示。

步骤 06 用与上述方法同样的方法，在“文本”功能区中，为第 2 张海报画面选择一个花字并单击“添加到轨道”按钮，如图 3-7 所示。随后，调整第 2 个文本的文本时长。

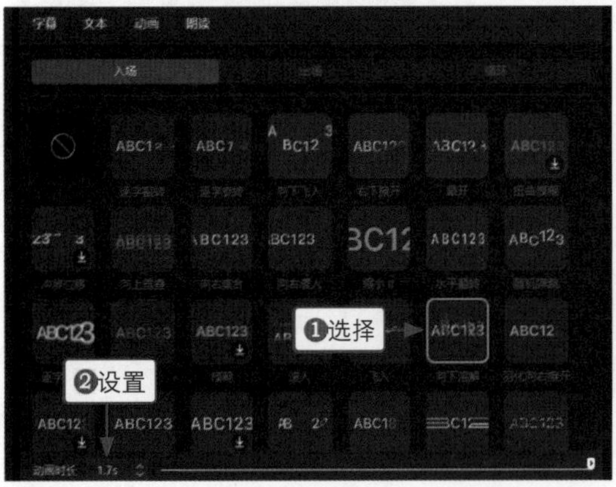

图 3-6

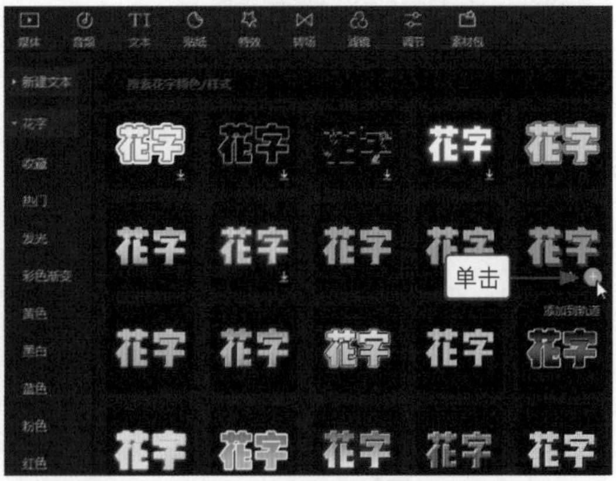

图 3-7

步骤 07 在“文本”操作区的“基础”选项卡中，❶输入文本内容；❷在“播放器”面板中调整文本的位置和大小，如图 3-8 所示。

步骤 08 在“动画”操作区的“循环”选项卡中，选择“色差故障”动画，如图 3-9 所示。

图 3-8

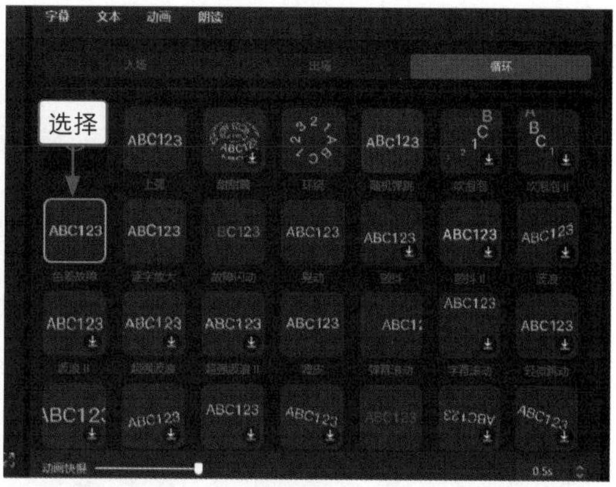

图 3-9

步骤 09 在“文本”功能区中，为第 3 张海报画面选择一个花字并单击“添加到轨道”按钮 ，如图 3-10 所示。随后，调整第 3 个文本的文本时长。

步骤 10 在“文本”操作区的“基础”选项卡中，❶输入文本内容；❷在“播放器”面板中调整文本的位置和大小，如图 3-11 所示。

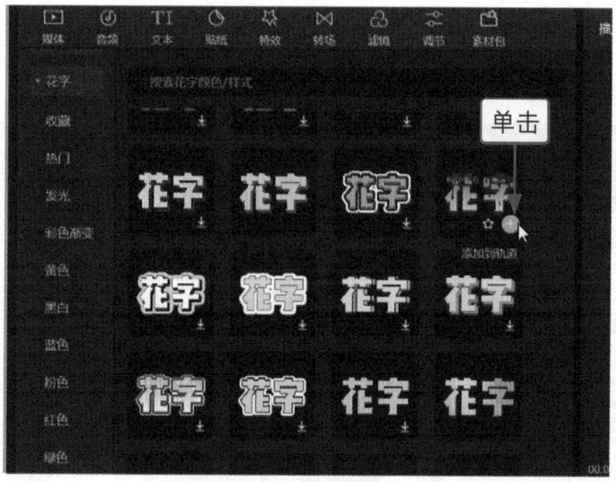

图 3-10

图 3-11

步骤 11 在“动画”操作区中，选择“故障打字机”入场动画，如图 3-12 所示。

步骤 12 在“文本”功能区的“文字模板”|“综艺感”选项卡中，选择一个文字模板并单击“添加到轨道”按钮 ，如图 3-13 所示。

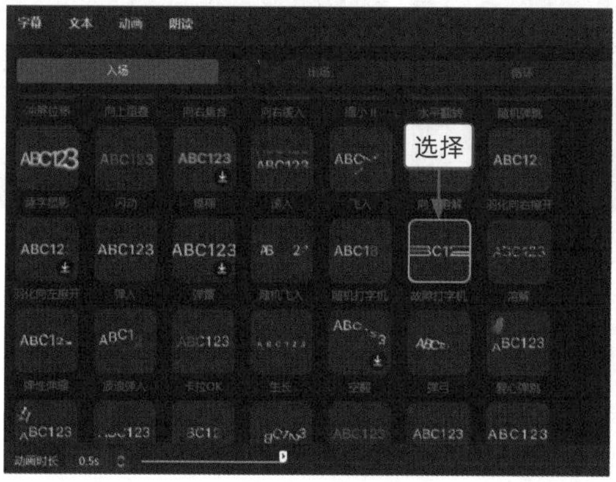

图 3-12

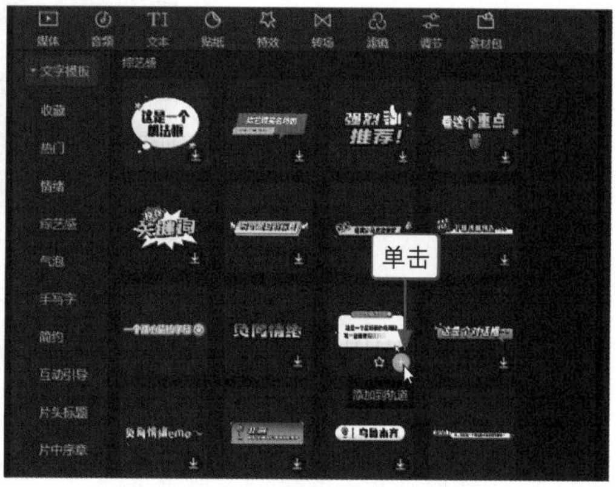

图 3-13

步骤 13 将文字模板添加到第 3 个文本的上方，并调整其时长至与第 3 个文本的时长一致，如图 3-14 所示。

步骤 14 ❶在“文本”操作区中修改文本内容；❷在“播放器”面板中调整文本的位置和大小，如图 3-15 所示。

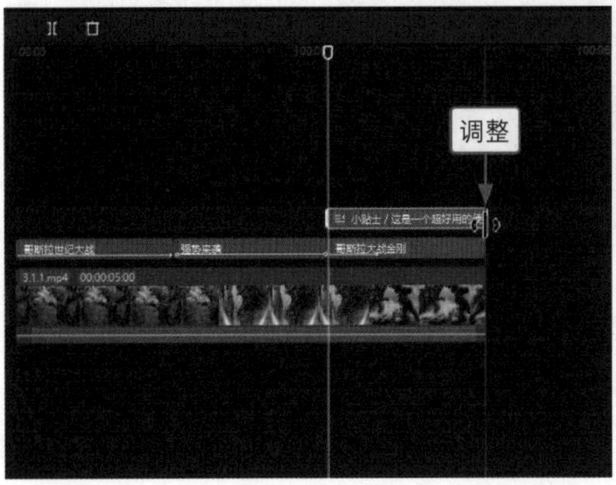

图 3-14

图 3-15

2. 用剪映手机版制作

剪映手机版的操作方法如下。

步骤 01 在剪映手机版中，添加动态电影海报相关视频，新建一个文本，在“花字”选项卡中，❶选择一个蓝色花字；❷输入文本内容；❸调整文本的大小和位置，如图 3-16 所示。

步骤 02 ❶切换至“动画”选项卡；❷选择“向下溶解”动画；❸拖曳滑块至最右端，设置动画时长为最长，如图 3-17 所示。

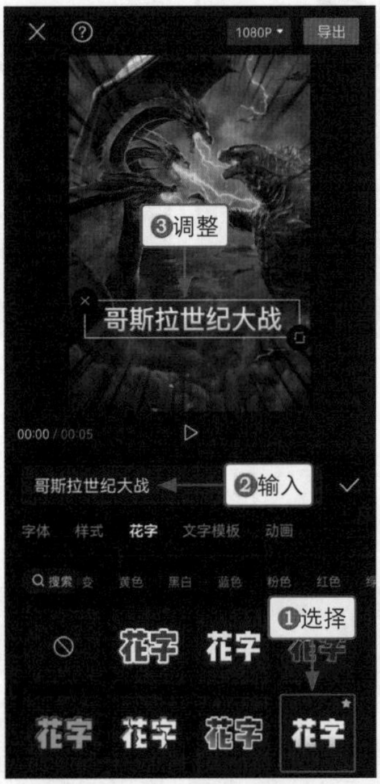

图 3-16

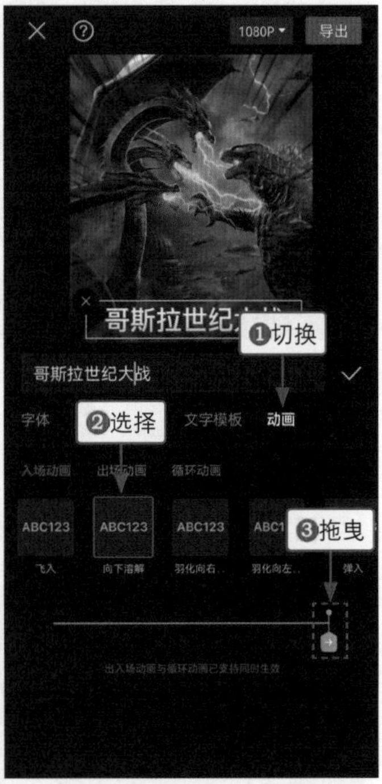

图 3-17

步骤 03 执行上述操作后，调整文本时长至与第 1 张海报画面的时长一致，如图 3-18 所示。

步骤 04 用与上述方法同样的方法，为第 2 张海报画面添加对应的文本，❶在文本编辑界面中输入文本内容；❷选择一个黄色花字；❸调整文本的大小和位置，如图 3-19 所示。

步骤 05 ❶切换至“动画”选项卡；❷展开“循环动画”选项区；❸选择“色差故障”动画，如图 3-20 所示。执行操作后，调整第 2 个文本的时长。

步骤 06 用与上述方法同样的方法，为第 3 张海报画面添加对应的文本，❶在文本编辑界面中输入文本内容；❷选择一个黄色花字；❸调整文本的大小和位置，如图 3-21 所示。

步骤 07 ❶切换至“动画”选项卡的“入场动画”选项区；❷选择“故障打字机”动画，如图 3-22 所示。执行操作后，调整第 3 个文本的时长。

步骤 08 在第 3 个文本的开始位置，新建一个文本，❶切换至“文字模板”选项卡；❷展开“综艺感”选项区；❸选择文字模板；❹修改文字内容；❺调整文字模板的大小和位置，如图 3-23 所示。执行操作后，调整文字模板时长至与第 3 个文本的时长一致。

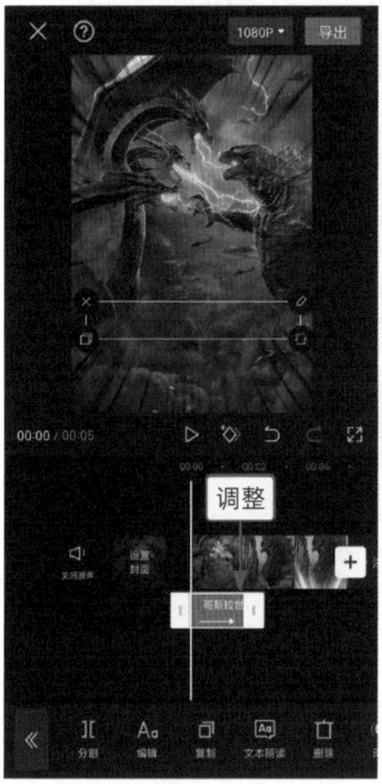

图 3-18

图 3-19

图 3-20

图 3-21

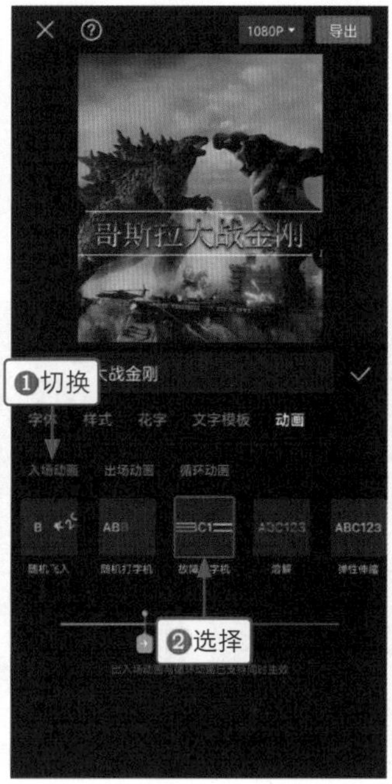

图 3-22

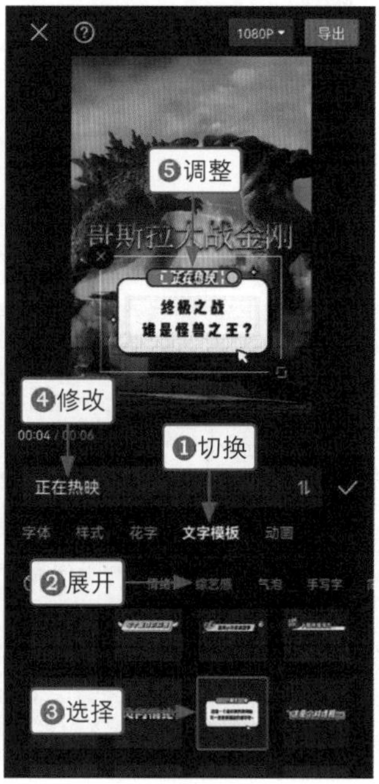

图 3-23

3.1.2 动态电影宣传海报：《恐龙再现》

效果对比 在剪映中为动态电影宣传海报设计字幕特效时，要注意观察动态电影宣传海报上有哪些地方是留白的，把文字加在留白的地方，可以在不影响画面结构的同时，起到点题和宣传的作用，效果如图 3-24 所示。

图 3-24

用户在设计字幕特效时，要注意字体和颜色的选用，例如，需要突出主题时，可以跟本例一样，选用与背景相反的颜色、较粗的字体，至于宣传文案，可以根据海报中的元素来设计，如果跟本例一样，中间的留白部分呈框架式，四周的物体都比较庞大，可以选用比较优美的、纤瘦的字体，跟背景相差较大的、与物体颜色相近的颜色。另外，单画面动态宣传海报中的宣传文字最好简明扼要，文字数量不要过多。

1. 用剪映电脑版制作

剪映电脑版的操作方法如下。

步骤 01 在剪映电脑版中，添加动态电影宣传海报相关视频，如图 3-25 所示。

步骤 02 在“文本”功能区中，❶展开“文字模板”|“片尾谢幕”选项卡；❷单击所选文字模板的“添加到轨道”按钮，如图 3-26 所示。

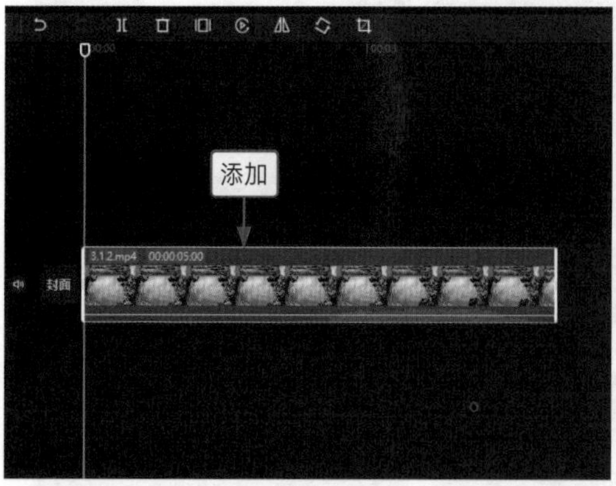

图 3-25

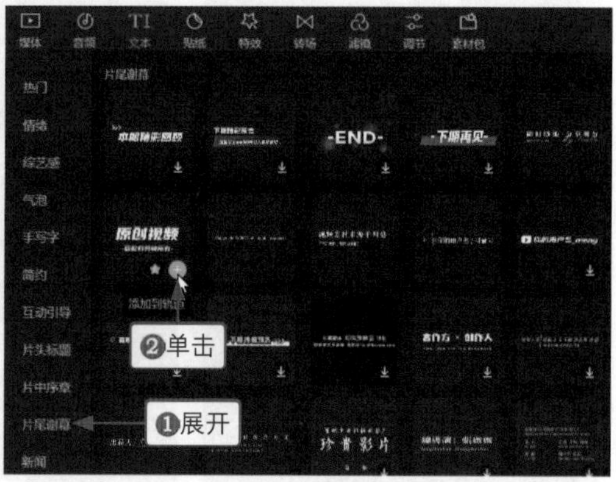

图 3-26

步骤 03 执行上述操作后，即可添加一个文本，调整文本时长，如图 3-27 所示。

步骤 04 在“文本”操作区的“基础”选项卡中，❶修改文本内容为片名和上映信息；❷在“播放器”面板中调整文本的位置，使其位于画面中的木板上，如图 3-28 所示。

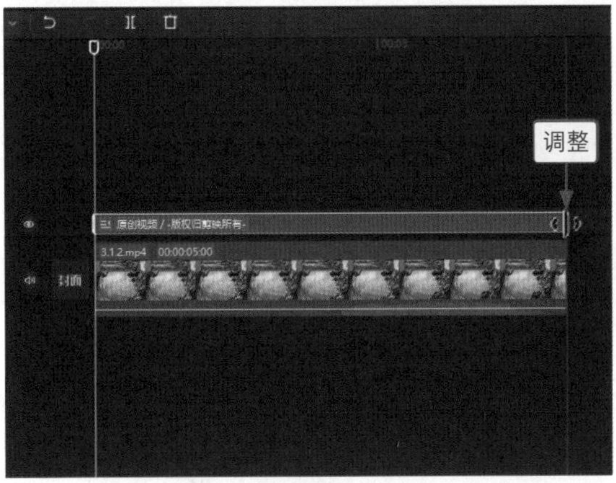

图 3-27

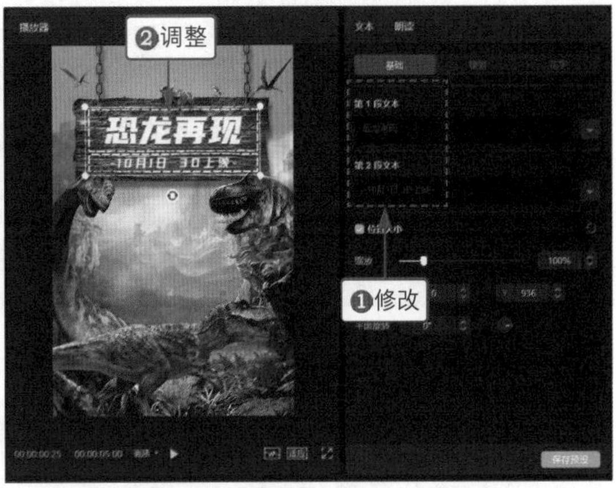

图 3-28

步骤 05 将时间指示器拖曳至 00:00:01:00 的位置，在“花字”选项卡中，选择一个金色的花字并单击“添加到轨道”按钮，如图 3-29 所示，将花字添加到时间指示器的位置并调整时长。

步骤 06 在“文本”操作区的“基础”选项卡中，❶输入文本内容为宣传文案；❷设置一个合适的字体，如图 3-30 所示。

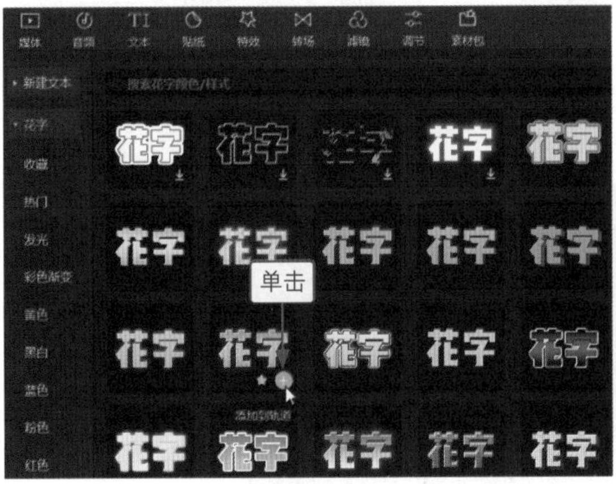

图 3-29

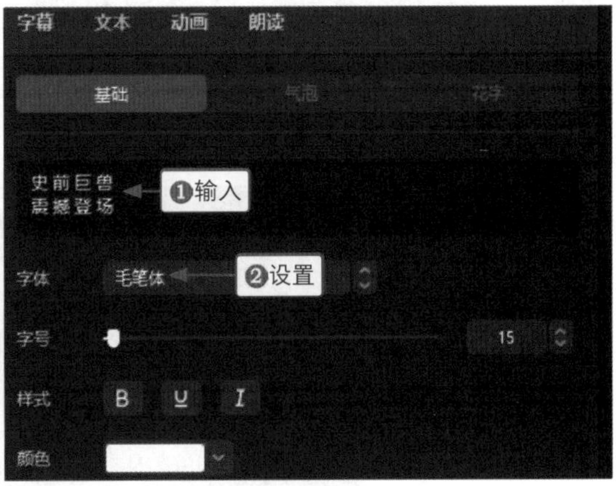

图 3-30

步骤 07 在“排列”选项区中，设置“行间距”参数为 15，如图 3-31 所示。

步骤 08 在“播放器”面板中，调整文本的位置，如图 3-32 所示。

步骤 09 在“动画”操作区中，❶选择“溶解”入场动画；❷设置“动画时长”参数为 1.5s，如图 3-33 所示。

步骤 10 在“音频”功能区中，❶展开“音效素材”|“转场”选项卡；❷单击“突然加速”音效的“添加到轨道”按钮，如图 3-34 所示。

步骤 11 执行上述操作后，即可为文本添加出场音效，如图 3-35 所示。

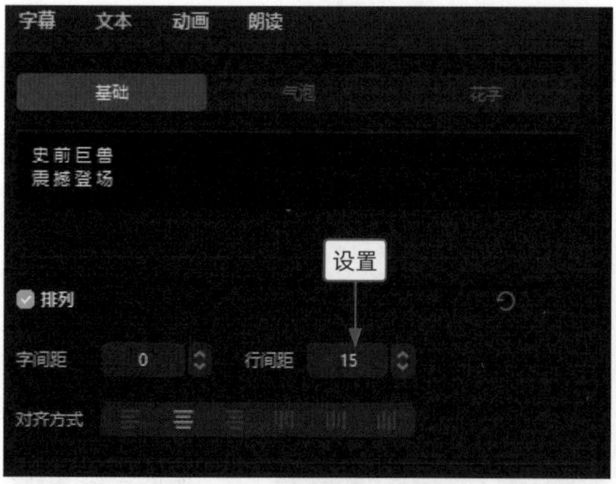

图 3-31

图 3-32

图 3-33

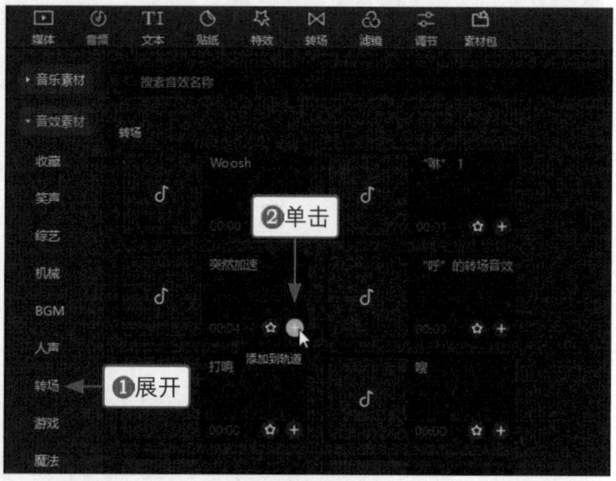

图 3-34

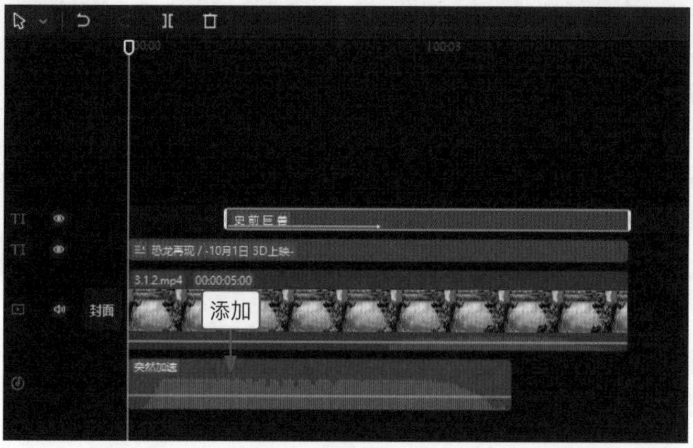

图 3-35

2. 用剪映手机版制作

剪映手机版的操作方法如下。

步骤 01 在剪映手机版中，❶添加动态电影宣传海报相关视频；❷点击“文字”|“文字模板”按钮，如图 3-36 所示。

步骤 02 在“文字模板”选项卡中，❶展开“片尾谢幕”选项区；❷选择一个文字模板；❸修改文字内容为片名和上映信息；❹调整文本的位置，使其位于画面中的木板上，如图 3-37 所示。

步骤 03 返回二级工具栏，❶调整文本时长至与视频时长一致；❷拖曳时间轴至 1s 的位置；❸点击“新建文本”按钮，如图 3-38 所示。

图 3-36

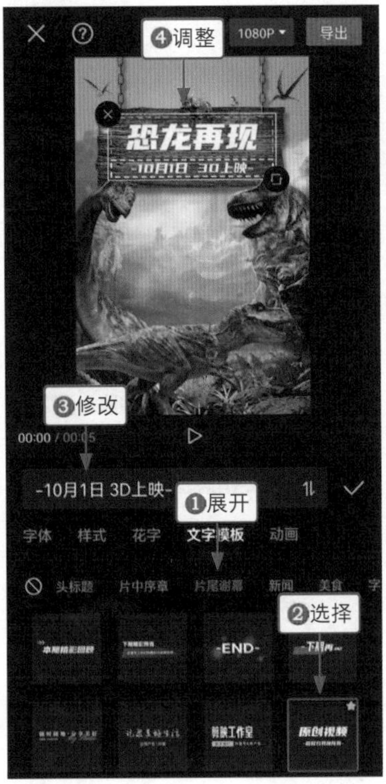

图 3-37

图 3-38

步骤 04 在文本编辑界面，❶输入宣传文案；❷选择一个字体；❸调整文本的位置，如图 3-39 所示。

步骤 05 在“样式”选项卡中，设置“行间距”参数为 15，如图 3-40 所示。

步骤 06 ❶切换至“花字”选项卡；❷在“黄色”选项区中选择一个金色花字，如图 3-41 所示。

步骤 07 ❶切换至“动画”选项卡；❷选择“溶解”入场动画；❸设置动画时长为 1.5s，如图 3-42 所示。

步骤 08 返回，调整文本时长，使其结束位置与视频的结束位置一致，如图 3-43 所示。

步骤 09 返回一级工具栏，点击“音频”按钮，如图 3-44 所示。

图 3-39

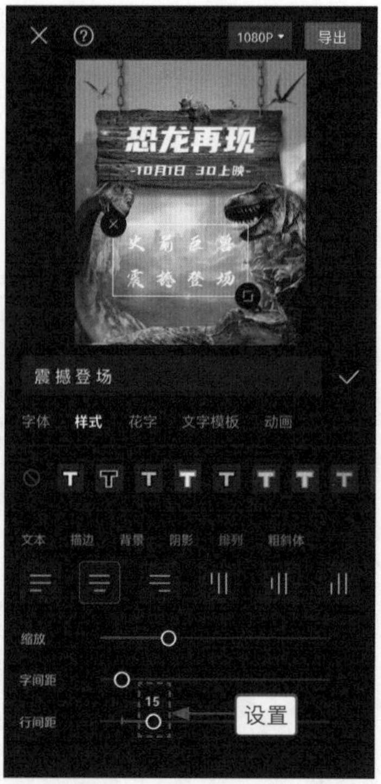

图 3-40

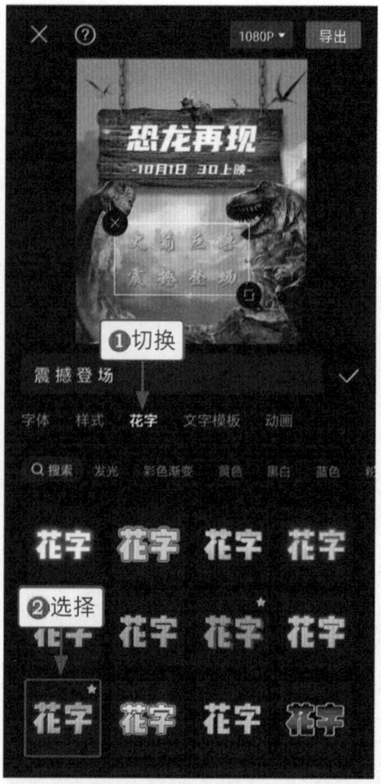

图 3-41

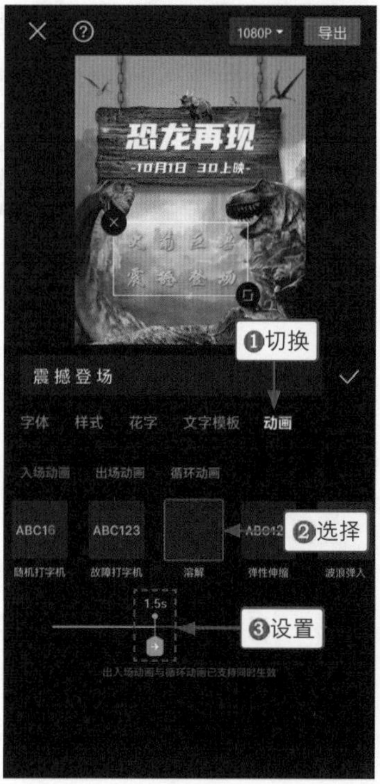

图 3-42

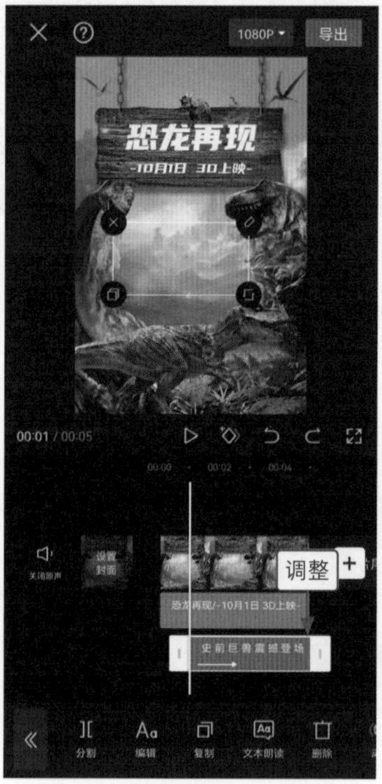

图 3-43

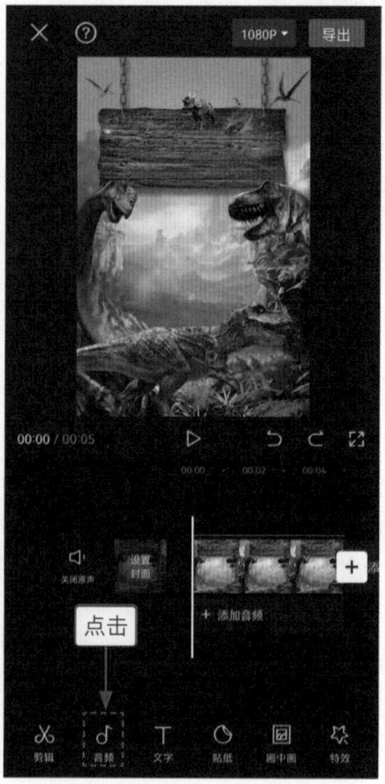

图 3-44

步骤 10 在音频二级工具栏中，点击“音效”按钮，如图 3-45 所示。

步骤 11 进入音效素材库，在“转场”选项卡中，点击“突然加速”音效右侧的“使用”按钮，如图 3-46 所示。

步骤 12 执行上述操作后，即可为文本添加转场音效，如图 3-47 所示。

图 3-45

图 3-46

图 3-47

3.2 抖音发布封面

很多人学会视频剪辑后，会将制作的视频发布在抖音、快手等视频平台上。抖音平台用户主页中，一排一般可以显示 3 个视频，如果想吸引“游客”观看内容，用户需要为视频制作一个封面，可以是纯文字的主题封面，也可以是图文封面，还可以是三联屏的分集封面。制作封面时，需要注意尺寸的设置，因为发布的视频有横屏和竖屏两种类型，如果尺寸没有设置好，可能会出现文字显示一半、图片显示不完整等情况。

本节将向大家介绍竖屏封面、横屏封面以及三联屏封面的制作方法，用户制作好封面和视频后，可以自行在抖音上发布视频并截取封面。

3.2.1 竖屏封面：《运镜师手册》

效果对比 很多人的竖屏视频素材，尺寸是不固定的，可能是 9 : 16，可能是 3 : 4，也可能是 5 : 8，在制作封面时，要有一个统一的标准，以免制作出来的封面不尽如人意。在剪映中制作竖屏封面，必须了解抖音封面截取的尺寸，抖音的封面尺寸为 3 : 4，我们可以根据这个尺寸，制作想要的封面图，效果如图 3-48 所示。

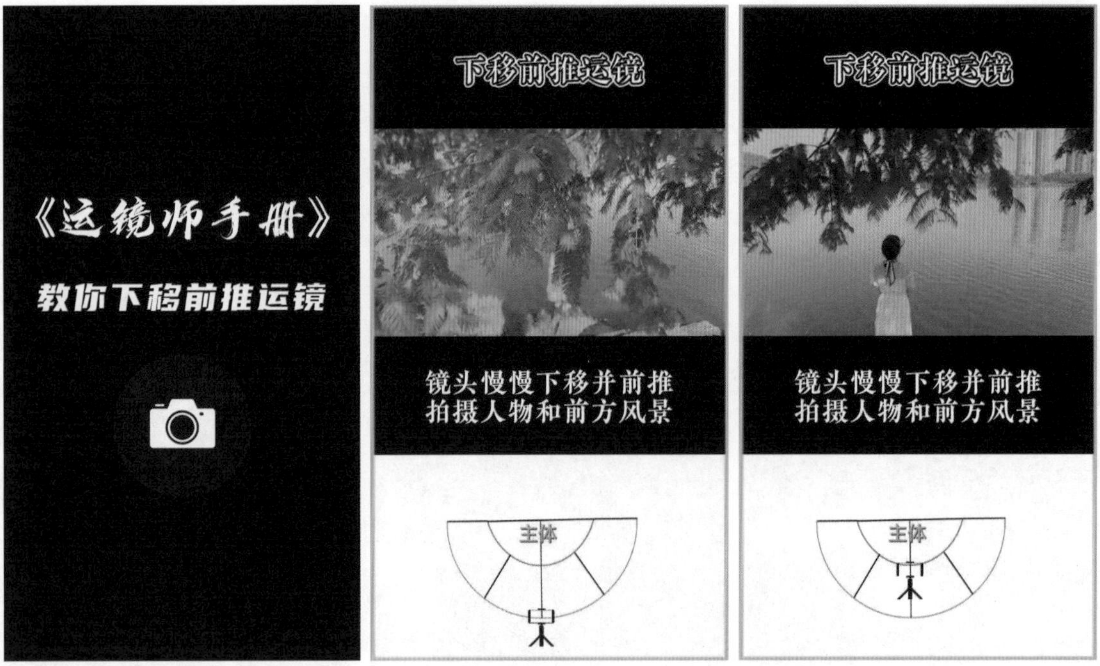

图 3-48

1. 用剪映电脑版制作

剪映电脑版的操作方法如下。

步骤 01 在剪映电脑版中，添加竖屏视频素材，如图 3-49 所示。

步骤 02 在“媒体”功能区中，❶展开“素材库”选项卡；❷单击黑场素材的“添加到轨道”按钮，如图 3-50 所示。

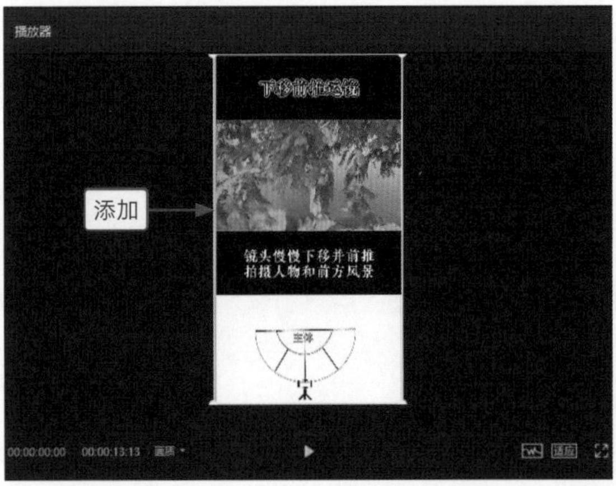

图 3-49

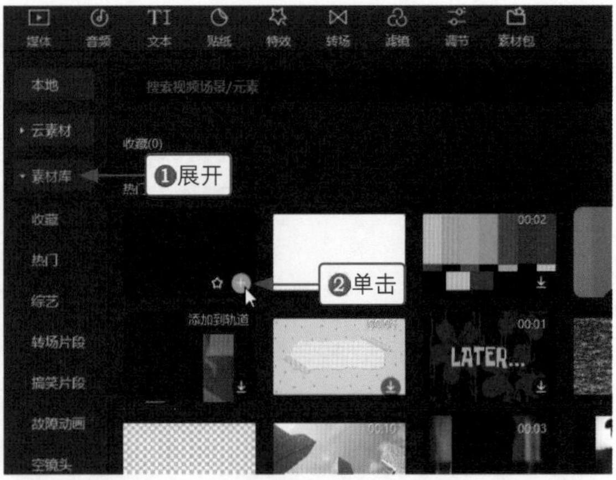

图 3-50

步骤 03 执行上述操作后，❶将黑场素材添加到视频前面（可以适当调整黑场素材的时长）；❷单击“裁剪”按钮，如图 3-51 所示。

步骤 04 弹出“裁剪”对话框，在“裁剪比例”列表框中，选择 3∶4 选项，如图 3-52 所示。

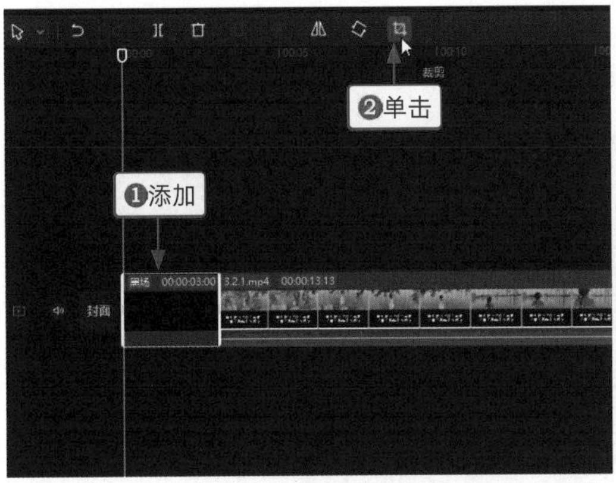

图 3-51

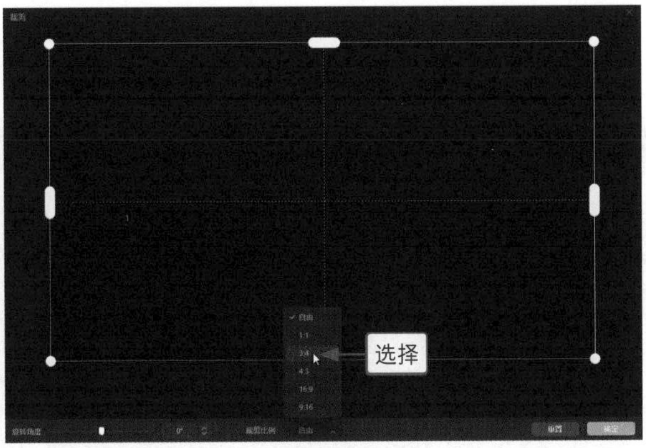

图 3-52

步骤 05 执行上述操作后，预览窗口会自动显示裁剪比例为 3：4 的裁剪区域，单击“确定”按钮，如图 3-53 所示。

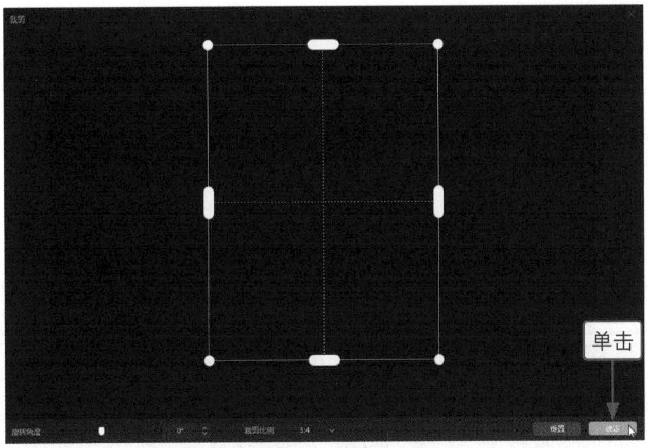

图 3-53

步骤 06 在“播放器”面板中，可以查看封面的截取区域，如图 3-54 所示。

步骤 07 新建一个文本，在“文本”操作区中，❶输入书名和标题；❷单独选择书名；❸设置一个字体；❹设置“字号”参数为 23，将书名单独调大一些，如图 3-55 所示。

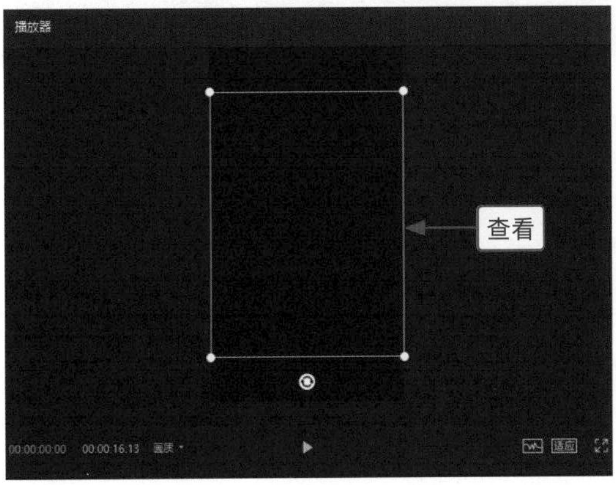

图 3-54

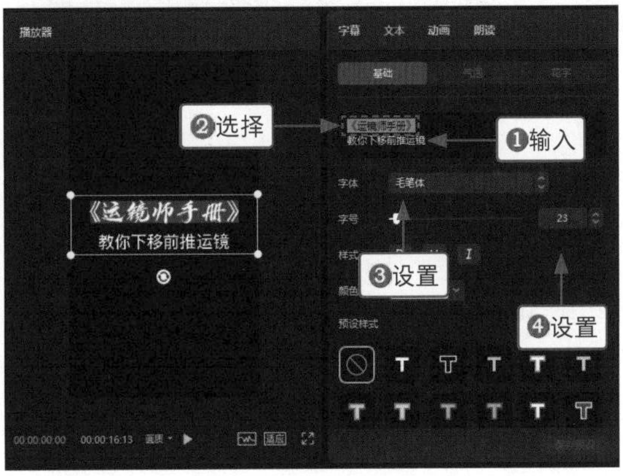

图 3-55

步骤 08 ❶单独选择标题；❷设置一个字体；❸设置“字号”参数为 18，将标题适当调大，如图 3-56 所示。

步骤 09 在“排列”选项区中，设置“字间距”参数为 1、“行间距”参数为 10，如图 3-57 所示，将字与字之间的距离、行与行之间的距离拉开一些。

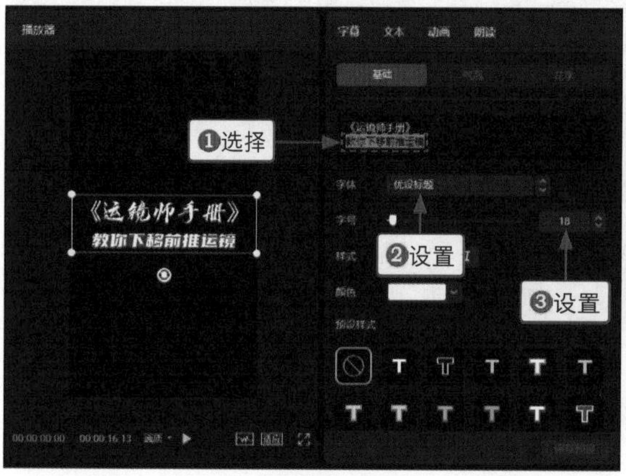

图 3-56

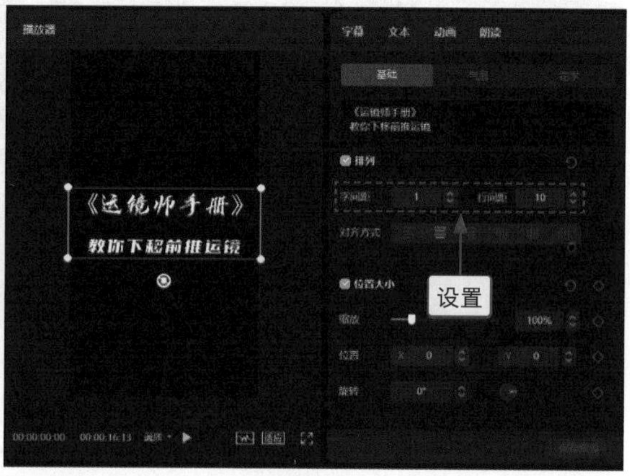

图 3-57

步骤 10 在“贴纸”功能区的“界面元素”选项卡中，找到相机贴纸并单击“添加到轨道”按钮，如图 3-58 所示。将贴纸添加到文本上方，调整贴纸、文本以及黑场素材的时长，均调整为 1s。

步骤 11 在“播放器”面板中，根据封面尺寸，在封面截取范围内调整文本和贴纸的位置，如图 3-59 所示。执行操作后，即可丰富封面元素，完成对竖屏封面的制作。

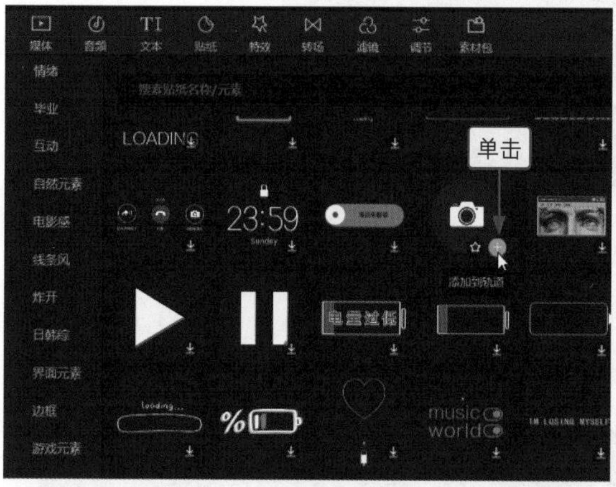

图 3-58

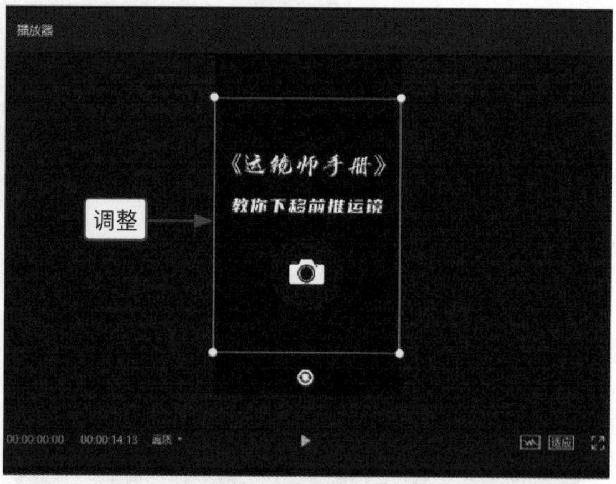

图 3-59

2. 用剪映手机版制作

剪映手机版的操作方法如下。

步骤 01 在剪映手机版中，添加一个竖屏视频素材和一个黑场素材（注意，这里需要先添加竖屏视频素材，使画布确定为竖屏视频素材的尺寸，再在竖屏视频素材的前面添加黑场素材），如图 3-60 所示。

步骤 02 ❶选择黑场素材；❷点击“编辑”按钮，如图 3-61 所示。

步骤 03 进入编辑工具栏，点击“裁剪”按钮，如图 3-62 所示。

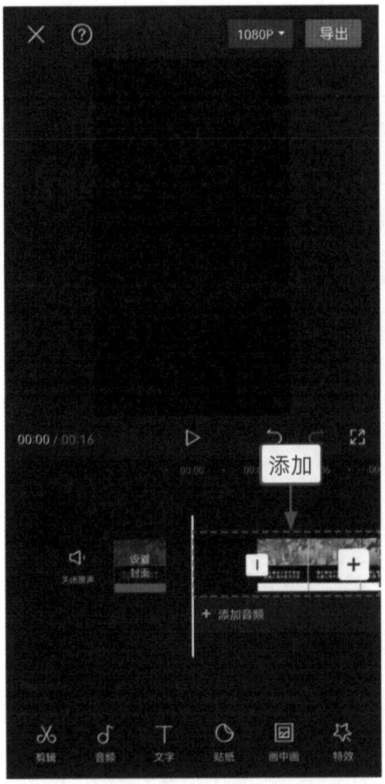

图 3–60

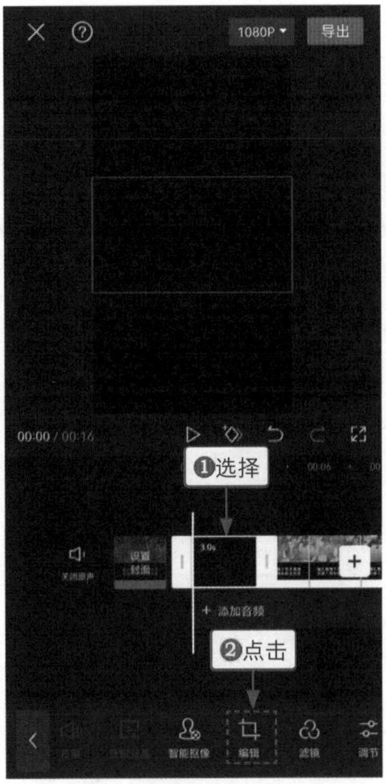

图 3–61

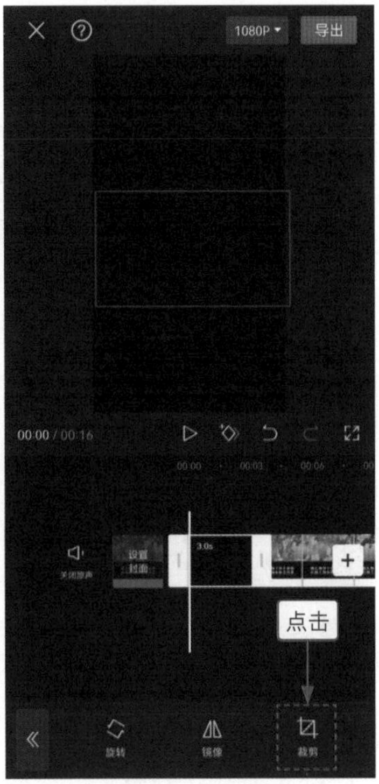

图 3–62

步骤 04 在“裁剪”界面中，选择 3：4 选项，如图 3–63 所示。随后，返回，调大画面。

步骤 05 新建一个文本，输入书名和标题，❶单独选择输入的书名；❷选择一个字体，如图 3–64 所示。

步骤 06 ❶单独选择输入的标题；❷选择一个字体，如图 3–65 所示。

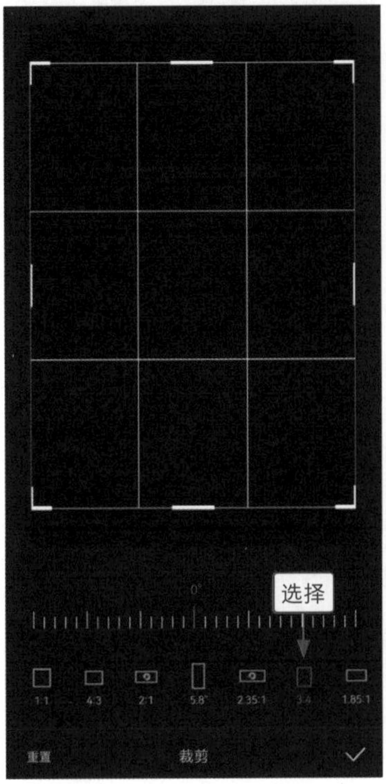

图 3–63

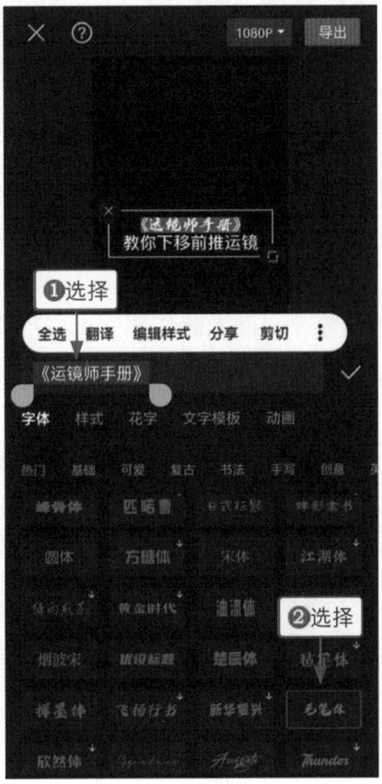

图 3–64

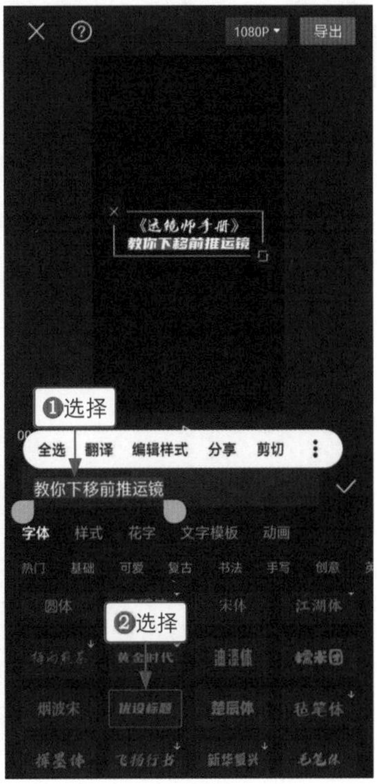

图 3–65

步骤 07 在“样式”选项卡中，分别调整书名的“字号”为 23、标题的“字号”为 18，效果如图 3-66 所示。

步骤 08 在“排列”选项区中，❶设置“字间距”参数为 1、“行间距”参数为 10；❷在封面截取范围内调整文本的位置，效果如图 3-67 所示。

步骤 09 在贴纸素材库中，❶切换至“界面元素”选项卡；❷选择相机贴纸；❸在封面截取范围内调整贴纸的位置，使其位于文字下方，如图 3-68 所示。执行操作后，返回，调整黑场、文字以及贴纸的时长，均调整为 1s，完成对竖屏封面的制作。

图 3-66

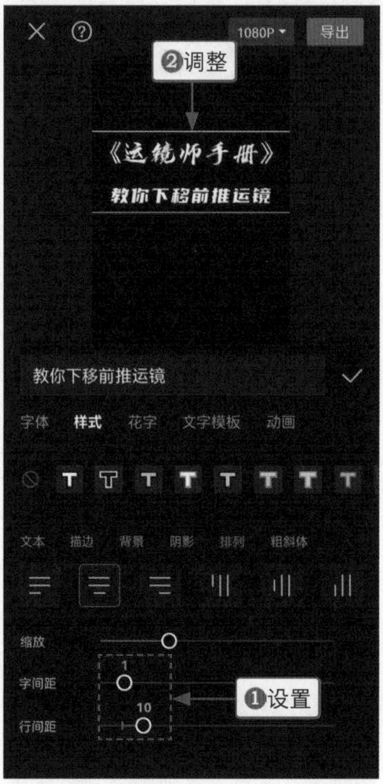

图 3-67

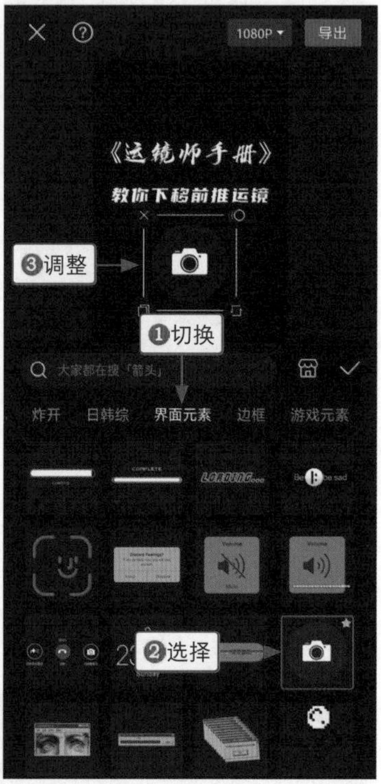

图 3-68

3.2.2 横屏封面：《调色师手册》

效果对比 横屏封面的制作方法与竖屏封面的制作方法大同小异，其要点同样是把控好尺寸，将需要展现的内容控制在封面截取范围内，效果如图 3-69 所示。

图 3-69

1. 用剪映电脑版制作

剪映电脑版的操作方法如下。

步骤 01 在剪映电脑版中，❶添加横屏视频；❷单击“定格”按钮，如图 3-70 所示。

步骤 02 执行上述操作后，即可在开始位置生成一个定格片段。调整定格片段的时长为 00:00:01:00，以此为封面的背景画面，如图 3-71 所示。

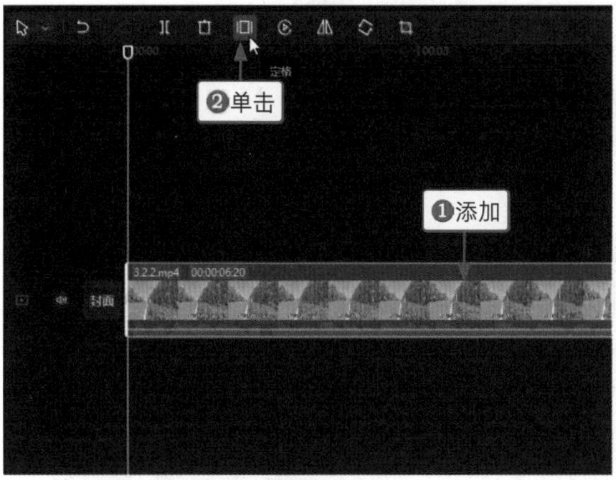

图 3-70

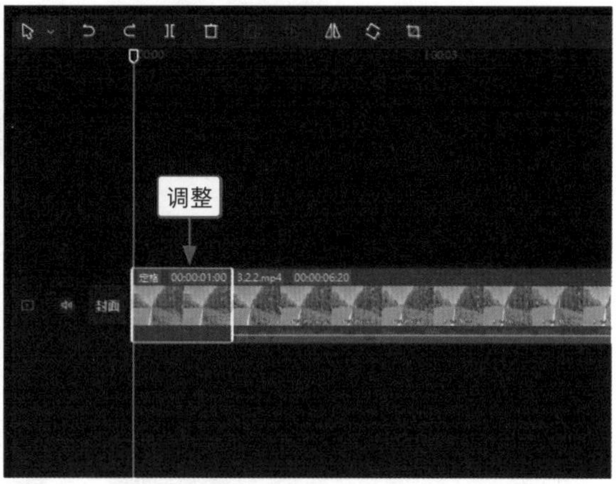

图 3-71

步骤 03 在“媒体”功能区中，❶展开“素材库”选项卡；❷单击白场素材的“添加到轨道”按钮，如图 3-72 所示。

步骤 04 执行操作后，❶将白场素材添加到画中画轨道中并调整时长为 00:00:01:00；❷单击“裁剪”按钮，如图 3-73 所示。

图 3-72

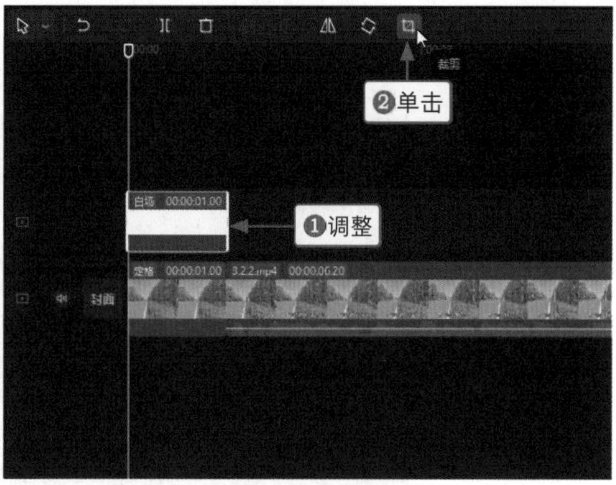

图 3-73

步骤 05 弹出“裁剪”对话框，❶设置“裁剪比例”为 3∶4；❷单击“确定”按钮，如图 3-74 所示。

步骤 06 执行上述操作后，裁剪的范围即为封面截取范围，需要呈现在封面上的文字不能超出这个截取范围。在“画面”操作区中，设置“不透明度”参数为 50%，使白场素材呈半透明状态，如图 3-75 所示。

步骤 07 新建一个时长为 1s 的默认文本，在“文本”操作区中，❶输入文本内容；❷设置一个字体；❸选择一个预设样式，如图 3-76 所示。

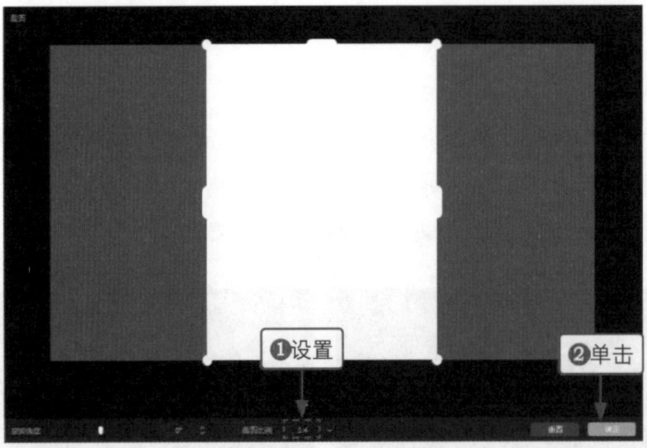

图 3-74

图 3-75

图 3-76

步骤 08 在“排列”选项区中，❶设置“行间距”参数为 20，拉开两行文字之间的距离；❷在“播放器”面板中调整文本的大小，使其位于封面截取范围内，如图 3-77 所示。

图 3-77

2. 用剪映手机版制作

剪映手机版的操作方法如下。

步骤 01 在剪映手机版中，❶导入并选择横屏视频；❷点击“定格”按钮，如图 3-78 所示。

步骤 02 执行上述操作后，即可在开始位置生成一个定格片段，调整定格片段的时长为 1.0s，以此为封面的背景画面，如图 3-79 所示。

步骤 03 在画中画轨道中，❶添加一个白场素材并调整时长为 1.0s；❷点击“编辑”按钮，如图 3-80 所示。

图 3-78

图 3-79

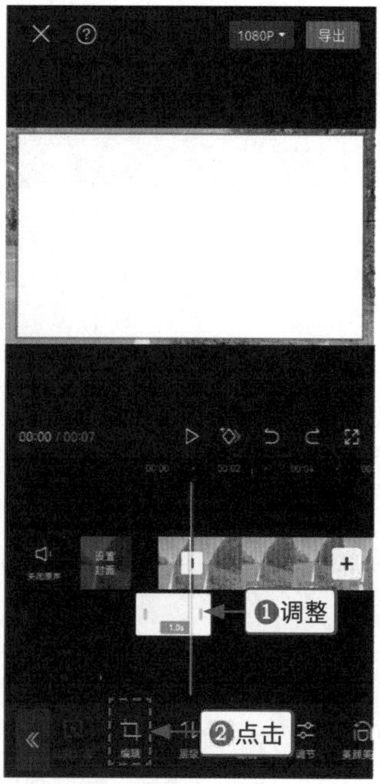

图 3-80

步骤 04 在工具栏中点击“裁剪”按钮后，在“裁剪”界面中选择 3 : 4 选项，如图 3-81 所示。

步骤 05 ❶调整白场素材的画面大小；❷点击“不透明度”按钮，如图 3-82 所示。

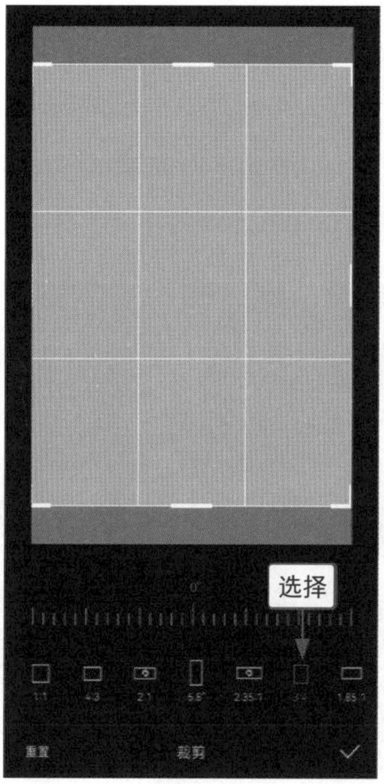

图 3-81

图 3-82

步骤 06 在“不透明度”面板中，拖曳滑块至 50，使白场呈半透明状态，白场覆盖的画面范围便是封面截取范围，如图 3-83 所示。

步骤 07 新建一个文本，❶输入文本内容；❷选择一个字体，如图 3-84 所示。

步骤 08 在“样式”选项卡中，❶设置“行间距”参数为 20；❷调整文本的大小，使其位于封面截取范围内；❸选择一个预设样式，如图 3-85 所示。随后，返回，调整文本时长为 1s。

图 3-83

图 3-84

图 3-85

3.2.3 三联屏封面：《美丽人生》

效果对比 三联屏封面由 3 个 3∶4 尺寸的封面组成，非常适合分集讲解的电影解说视频，如果一个电影解说视频有 3 集，那么这 3 集的 3 个视频封面应该使用一张图裁剪出来，效果如图 3-86 所示。

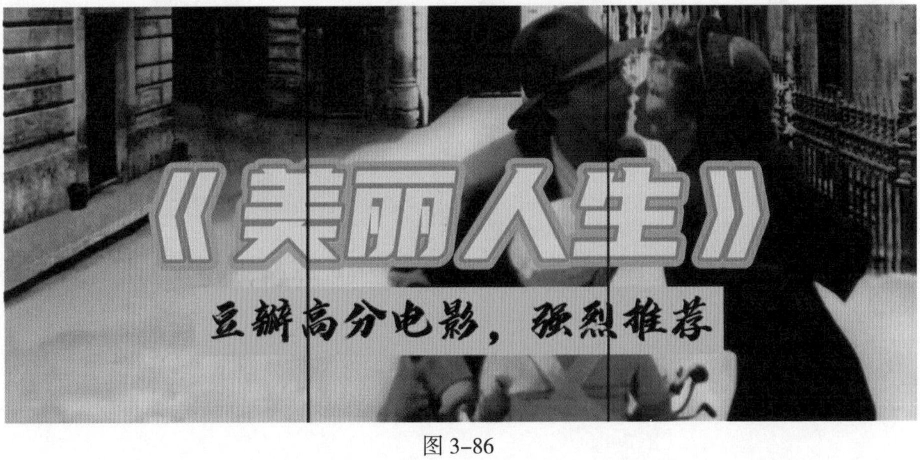

图 3-86

1. 用剪映电脑版制作

剪映电脑版的操作方法如下。

步骤 01 在剪映电脑版中，导入电影图片素材，如图 3-87 所示。

步骤 02 在“文本”功能区中，❶展开“花字”选项卡；❷找到一个满意的花字并单击“添加到轨道”按钮，如图 3-88 所示。

图 3-87

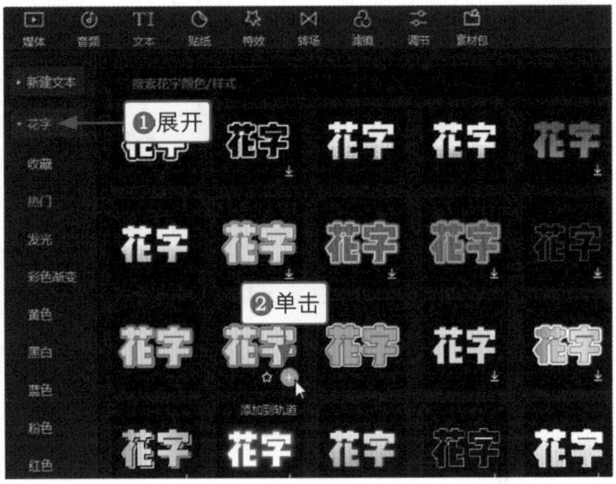

图 3-88

步骤 03 添加花字文本，并调整文本时长至与素材时长一致，在“文本”操作区中，❶输入电影名称；❷设置一个字体；❸设置“字号”参数为 23，如图 3-89 所示，这是封面的主标题，主要目的是突出电影名称。

步骤 04 新建一个文本，并调整文本时长至与素材时长一致，在“文本”操作区中，❶输入第 2 段文本内容；❷选择合适的字体；❸在“预设样式”选项区中选择黑字黄底样式；❹调整文本的大小和位置，如图 3-90 所示，这是封面的副标题，主要目的是突出电影的特色。随后，将画面截图保存。如果用户没有安装截图软件，可以使用 QQ 或者微信的截图功能截图。

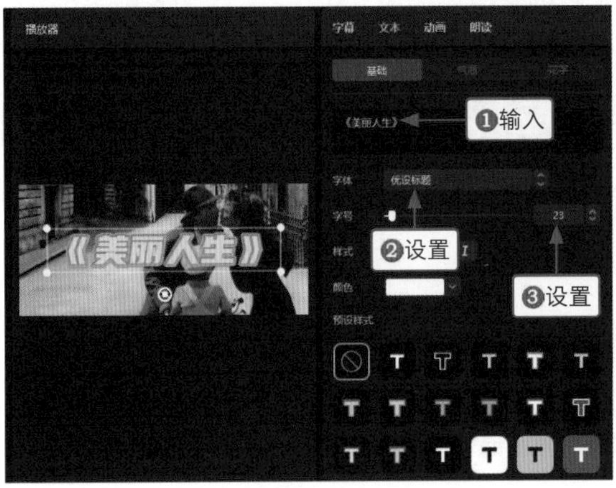

图 3-89

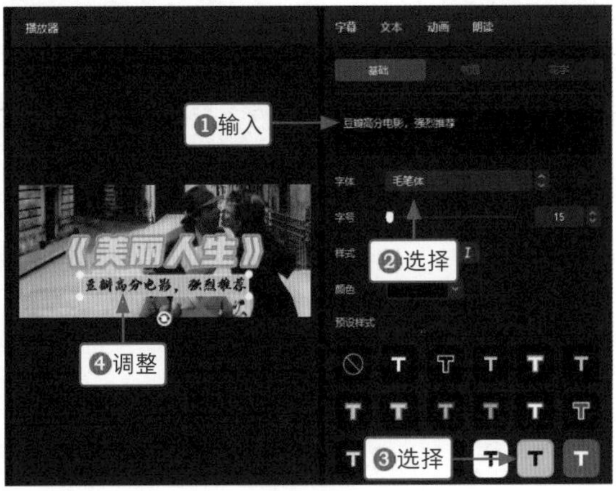

图 3-90

步骤 05 新建一个草稿文件，❶将截图添加到视频轨道中；❷在画中画轨道中添加一个白色分段的三联屏模板素材，如图 3-91 所示。

步骤 06 在“画面”操作区中，设置“混合模式”为“正片叠底”模式，如图 3–92 所示。去除白色背景后，将制作的三联屏视频导出备用。

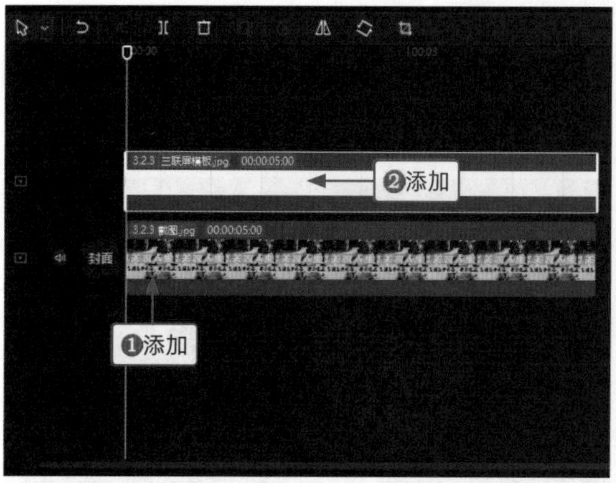

图 3–91

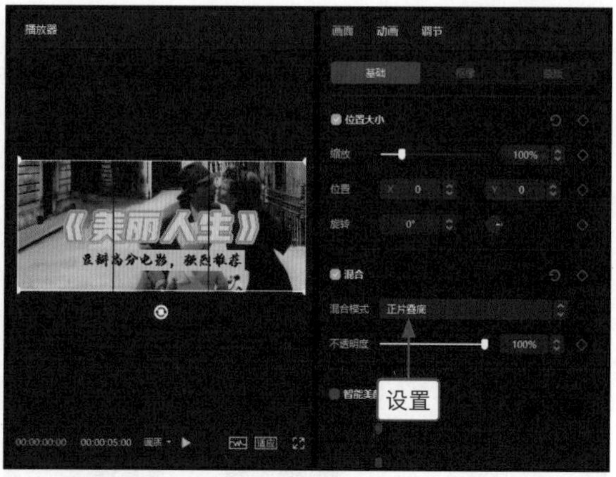

图 3–92

步骤 07 清空轨道后，将导出的三联屏视频重新导入视频轨道中，在“播放器”面板中，设置画布比例为 3 : 4，如图 3–93 所示。

步骤 08 调整素材的大小和位置，只露出画面的三分之一，如图 3–94 所示，这就是电影解说视频第 1 集的封面，将其导出即可。执行操作后，用与上述方法同样的方法，导出第 2 集和第 3 集的封面。完成封面制作与导出后，用户可以自行在抖音上发布视频，发布的封面会自动形成三联屏。

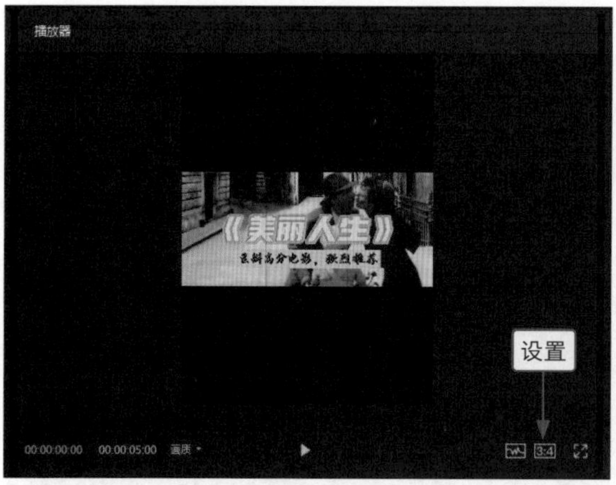

图 3–93

图 3–94

2. 用剪映手机版制作

剪映手机版的操作方法如下。

步骤 01 在剪映手机版中，❶导入电影图片素材；❷点击“文字”|“新建文本”按钮，如图 3–95 所示。

步骤 02 新建一个文本，❶输入电影名称；❷选择一个字体，如图 3–96 所示。

步骤 03 ❶切换至“花字”选项卡；❷选择一个花字，如图 3–97 所示。

图 3-95

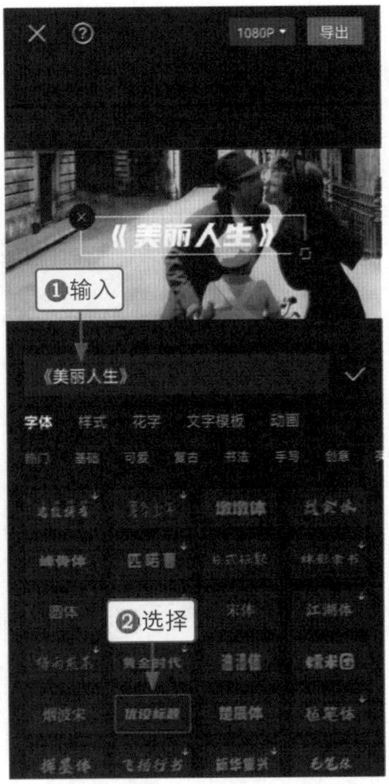

图 3-96

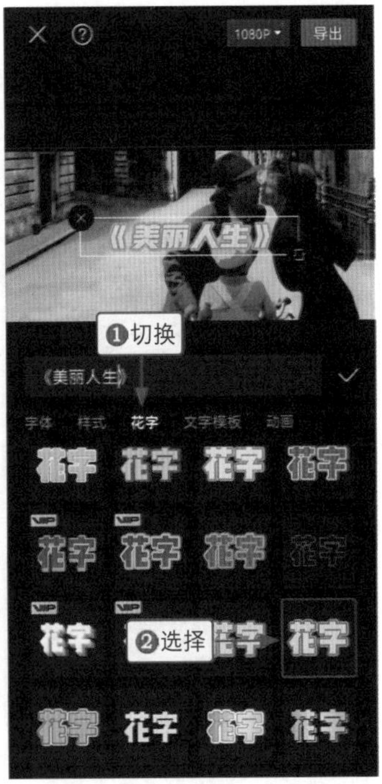

图 3-97

步骤 04　❶切换至“样式”选项卡；❷设置“字号”参数为 23，如图 3-98 所示。

步骤 05　新建一个文本，❶输入副标题内容；❷选择一个字体，如图 3-99 所示。

步骤 06　在“样式”选项卡中，❶选择黄底黑字的预设样式；❷调整副标题文本的大小和位置，如图 3-100 所示。执行操作后，即可将画面截图备用。

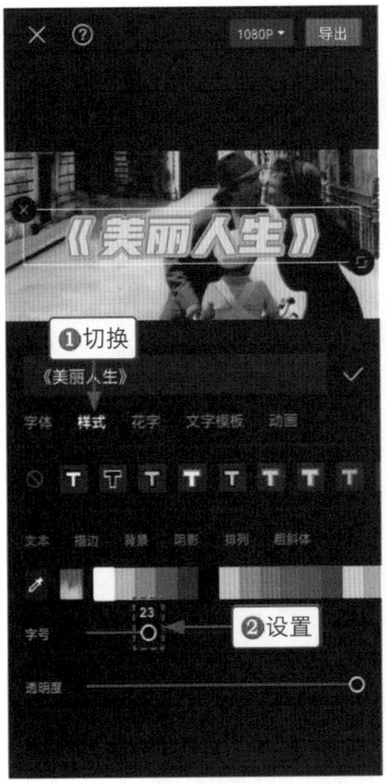

图 3-98

图 3-99

图 3-100

步骤 07　新建一个草稿文件，❶在视频轨道中导入截图；❷点击“比例”按钮，如图 3-101 所示。

步骤 08 在比例工具栏中，选择 3：4 选项，如图 3-102 所示。

步骤 09 选择素材，放大画面并将其居中对齐，如图 3-103 所示，这就是电影解说视频第 2 集的封面；将画面移到最左端，即为第 1 集的封面；将画面移到最右端，即为第 3 集的封面。将这 3 集封面导出后，用户可以自行在抖音上发布视频，发布的封面会自动形成三联屏。

图 3-101

图 3-102

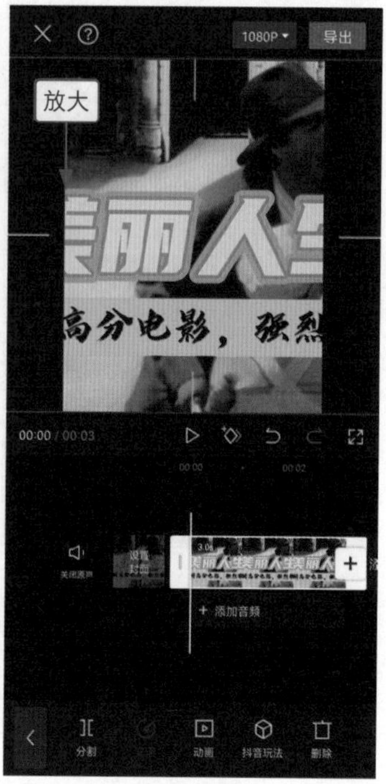

图 3-103

课后实训：编辑视频封面

效果对比 剪映为用户提供了自定义编辑视频封面的功能，当不需要在视频内容中添加任何字幕内容时，用户可以在封面上添加视频主题文字，效果如图 3-104 所示。

图 3-104

本案例制作步骤如下。

添加视频素材后，单击视频轨道左侧的**封面**按钮，如图 3-105 所示。弹出“封面选择”对话框，❶选择一帧画面作为封面；❷单击“去编辑”按钮，如图 3-106 所示。

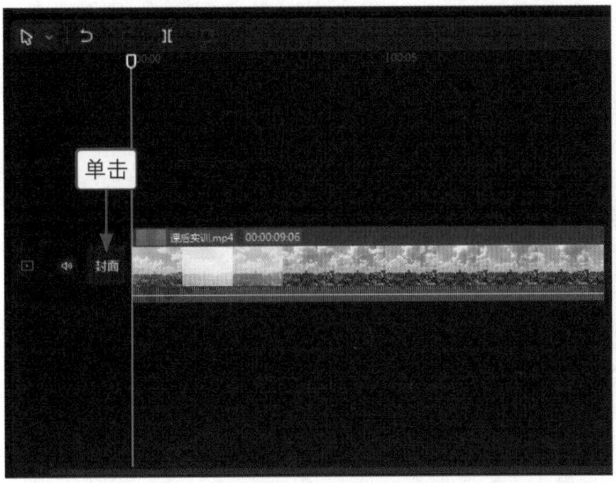

图 3-105

图 3-106

弹出“封面设计”对话框，❶选择一个影视模板；❷在右侧的预览窗口中修改文字内容；❸单击“完成设置”按钮，如图 3-107 所示，即可完成对封面的制作。

图 3-107

第 4 章 个性：定制专属水印 Logo

生活中，我们经常在各类视频中看到水印，有些水印是公司名称，有些水印是个人专属标记。添加水印是一种版权保护手段，在图像、视频中添加水印，既能够提高安全性，又可以用作版权证明。在剪映中，我们可以根据需要，制作移动的水印、专属的印章以及富有个人特色的字幕条等。

4.1 防“盗”水印

水印可以帮助用户鉴别文件的真假，也可以起到保护版权信息和证明产品归属的作用。在视频上添加水印，处理得当的话，并不会影响原有的视觉效果，用户为自己的视频添加水印后，就可以防止他人随意“盗”用和传播了。

4.1.1 视频移动水印：《环宇影视》

效果对比 静止不动的水印容易被马赛克涂抹掉，或者被挡住，因此，给视频加移动水印更保险，效果如图 4-1 所示。

图 4-1

1. 用剪映电脑版制作

剪映电脑版的操作方法如下。

步骤 01 在剪映电脑版中，❶添加视频素材；❷添加一个默认文本，调整文本时长至与视频时长一致，如图 4-2 所示。

步骤 02 在“文本”操作区中，❶输入水印内容；❷设置一个字体，如图 4-3 所示。

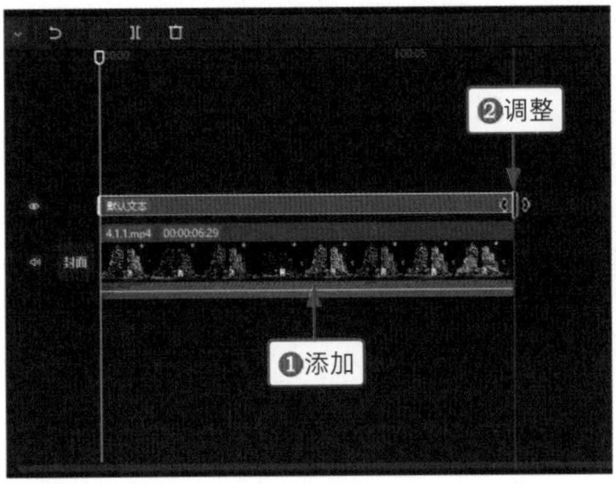

图 4-2

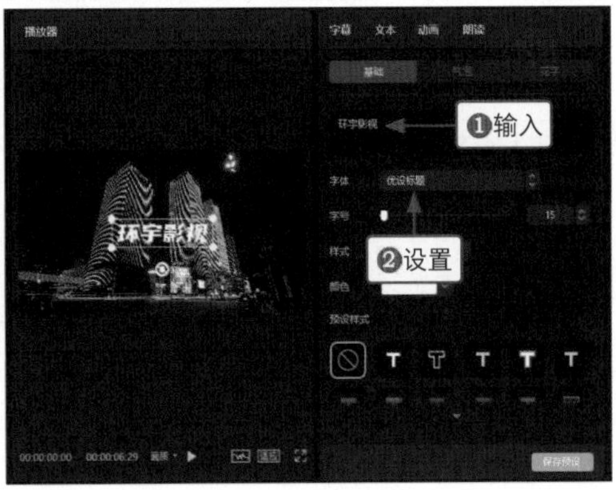

图 4-3

步骤 03 ❶设置“不透明度”参数为 65%；❷调整文本的大小和位置，使其位于画面的左上角；❸单击“位置”右侧的按钮，添加关键帧，如图 4-4 所示。

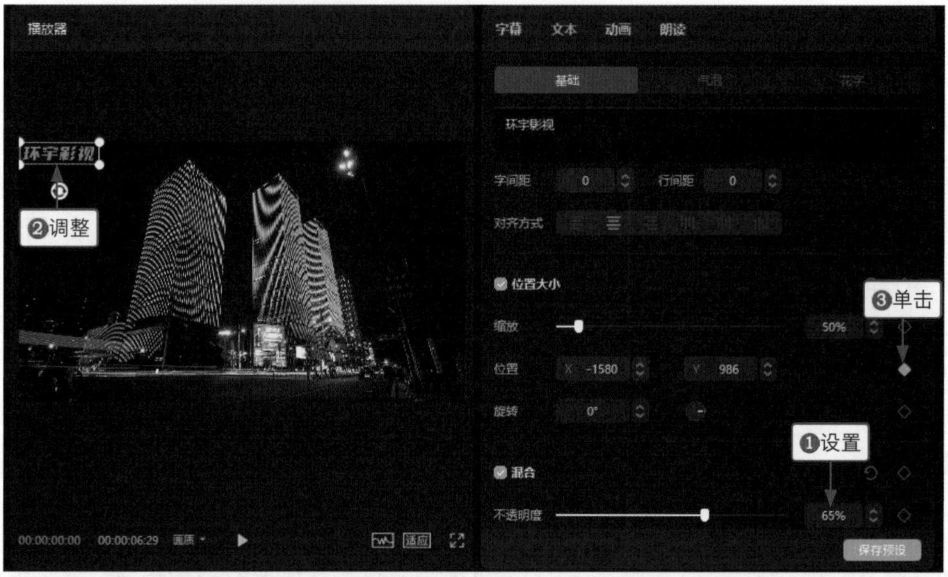

图 4-4

步骤 04 执行上述操作后，❶拖曳时间指示器 3 次；❷每隔两秒移动一次水印文本的位置，分别使其位于画面的右下角、右上角和左下角，如图 4-5 所示。每一次移动水印文本，“位置”右侧都会自动添加关键帧，设置完成后，水印文本即可根据路径自动移动。

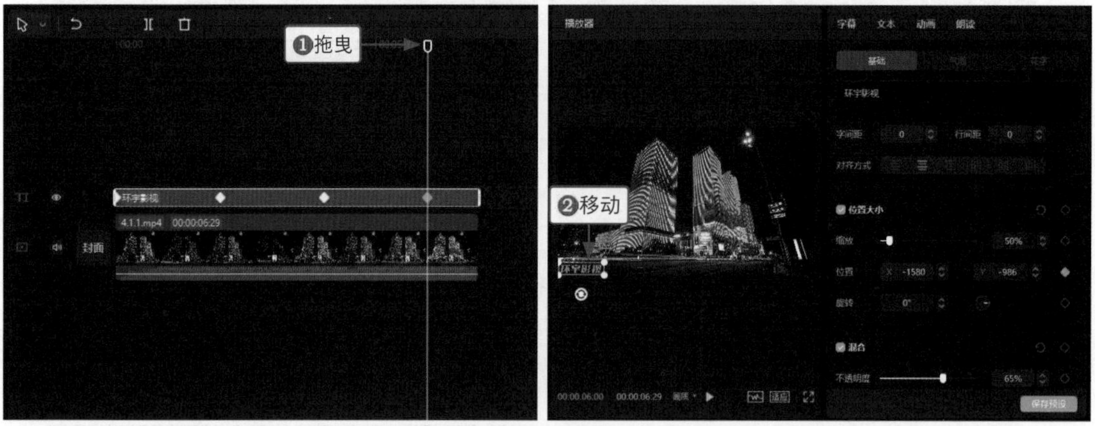

图 4-5

2. 用剪映手机版制作

剪映手机版的操作方法如下。

步骤 01 在剪映手机版中，❶导入视频素材；❷新建一个文本并输入水印内容；❸选择一个字体，如图 4-6 所示。

步骤 02 在“样式”选项卡中，设置“透明度”参数为 65%，如图 4-7 所示。

图 4-6

图 4-7

步骤 03 执行上述操作后，❶调整文本时长至与视频时长一致；❷在文本的开始位置添加一个关键帧；❸调整水印文本的大小和位置，使其位于画面的左上角，如图 4-8 所示。

步骤 04 执行上述操作后，❶每隔两秒添加一个关键帧；❷调整水印文本的位置，如图 4-9 所示。

图 4-8

图 4-9

4.1.2 专属标识水印：《小米电影》

效果对比 在剪映中，通过添加个性化的贴纸，能做出专属水印特效，不会与他人的视频撞风格，特点十足，效果如图 4-10 所示。

图 4-10

1. 用剪映电脑版制作

剪映电脑版的操作方法如下。

步骤 01 在剪映电脑版中，新建一个文本，在“播放器”面板中，❶设置画布比例为 1∶1；❷在“文本”操作区中输入水印内容；❸设置一个合适的字体；❹选择一个预设样式；❺调整文本的大小，如图 4-11 所示。

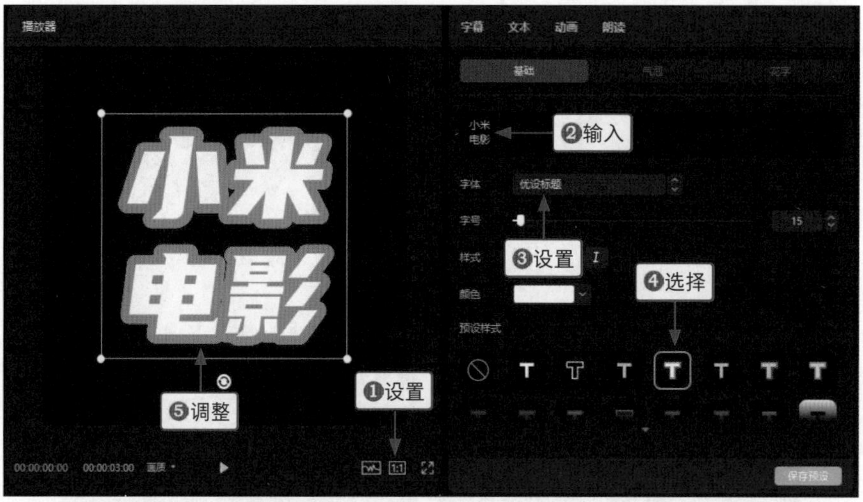

图 4-11

步骤 02 在“动画”操作区的“循环”选项卡中，选择“晃动”动画，如图 4-12 所示。

步骤 03 在“贴纸”功能区中，❶搜索“圆框”贴纸；❷单击所选贴纸的“添加到轨道”按钮，如图 4-13 所示，添加边框贴纸。

步骤 04 在“播放器”面板中，调整贴纸的大小，如图 4-14 所示。将制作好的水印导出为水印视频备用（水印视频时长可以根据用户需求进行调整）。

步骤 05 新建一个草稿文件，❶在视频轨道中添加电影片段；❷在画中画轨道中添加水印视频，如图 4-15 所示。

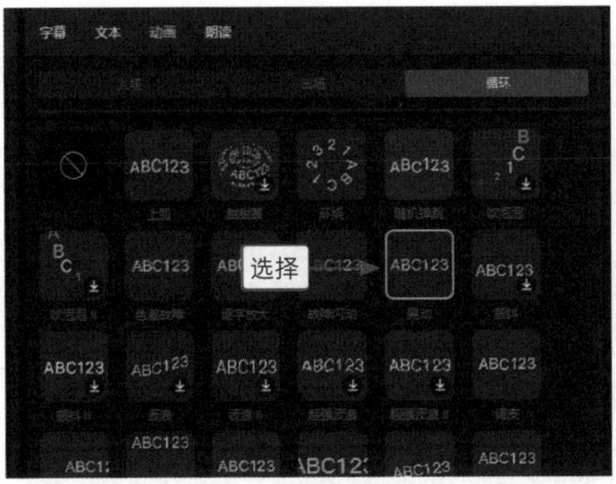

图 4–12

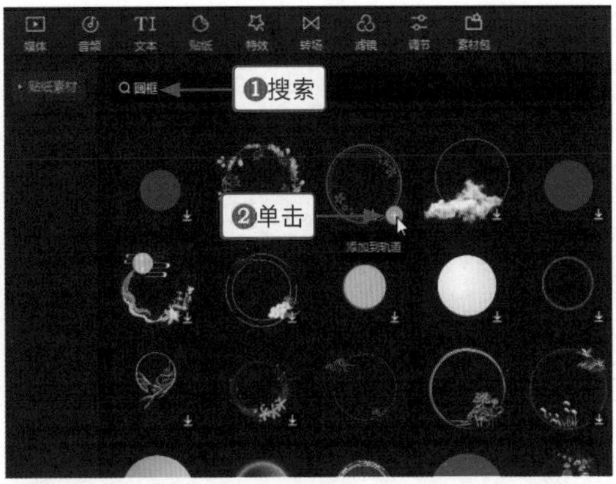

图 4–13

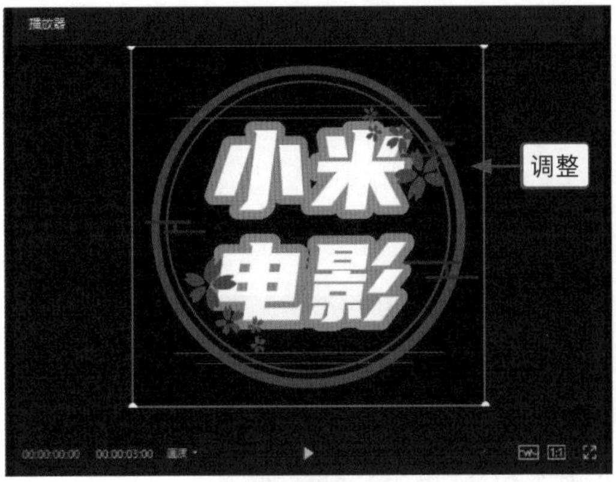

图 4–14

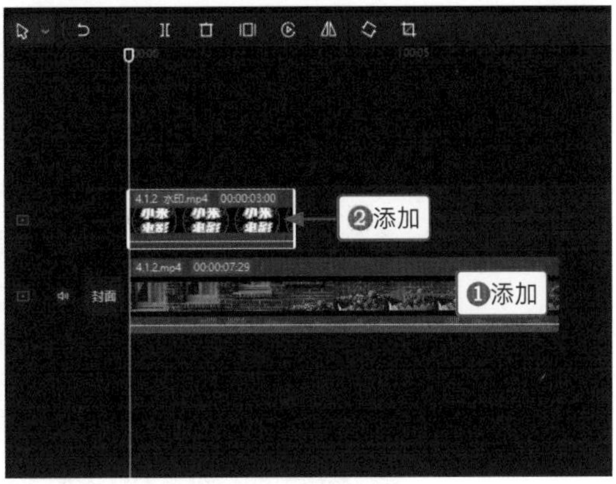

图 4–15

步骤 06 在“画面”操作区中，❶设置“混合模式”为“滤色”模式；❷设置“缩放”参数为 40%；❸调小水印；❹点亮“缩放”和“位置”右侧的关键帧，如图 4–16 所示。

步骤 07 拖曳时间指示器至水印的末尾位置后，调整水印的大小和位置，使其处于画面的右下角，如图 4–17 所示。执行操作后，即可自动添加一组关键帧。

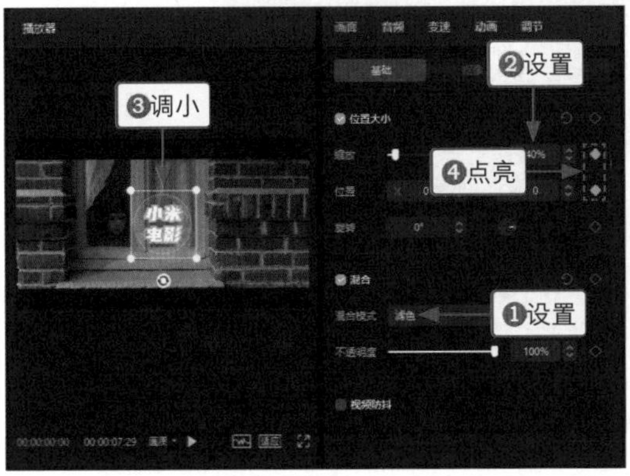

图 4–16

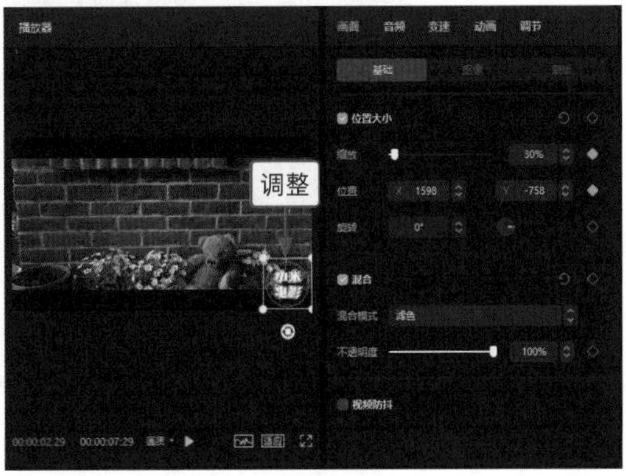

图 4–17

步骤 08 在第 2 组关键帧的位置，单击“定格”按钮，如图 4–18 所示。

步骤 09 生成定格片段，并将电影片段的时长调整为 6s，如图 4–19 所示。执行操作后，即可完成对专属标识水印的制作。如果用户觉得水印的定格画面不好看，可以在“动画”操作区中为其选择一个动画效果，使其动起来。

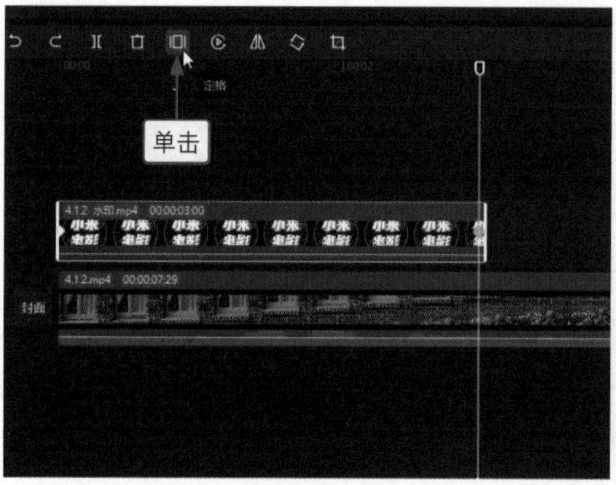

图 4–18

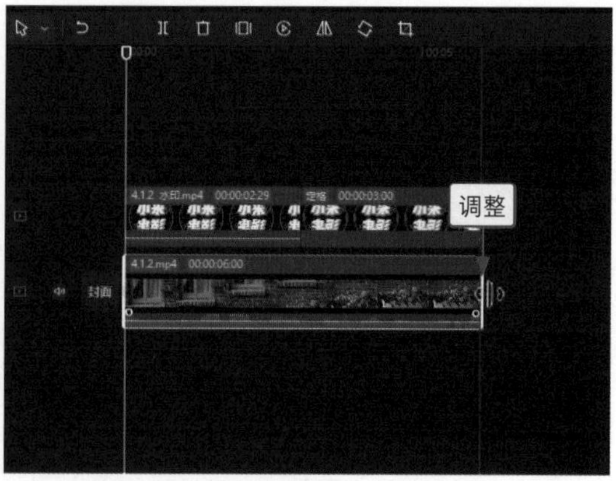

图 4–19

2. 用剪映手机版制作

剪映手机版的操作方法如下。

步骤 01　在剪映手机版中，❶导入一个黑场素材；❷设置画布比例为 1 : 1，如图 4–20 所示。

步骤 02　新建一个文本，❶输入水印内容；❷选择一个合适的字体，如图 4–21 所示。

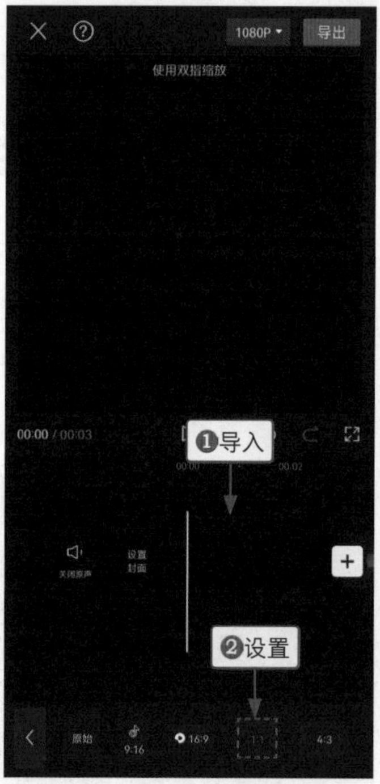

图 4–20

图 4–21

步骤 03　在“样式”选项卡中，❶选择一个预设样式；❷调整文本的大小，如图 4–22 所示。

步骤 04　在“动画”选项卡的“循环动画”选项区中，选择“晃动”动画，如图 4–23 所示。

步骤 05　在贴纸素材库中，❶搜索“圆框”贴纸；❷选择一个满意的圆框贴纸；❸调整贴纸的大小，如图 4–24 所示。执行操作后，将制作好的水印导出备用。

图 4–22

图 4–23

图 4–24

步骤 06 新建一个草稿文件，将电影片段和水印分别添加到视频轨道和画中画轨道中，选择水印，在“混合模式”面板中，❶选择“滤色”选项；❷调整水印的大小，如图 4–25 所示。

步骤 07 在水印开始位置，添加一个关键帧，如图 4–26 所示。

步骤 08 在水印结束位置，❶调整水印的大小和位置，使其位于画面的右下角；❷水印结束位置会自动添加一个关键帧；❸点击“定格”按钮，如图 4–27 所示。生成定格片段后，调整电影片段的时长为 6.0s。

图 4–25

图 4–26

图 4–27

4.1.3 制作专属印章：《清风》

效果对比 印章也可以算作水印的一种类型，在古代，印章是用于证明当权者权益的法物，在现代，印章则是一种工具，用于在文件上留下标记，表示鉴定或签署。很多人会制作自己的专属印章，用在短视频或影视特效中，效果如图 4–28 所示。

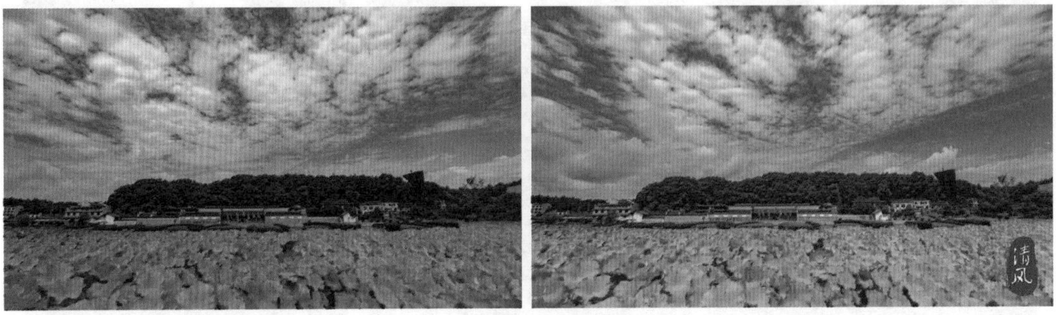

图 4–28

1. 用剪映电脑版制作

剪映电脑版的操作方法如下。

步骤 01 在剪映电脑版中，❶将视频添加到视频轨道中；❷拖曳时间指示器至 1s 左右，如图 4–29 所示。

步骤 02 在“文本”功能区中，❶展开“文字模板”|“气泡”选项卡，其中有 3 款印章模板（其他模板为气泡模板）；❷单击第 1 款印章模板的“添加到轨道”按钮，如图 4–30 所示。

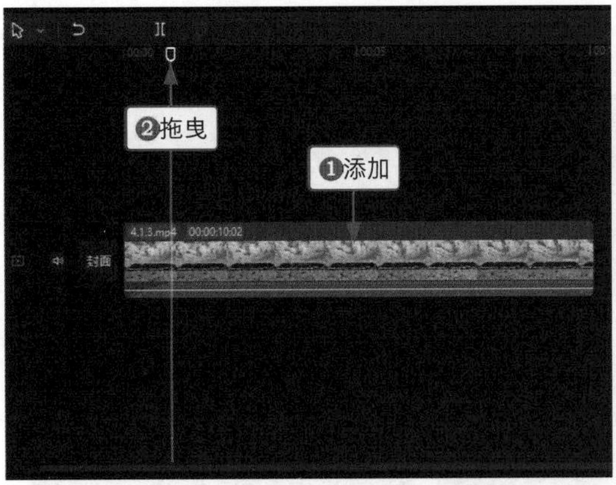

图 4–29

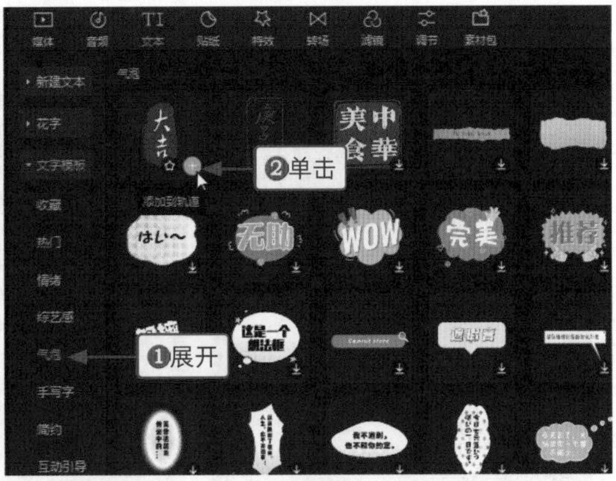

图 4–30

步骤 03 执行上述操作后，即可添加印章模板。调整其结束位置，使之与视频的结束位置对齐，如图 4–31 所示。

步骤 04 在“文本”操作区中，❶修改文本内容；❷在“播放器”面板中调整印章的大小和位置，如图 4–32 所示。

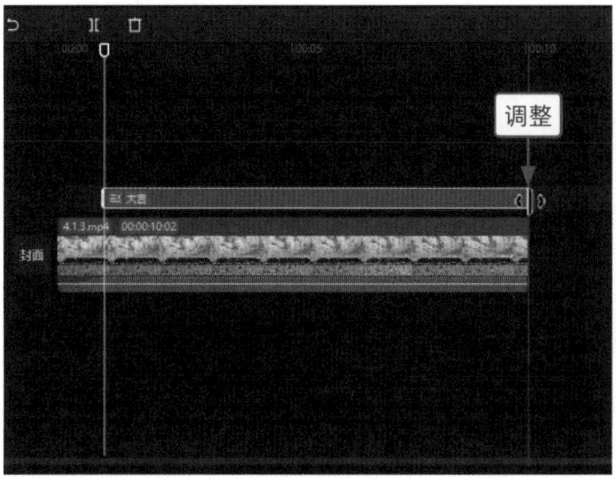

图 4-31

图 4-32

2. 用剪映手机版制作

剪映手机版的操作方法如下。

步骤 01　在剪映手机版中，❶导入视频素材；❷拖曳时间轴至 1s 左右；❸点击“文字”|“文字模板”按钮，如图 4-33 所示。

步骤 02　❶切换至“文字模板”|“气泡”选项卡，其中有 3 款印章模板（其他模板为气泡模板）；❷选择第 1 款印章模板；❸修改文本内容；❹调整印章的大小和位置，如图 4-34 所示。执行操作后，返回，调整印章时长，完成对专属印章的制作。

图 4-33

图 4-34

4.2 其他专属水印

除了上述 3 种水印类型外，用户还可以制作其他专属于自己的水印，例如制作个人专属字幕条、姓氏专属认证等，本节将向大家介绍这两种专属水印的制作方法。

4.2.1 个人专属字幕条：《北斗》

效果对比 在很多综艺节目中，嘉宾说话时，会有一个字幕条用来显示嘉宾说的话，我们可以参考其制作方法，制作专属于自己的字幕条，效果如图 4-35 所示。

图 4-35

1. 用剪映电脑版制作

剪映电脑版的操作方法如下。

步骤 01 在剪映电脑版中，将白场素材添加至视频轨道中，在“蒙版”选项卡中，❶选择“镜面”蒙版；❷在“播放器”面板中调整蒙版的宽度，制作一个白条，如图 4-36 所示。执行操作后，将白条视频导出备用。

步骤 02 新建一个草稿文件，将步骤 01 中制作的白条视频添加到视频轨道中，在“蒙版”选项卡中，❶选择“矩形”蒙版；❷单击“反转”按钮；❸在“播放器”面板中调整蒙版的长度和宽度，使白条中间呈黑色，左边留出一点空白以便添加名称，制作一个白色边框，如图 4-37 所示。

> **温馨提示**
> 本例中的字幕条制作只是为读者提供一个制作思路，大家可以根据自己的需求，对案例进行拓展，为字幕条添加动画效果或者贴纸、特效等。

步骤 03 新建一个文本，调整文本时长至与白条视频时长一致，在“文本”操作区中，❶输入名称；❷设置一个字体；❸设置“颜色”为黑色；❹在“播放器”面板中调整文本的大小和位置，使名称位于白色边框左侧，如图 4-38 所示。执行操作后，将字幕条导出备用。

步骤 04 清空轨道后，在视频轨道中添加视频素材，在“文本”功能区中，❶展开“智能字幕”选项卡；❷单击“识别字幕”中的“开始识别”按钮，如图 4-39 所示。

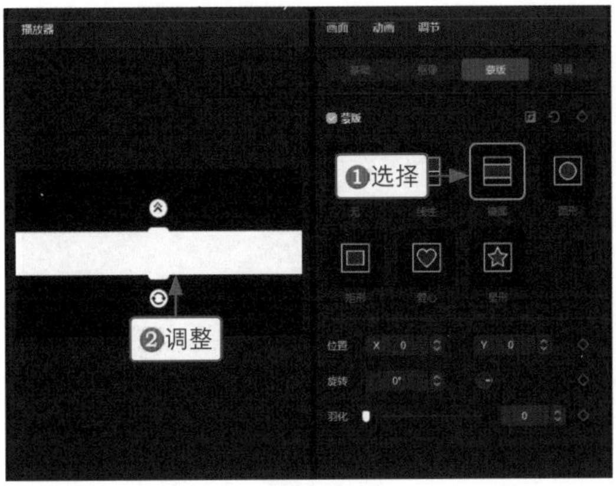

图 4-36

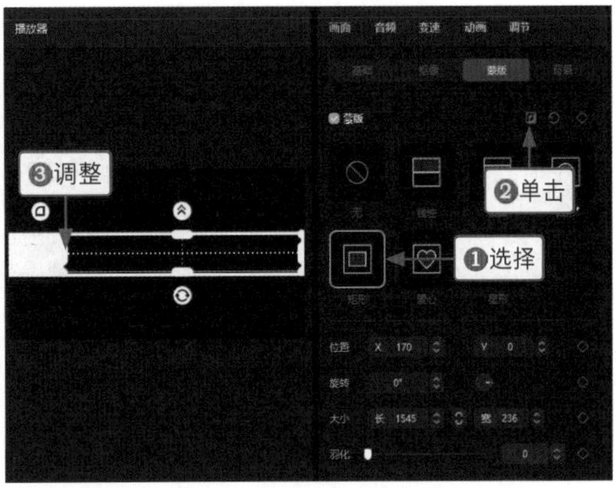

图 4-37

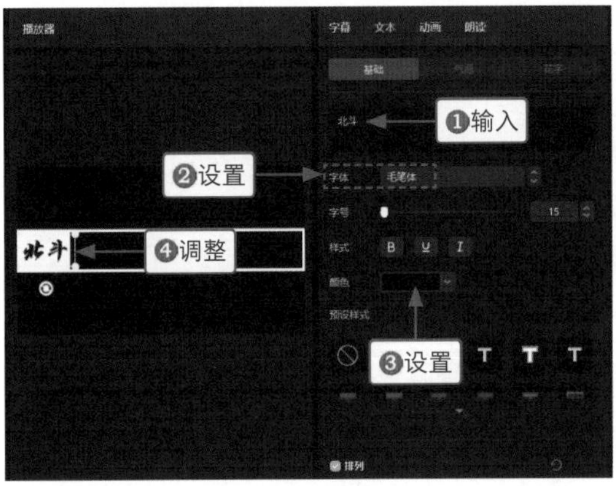

图 4-38

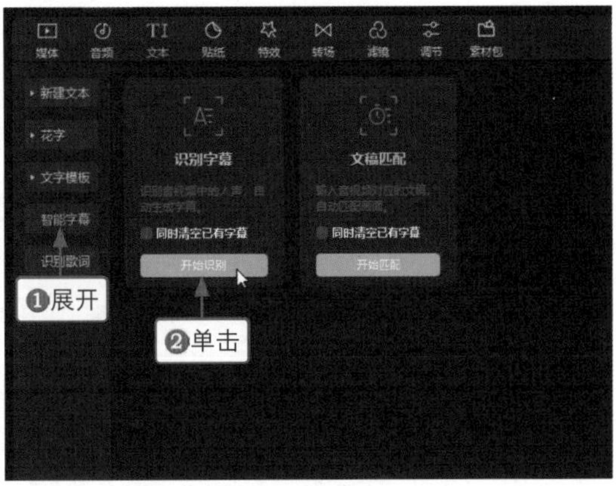

图 4-39

步骤 05 执行上述操作后，即可识别视频中的语音，生成语音文本，如图 4-40 所示。

步骤 06 选择第 1 个文本，在“大家好”后面添加一个感叹号，如图 4-41 所示。

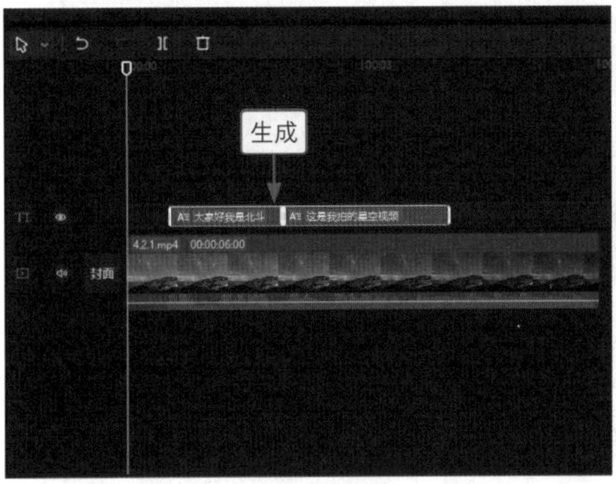

图 4-40

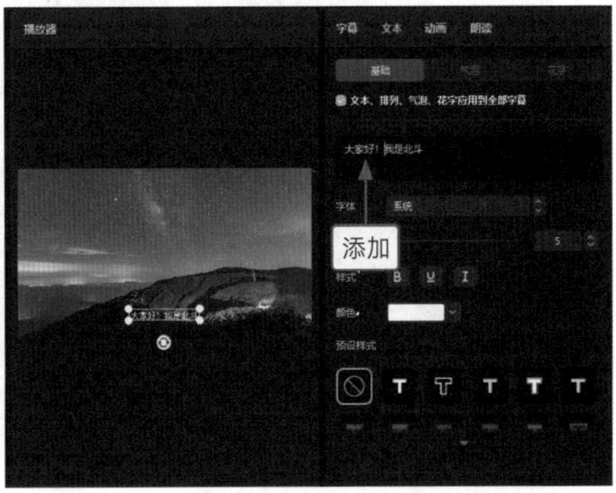

图 4-41

步骤 07 将步骤 03 中制作的字幕条添加到画中画轨道中，调整其时长至与识别的两个字幕文本时长一致，如图 4-42 所示。

步骤 08 在“画面”操作区中，❶设置“混合模式”为“滤色”模式，去除黑色背景；❷在“播放器”面板中调整字幕条的位置和大小，使其刚好框住识别的字幕，如图 4-43 所示。

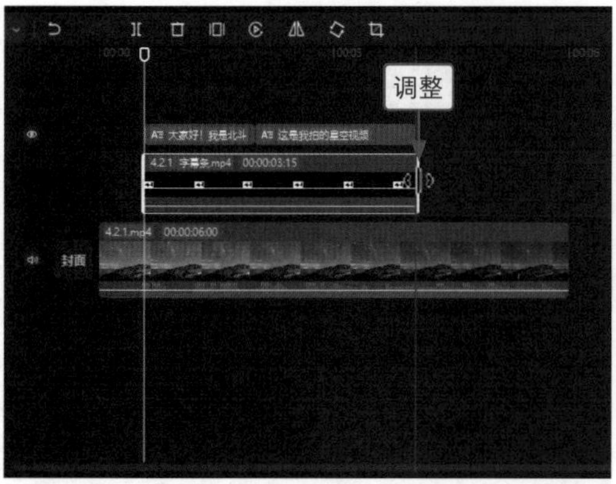

图 4-42

图 4-43

2. 用剪映手机版制作

剪映手机版的操作方法如下。

步骤 01 在剪映手机版中，❶将白场素材添加至视频轨道中，并调整时长为 5s；❷在“蒙版”面板中选择“镜面”蒙版；❸调整蒙版的宽度，制作一个白条，如图 4-44 所示。执行操作后，将白条视频导出备用。

步骤 02 新建一个草稿文件，❶将步骤 01 中制作的白条视频添加到视频轨道中；❷在“蒙版”面板中选择“矩形”蒙版；❸点击“反转”按钮；❹调整蒙版的长度和宽度，使白条中间呈黑色，左边留出一点空白以便添加名称，制作一个白色边框，如图 4-45 所示。

步骤 03 新建一个文本，❶输入名称；❷选择一个字体，如图 4-46 所示。

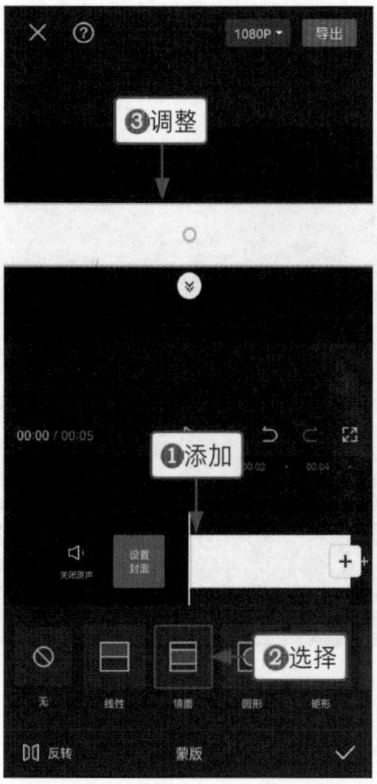

图 4-44

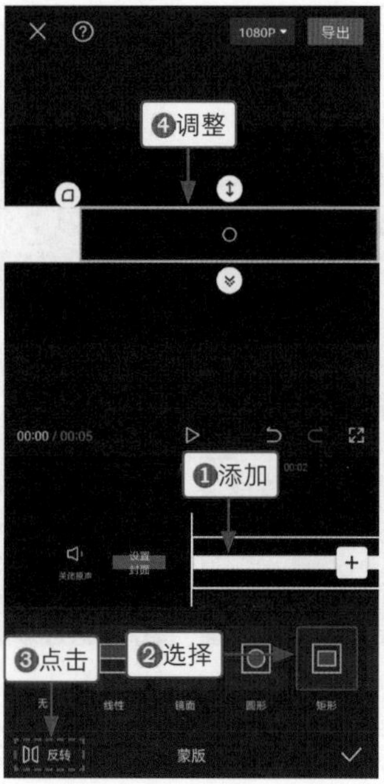

图 4-45

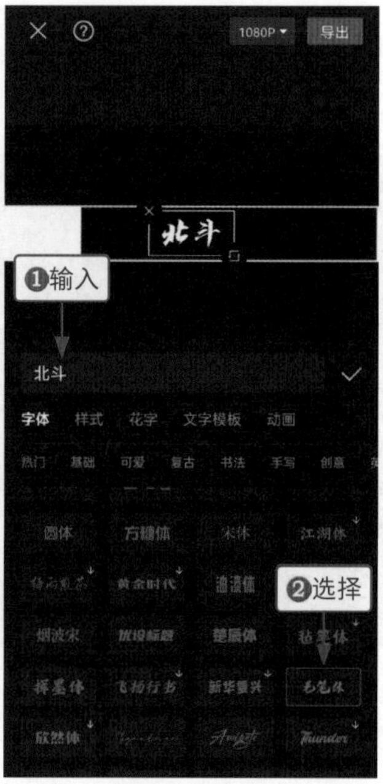

图 4-46

步骤 04 在“样式”选项卡中，❶选择黑色色块；❷调整文本的大小和位置，使名称位于白色边框左侧，如图 4-47 所示。调整字幕条时长至与白条视频时长一致后，将字幕导出备用。

步骤 05 新建一个草稿文件，❶在视频轨道中添加视频素材；❷点击“文字”|“识别字幕”按钮，如图 4-48 所示。

步骤 06 进入“识别字幕”面板，点击“开始识别”按钮，如图 4-49 所示。

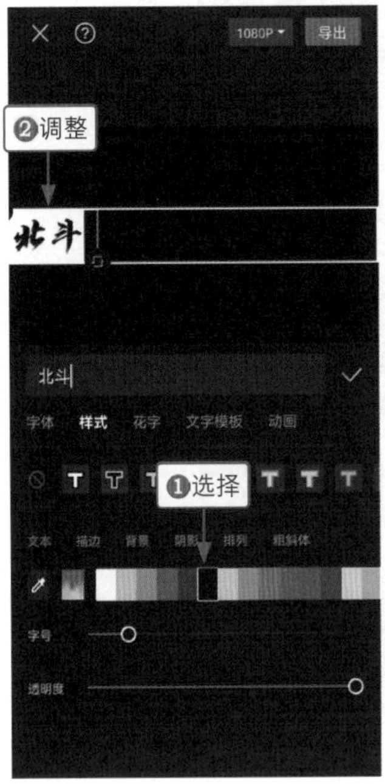

图 4-47

图 4-48

图 4-49

步骤 07 ❶选择识别的第 1 个文本；❷点击“编辑”按钮，如图 4-50 所示。

步骤 08 在“大家好”后面添加一个感叹号，如图 4-51 所示。

图 4-50

图 4-51

步骤 09 ❶拖曳时间轴至第 1 个文本的开始位置；❷在画中画轨道中添加步骤 04 中制作的字幕条，并调整字幕条时长至与两个文本的时长一致；❸点击“混合模式”按钮，如图 4-52 所示。

步骤 10 在“混合模式”面板中，❶选择“滤色”选项；❷调整字幕条的位置和大小，使其刚好框住识别的字幕，如图 4-53 所示。

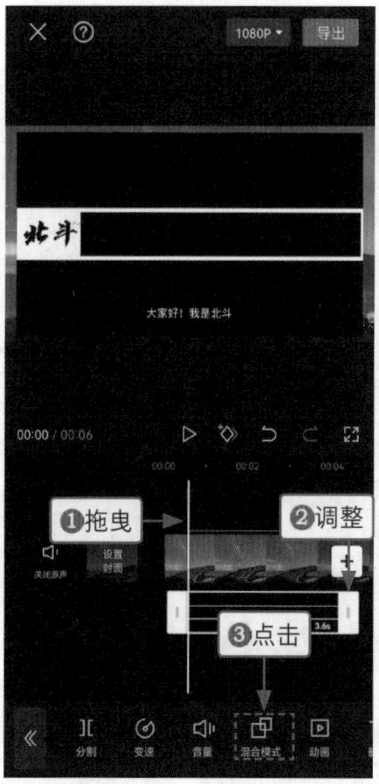

图 4-52

图 4-53

4.2.2 姓氏专属认证:《刘先生与李女士》

效果对比 在设计文字效果时，很多人喜欢将文字分割并隐藏一部分，用其他文字来填补，这种设计很有创意，参考这种设计思路，我们可以制作情侣姓氏专属认证文字效果，如图 4-54 所示。

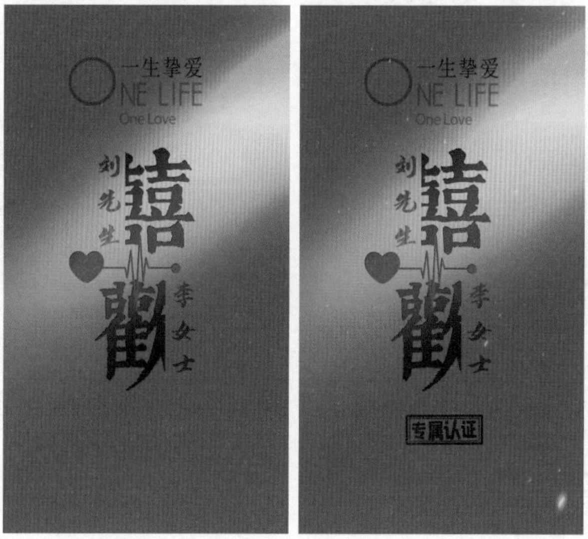

图 4-54

1. 用剪映电脑版制作

剪映电脑版的操作方法如下。

步骤 01 在剪映电脑版中，将文字视频素材添加至视频轨道中，如图 4-55 所示。

步骤 02 新建一个文本，调整文本时长至与视频时长一致，在“文本”操作区中，❶输入“刘先生”；❷设置一个字体；❸在“颜色”色板中选择一个橙色色块，如图 4-56 所示。

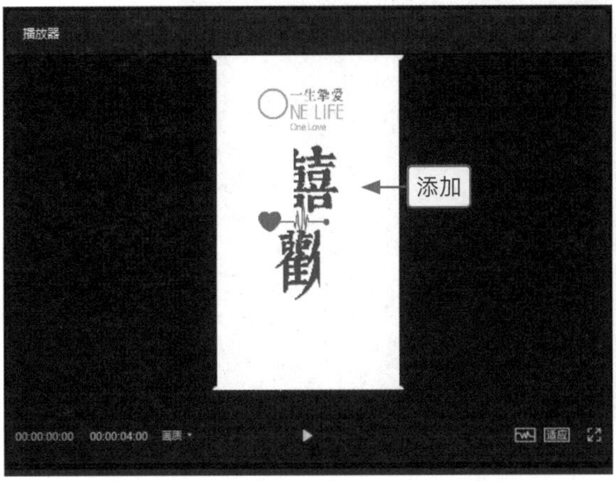

图 4-55

图 4-56

步骤 03 在“排列”选项区中，❶设置“字间距”参数为 5；❷单击“对齐方式”右侧的第 4 个按钮，设置文字垂直顶端对齐；❸在“播放器”面板中调整文本的大小和位置，如图4-57 所示。

步骤 04 在“动画”操作区中，❶选择“随机打字机”入场动画；❷设置“动画时长”参数为 1.0s，如图 4-58 所示。

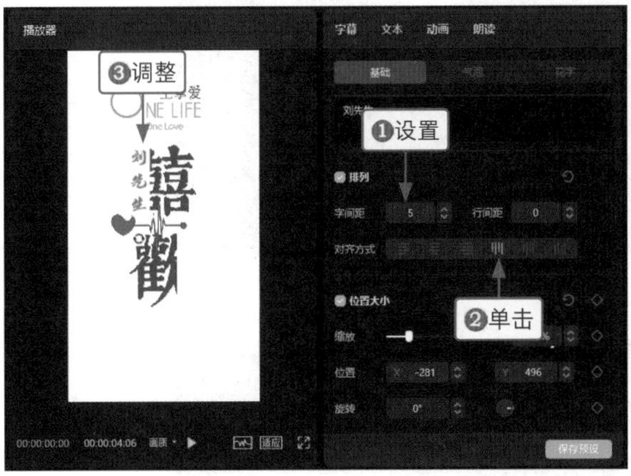

图 4-57

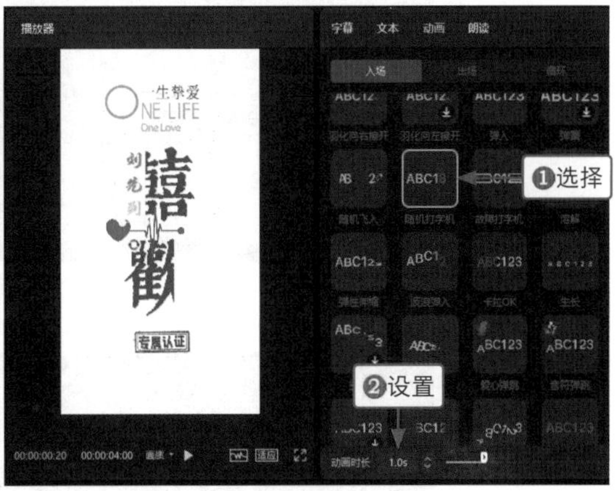

图 4-58

步骤 05 复制制作的“刘先生”文本，粘贴在第 2 条字幕轨道中，在“文本”操作区中，❶修改文字为“李女士”；❷调整文本的位置，如图 4-59 所示。执行操作后，将制作的姓氏视频导出备用。

步骤 06 清空轨道后，在视频轨道中添加步骤 05 中导出的姓氏视频，在“特效”功能区的“光”选项卡中，❶选择“暗夜彩虹”特效；❷在“播放器”面板中，预览添加特效后的效果，如图 4-60 所示。单击所选特效的“添加到轨道”按钮 ，即可添加特效，调整特效时长至与视频时长一致。

步骤 07 在“特效”功能区的“氛围”选项卡中，❶选择“星火”特效；❷在“播放器”面板中，预览添加特效后的效果，如图 4-61 所示。单击所选特效的“添加到轨道”按钮，即可添加特效，调整特效时长至与视频时长一致。

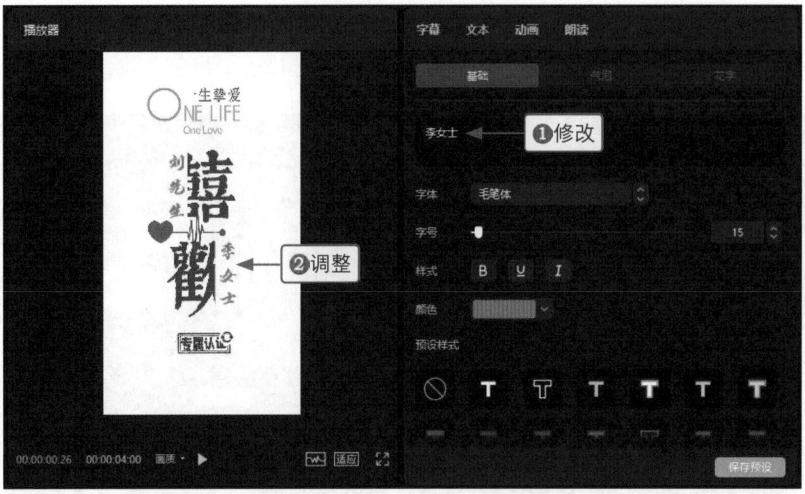

图 4-59

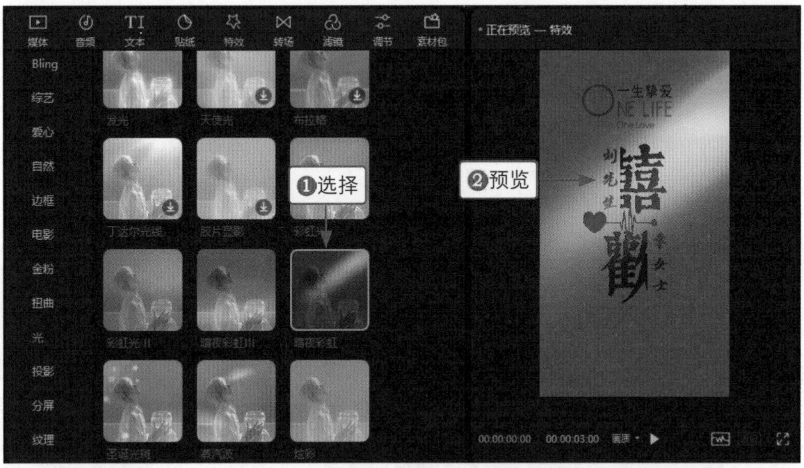

图 4-60

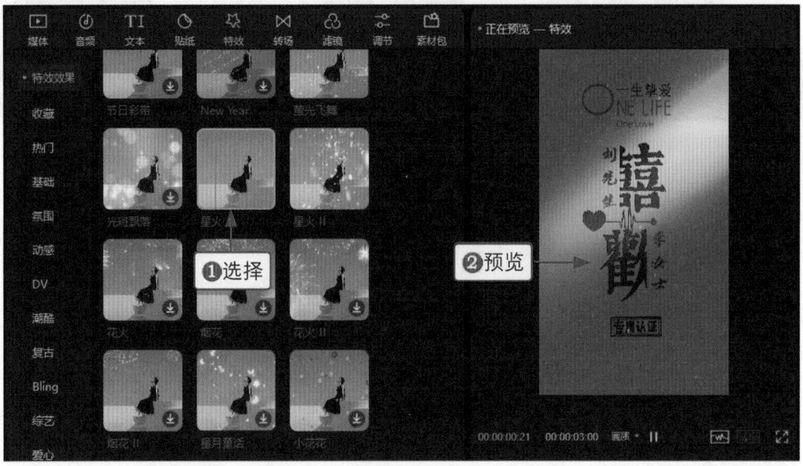

图 4-61

2. 用剪映手机版制作

剪映手机版的操作方法如下。

步骤 01 在剪映手机版中，将文字视频素材添加至视频轨道中，新建一个文本，❶输入“刘先生”；❷选择一个字体，如图 4-62 所示。

步骤 02 在“样式”选项卡中，选择一个橙色色块，如图 4-63 所示。

步骤 03 在“排列”选项区中，❶点击第 4 个按钮，设置文字垂直顶端对齐；❷设置“字间距”参数为 5；❸调整文本的大小和位置，如图 4-64 所示。

图 4-62

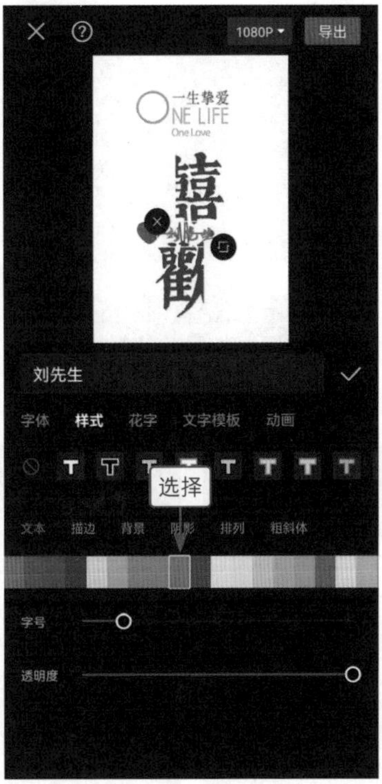

图 4-63

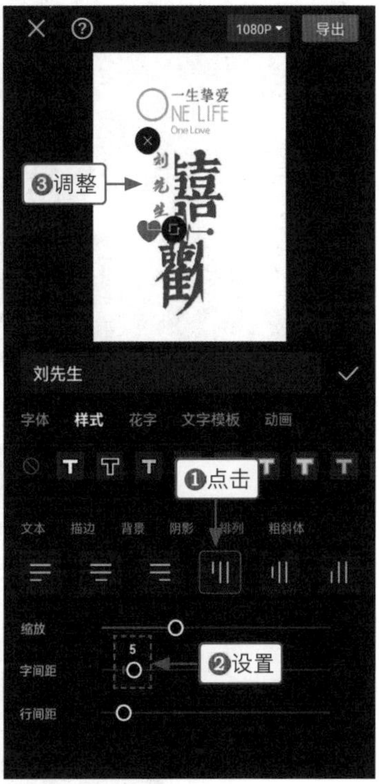

图 4-64

步骤 04 在“动画”选项卡中，❶选择“随机打字机”入场动画；❷设置动画时长为 1.0s，如图 4-65 所示。执行操作后，调整文本时长至与视频时长一致。

步骤 05 复制制作的“刘先生”文本，粘贴在第 2 条字幕轨道中，在文本编辑界面，❶修改文字为“李女士”；❷调整文本的位置，如图 4-66 所示。执行操作后，将制作的姓氏视频导出备用。

步骤 06 新建一个草稿文件，❶在视频轨道中添加步骤 05 中导出的姓氏视频；❷点击“特效”按钮，如图 4-67 所示。

步骤 07 点击“画面特效”按钮，进入特效素材库，在“光”选项卡中，选择“暗夜彩虹”特效，如图 4-68 所示。添加特效后，调整特效时长至与视频时长一致。

步骤 08 在“氛围”选项卡中，选择“星火”特效，如图 4-69 所示。添加特效后，调整特效时长至与视频时长一致。

图 4-65

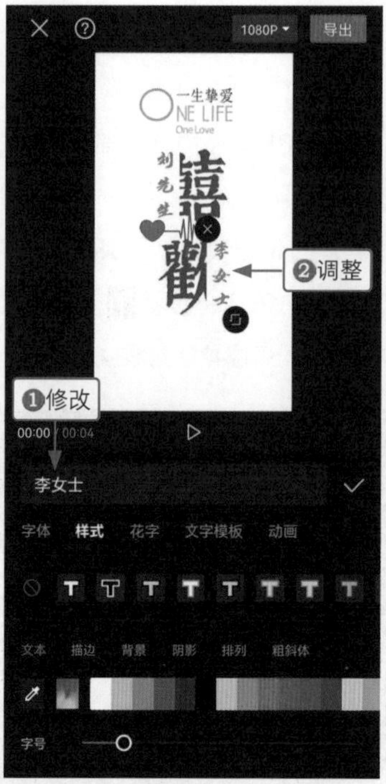

图 4-66

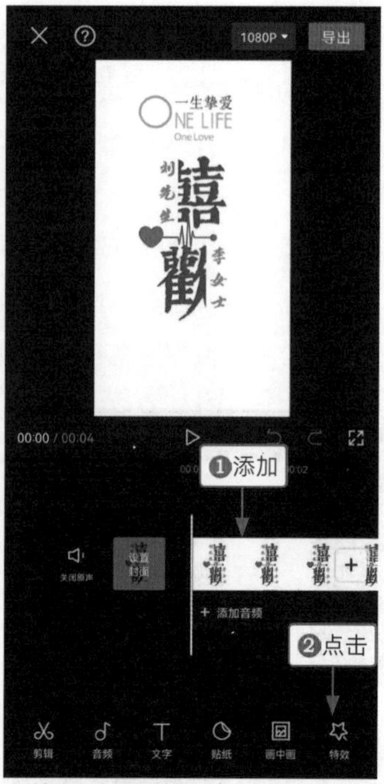

图 4-67

图 4-68

图 4-69

课后实训：制作方框印章

效果对比 在剪映中，制作印章最简单、最直接的方法是套用模板，效果如图 4-70 所示。

图 4-70

本案例制作步骤如下。

❶添加视频素材；❷在“文本”功能区的“文字模板”|“气泡”选项卡中，单击方框印章的“添加到轨道”按钮 ，如图 4-71 所示。将印章添加到轨道中，并调整其时长至与视频时长一致。

❶在“文字”操作区中修改印章内容；❷选择一个合适的字体；❸适当修改“字间距”与“行间距”的参数；❹调整印章的大小和位置，如图 4-72 所示。

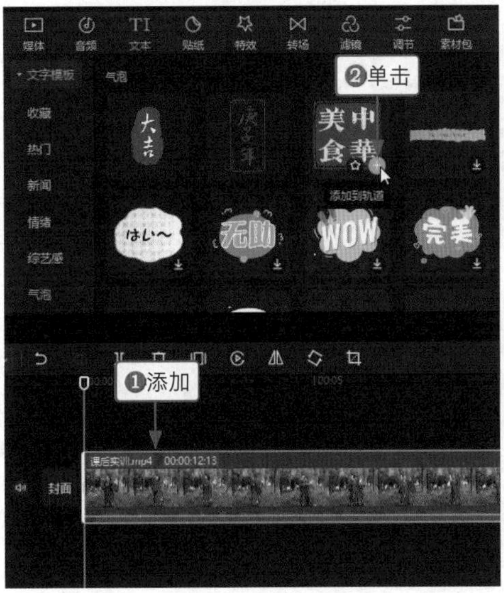

图 4-71

图 4-72

第 5 章 歌词：文音同步字幕特效

在剪映中，用户可以使用“识别歌词”功能，识别音频和视频中的歌词，并通过添加动画效果，制作卡拉 OK 歌词字幕的逐句显示以及歌词滚动等效果。除此之外，用户可以使用“文本朗读”功能，制作配音文件。本章主要介绍歌词字幕的制作方法，希望大家学以致用，制作更多精美的歌词字幕样式。

5.1 识别歌词与文本朗读

在剪映中制作文音同步的字幕特效，可以使用“识别歌词”和“文本朗读”这两大功能。使用“识别歌词”功能，剪映可以根据视频或音频中的歌词生成字幕，并自动调好字幕的位置和时长；使用“文本朗读”功能，剪映可以根据字幕进行发声，并自动匹配配音音频的位置。

5.1.1 识别歌词添加字幕：《落在生命里的光》

效果对比 使用剪映的“识别歌词”功能，可以把视频中的歌词识别出来，后期再添加动画，即可制作卡拉 OK 歌词文字，效果如图 5-1 所示。

图 5-1

1. 用剪映电脑版制作

剪映电脑版的操作方法如下。

步骤 01 在剪映电脑版中，导入视频素材，在“文本”功能区中，❶展开“识别歌词”选项卡；❷单击“开始识别”按钮，如图 5-2 所示。

步骤 02 稍等片刻，即可生成歌词文本，如图 5-3 所示。

步骤 03 ❶将第 2 句歌词文本平移至第 2 条字幕轨道中；❷调整第 1 句歌词文本的时长，使其结束位置与第 2 句歌词文本的结束位置一致，如图 5-4 所示。

步骤 04 选择任意一个文本，在“文本”操作区中，为歌词字幕设置一个字体，如图 5-5 所示。

步骤 05 ❶在“排列”选项区中设置“字间距”参数为 4；❷在“播放器”面板中放大歌词文本，如图 5-6 所示。

步骤 06 ❶取消选中“文本、排列、气泡、花字应用到全部歌词”复选框；❷调整两句歌词文本的位置，使歌词文本呈上左下右显示，如图 5-7 所示。

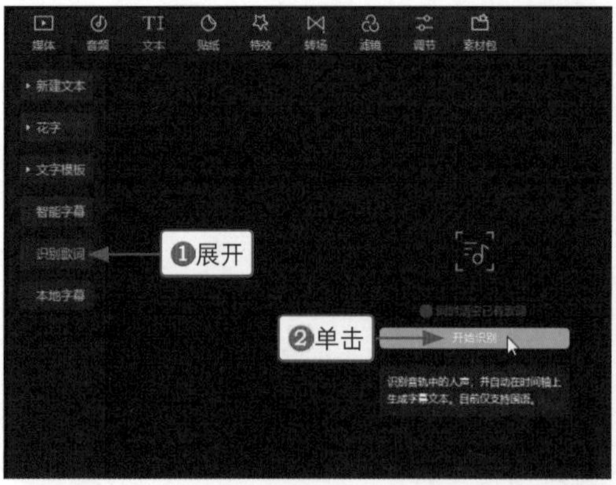

图 5-2

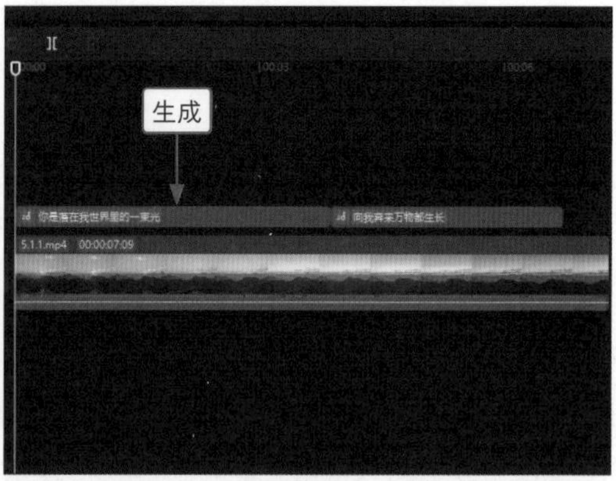

图 5-3

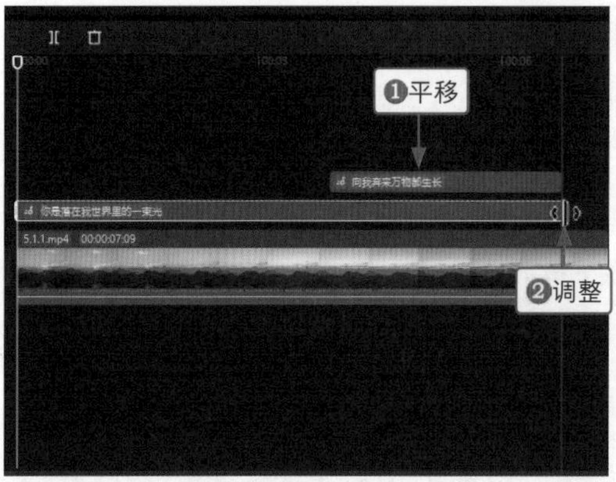

图 5-4

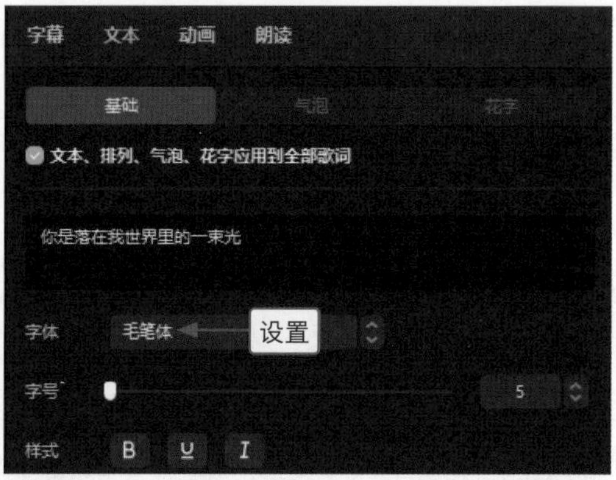

图 5-5

图 5-6

图 5-7

步骤 07 复制并粘贴制作的第 1 句歌词文本，如图 5-8 所示。

步骤 08 在“文本”操作区中，展开“颜色”色板，选择一个与背景颜色反差较大的橘黄色色块，如图 5-9 所示。

步骤 09 在“动画”操作区中，❶选择“羽化向右擦开”入场动画；❷设置“动画时长”参数为 3.9s，使动画的结束位置在第 2 句歌词文本的开始位置，如图 5-10 所示，制作卡拉 OK 歌词渐变字幕。

步骤 10 执行上述操作后，用与上述方法同样的方法，制作第 2 句歌词的渐变字幕效果，如图 5-11 所示。

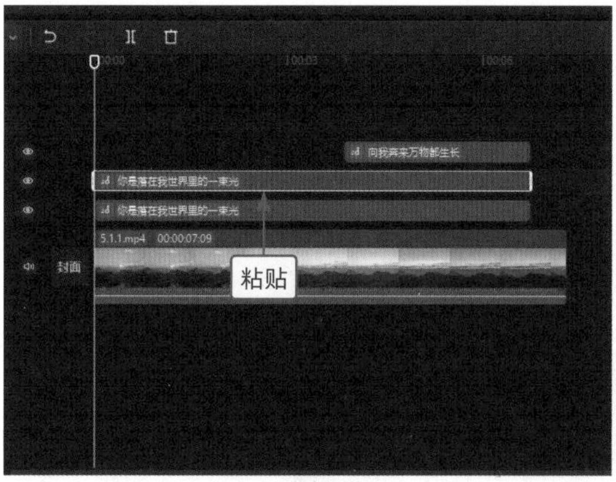

图 5-8

图 5-9

图 5-10

图 5-11

2. 用剪映手机版制作

剪映手机版的操作思路与电脑版的操作思路稍微有些出入，使用剪映手机版，我们可以直接在识别的歌词字幕上添加“卡拉 OK”入场动画效果并修改文字的颜色，操作方法如下。

步骤 01 在剪映手机版中，❶导入视频素材；❷点击“文字”|“识别歌词”按钮，如图 5-12 所示。

步骤 02 在“识别歌词”面板中，点击“开始识别”按钮，如图 5-13 所示，稍等片刻，即可生成歌词文本。

图 5-12

图 5-13

步骤 03 ❶将第 2 句歌词文本平移至第 2 条字幕轨道中；❷调整第 1 句歌词文本的时长，使其结束位置与第 2 句歌词文本的结束位置一致，如图 5-14 所示。

步骤 04 选择第 1 句歌词文本，点击“编辑”按钮，在“字体”选项卡中，选择一个字体，如图 5-15 所示。

步骤 05 ❶切换至“样式”选项卡；❷在“排列”选项区中设置“字间距”参数为 4；❸取消选中“应用到所有歌词”复选框，如图 5-16 所示。

图 5-14

图 5-15

图 5-16

步骤 06 ❶返回，调整两句歌词文本的位置和大小，使歌词文本呈上左下右显示；❷选择第 1 句歌词文本；❸点击“动画”按钮，如图 5-17 所示。

步骤 07 在“动画”选项卡中，❶选择“卡拉 OK”入场动画；❷选择橘黄色色块，使文字被动画覆盖时呈橘黄色；❸调整动画时长为 3.9s，如图 5-18 所示。

步骤 08 ❶选择第 2 句歌词文本；❷在“动画”选项卡中选择“卡拉 OK”入场动画；❸选择橘黄色色块；❹调整动画时长为最长，如图 5-19 所示。

步骤 09 ❶返回，拖曳时间轴至第 1 句歌词的动画结束位置；❷点击“分割”按钮，分割后半段白色文字，如图 5-20 所示。

步骤 10 执行上述操作后，点击“编辑”按钮，如图 5-21 所示。

步骤 11 在“样式”选项卡中，选择橘黄色色块，修改分割后文字的颜色，如图 5-22 所示。至此，即可完成对歌词字幕的制作。

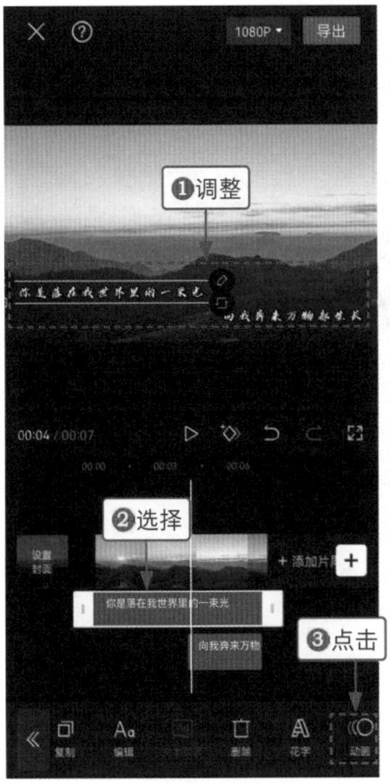

图 5-17

图 5-18

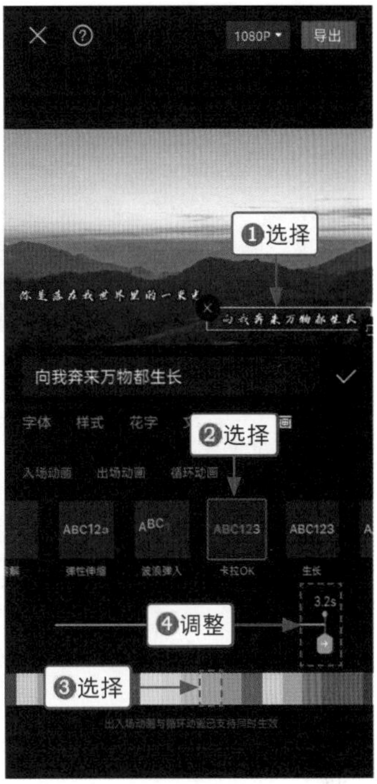

图 5-19

图 5-20

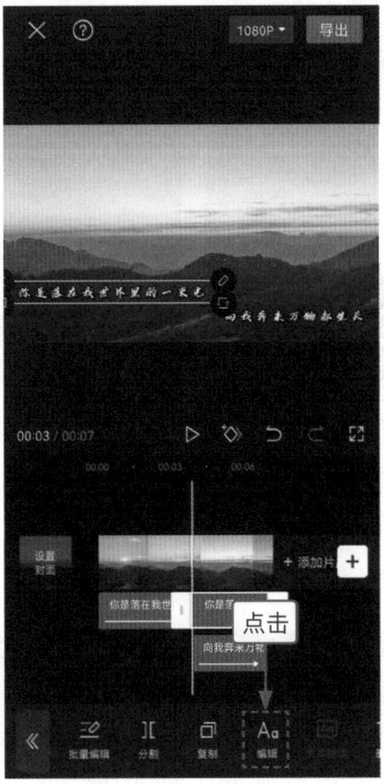

图 5-21

图 5-22

5.1.2　文本朗读制作配音：《浪漫夕阳》

效果对比 在剪映中使用“文本朗读”功能，可以为添加的字幕进行配音，并自由选择音色，画面效果如图 5-23 所示。

图 5–23

1. 用剪映电脑版制作

剪映电脑版的操作方法如下。

步骤 01 在剪映电脑版中，导入视频素材，新建一个默认文本，调整文本时长至与视频时长一致。在“文本”操作区中，❶输入文本内容；❷设置一个合适的字体；❸选择一个预设样式，如图 5–24 所示。

步骤 02 在“播放器”面板中，调整文本的大小和位置，如图 5–25 所示。

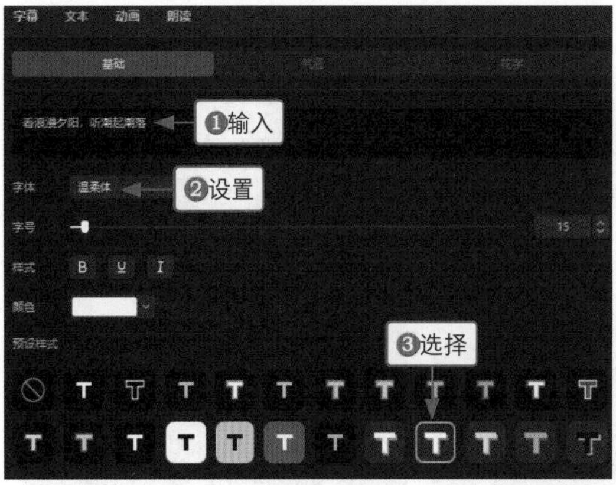

图 5–24

图 5–25

步骤 03 在“动画”操作区中，❶选择“羽化向右擦开”入场动画；❷设置“动画时长”参数为 3.7s（动画时长可以根据视频需要进行调整），如图 5–26 所示。

步骤 04 在“朗读”操作区中，❶选择“心灵鸡汤”音色；❷单击“开始朗读”按钮，如图 5–27 所示。

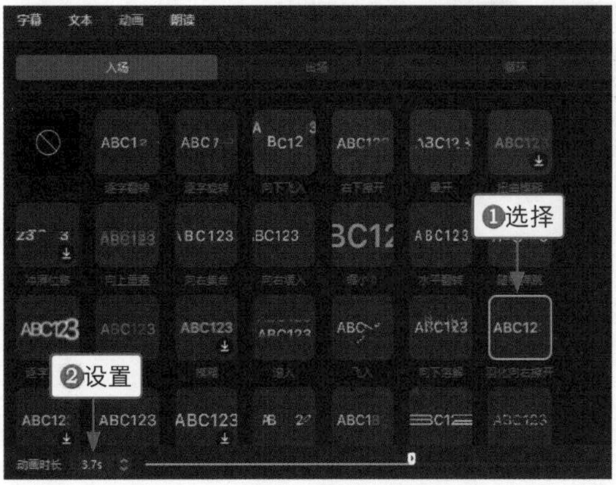

图 5–26

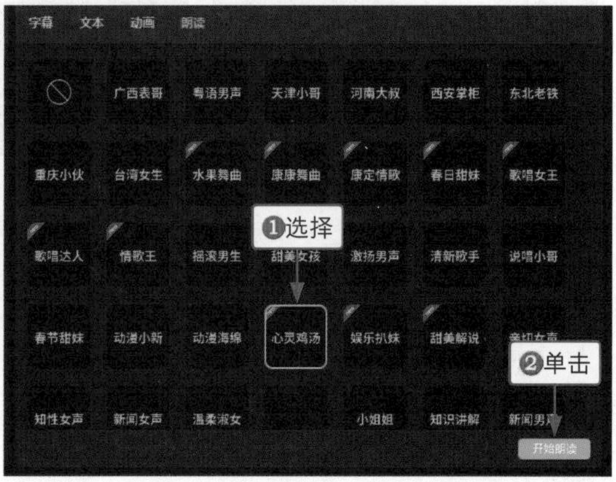

图 5–27

步骤 05 执行上述操作后，即可生成配音音频，如图 5-28 所示。

步骤 06 选择配音音频，在“音频”操作区中，设置“音量”参数为 5.0dB，如图 5-29 所示。将配音音频的音量调高，以免被视频中的背景声音覆盖。

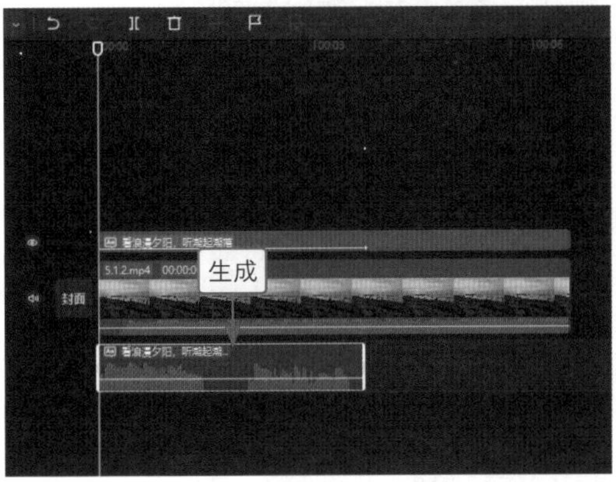

图 5-28

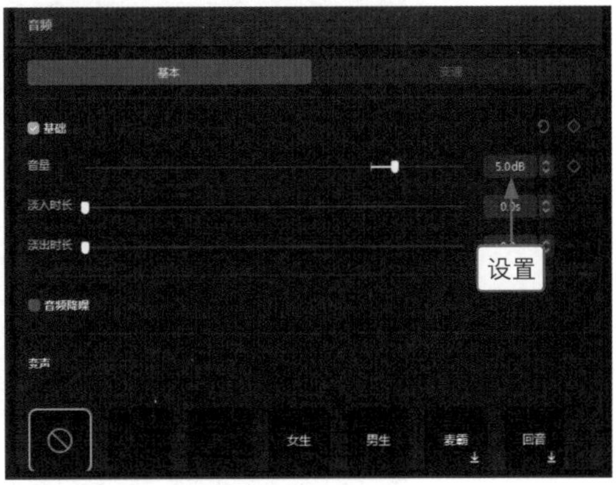

图 5-29

2. 用剪映手机版制作

剪映手机版的操作方法如下。

步骤 01 在剪映手机版中，导入视频素材，新建一个文本，❶输入文本内容；❷选择一个合适的字体；❸调整文本的大小和位置，如图 5-30 所示。

步骤 02 在“样式”选项卡中，选择一个预设样式，如图 5-31 所示。执行操作后，返回，调整文本时长至与视频时长一致。

图 5-30

图 5-31

步骤 03 再次进入文本编辑界面，❶切换至“动画”选项卡；❷选择“羽化向右擦开”入场动画；❸拖曳滑块，设置动画时长为 3.7s，如图 5-32 所示。

步骤 04 点击✓按钮确认后，点击“文本朗读”按钮，如图 5-33 所示。

图 5-32

图 5-33

步骤 05 进入“音色选择”面板，❶切换至“女声音色”选项卡；❷选择“心灵鸡汤”音色，如图 5-34 所示。

步骤 06 点击✓按钮确认，❶生成字幕配音音频；❷点击“音量”按钮，如图 5-35 所示。

步骤 07 在“音量”面板中，拖曳滑块至 500，调高配音音频的音量，如图 5-36 所示。

图 5-34

图 5-35

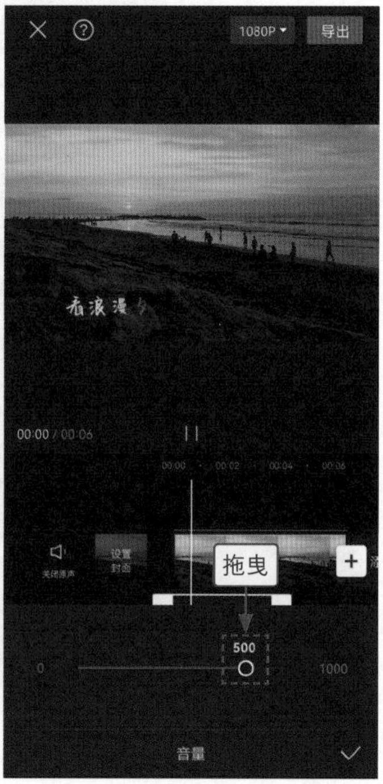

图 5-36

5.2 歌词排版样式

本节主要介绍两种歌词排版样式，即歌词逐句显示效果和歌词滚动效果，希望大家学会以后，可以举一反三，制作出更多精彩的歌词排版样式。

5.2.1 歌词逐句显示：《大雾》

效果对比 制作歌词逐句显示效果，可以使用剪映中的“识别歌词”功能，先把视频中的歌词识别出来，再为歌词添加关键帧即可，如图 5-37 所示。

图 5-37

1. 用剪映电脑版制作

剪映电脑版的操作方法如下。

步骤 01 在剪映电脑版中，导入视频素材，在“文本”功能区中，❶展开“识别歌词”选项卡；❷单击“开始识别”按钮，如图 5-38 所示。

步骤 02 稍等片刻，即可生成歌词文本，如图 5-39 所示。

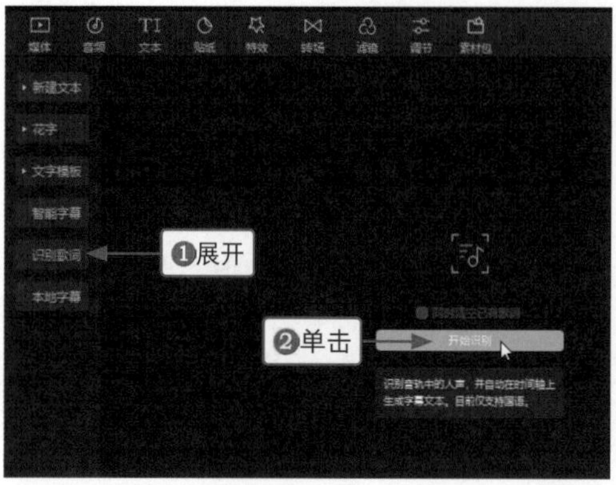

图 5-38

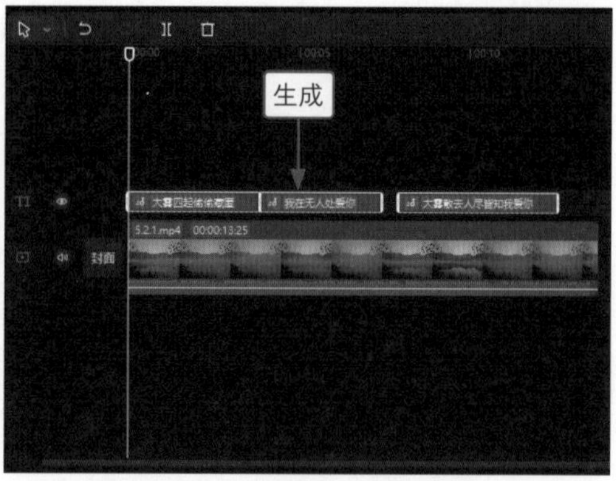

图 5-39

步骤 03 ❶分别将第 2 句歌词文本与第 3 句歌词文本平移至第 2 条字幕轨道和第 3 条字幕轨道中；❷调整 3 句歌词文本的结束位置，使之均与视频的结束位置一致，如图 5-40 所示。

步骤 04 ❶在“文本”操作区中设置一个字体；❷在“播放器”面板中将歌词文本居中并放大，如图 5-41 所示。

步骤 05 在“排列”选项区中，❶设置“字间距”参数为 3；❷取消选中“文本、排列、气泡、花字应用到全部歌词”复选框，如图 5-42 所示，使后面的设置可以单独操作，不再同步到所有歌词文本上。

步骤 06 ❶将时间调至 00:00:03:23（第 1 句歌词的结束位置）；❷点亮“位置”右侧的关键帧◆，为歌词文本添加第 1 个关键帧，如图 5-43 所示。

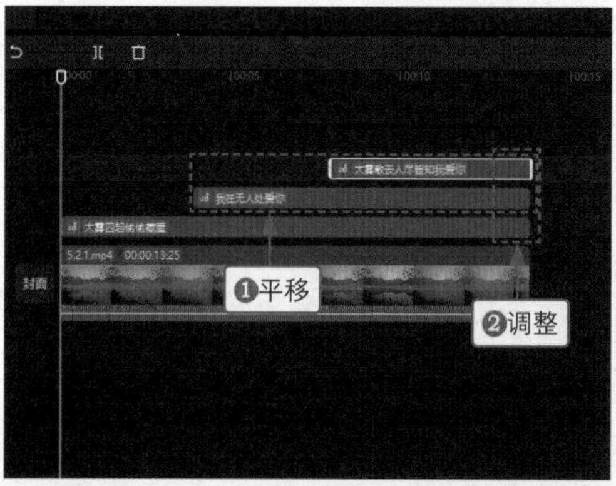

图 5-40

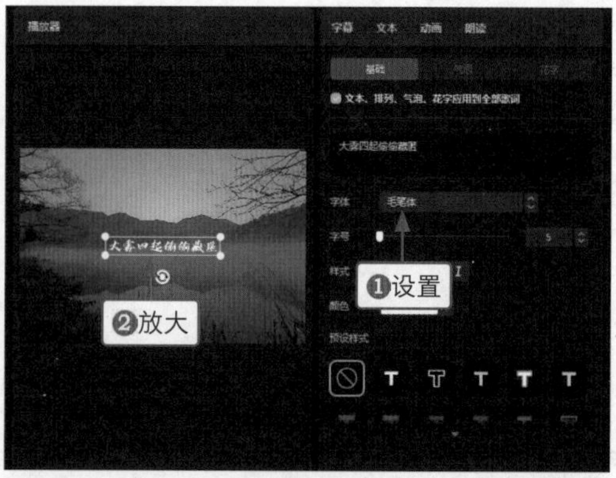

图 5-41

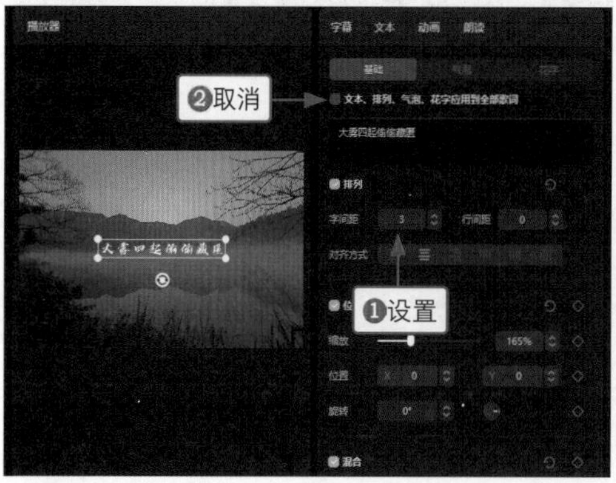

图 5-42

图 5-43

步骤 07 ❶将时间调至 00:00:03:26（第 2 句歌词的开始位置）；❷将第 1 句歌词文本向上移动；❸此时，“位置”关键帧会自动点亮，添加第 2 个关键帧，如图 5-44 所示。

步骤 08 ❶将时间调至 00:00:07:28（第 3 句歌词的开始位置）；❷将第 3 句歌词文本向下移动，如图 5-45 所示。此时，3 句歌词将逐句显示在画面中。

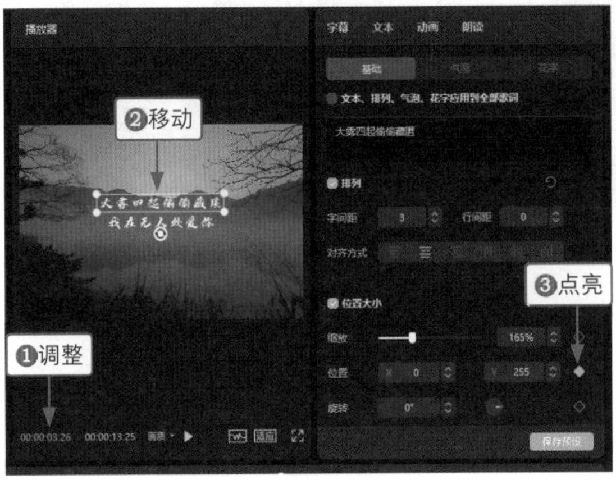

图 5-44

图 5-45

步骤 09 执行上述操作后，在“动画”操作区中，选择“日出”入场动画，为所有歌词文本添加动画效果，如图 5-46 所示。

步骤 10 复制并粘贴第 1 句歌词文本，调整其结束位置，使之与第 2 句歌词文本的开始位置对齐，如图 5-47 所示。

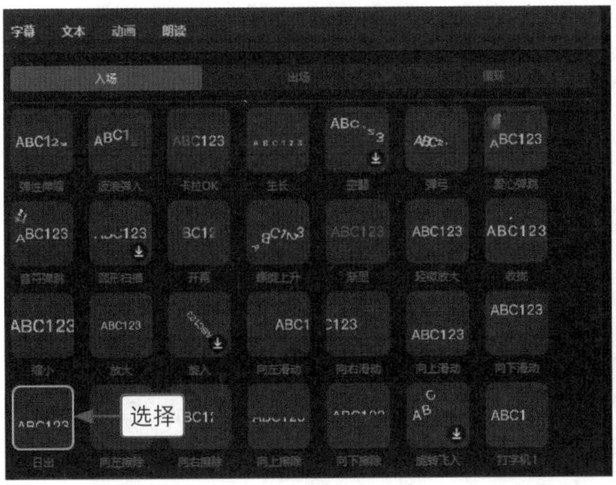

图 5-46

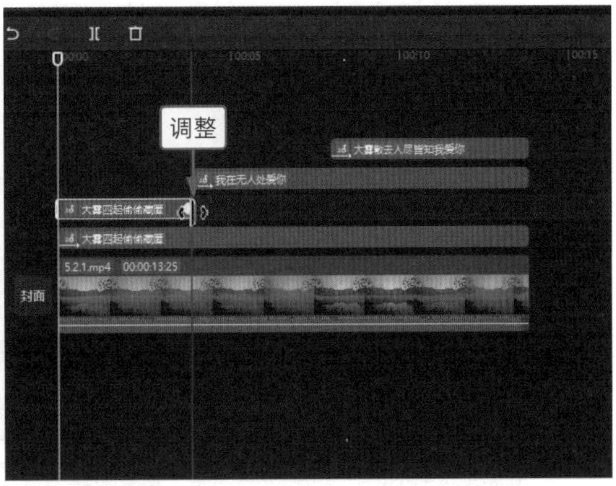

图 5-47

步骤 11 在“文本”操作区中，展开“颜色”色板，选择黄色色块，修改歌词文本的颜色，如图 5-48 所示。

步骤 12 在“动画”操作区中，❶选择“羽化向右擦开”入场动画；❷设置“动画时长”参数为最大值，如图 5-49 所示，制作卡拉 OK 歌词效果。执行操作后，用与上述方法同样的方法，为另外两句歌词制作卡拉 OK 歌词效果。

图 5–48

图 5–49

2. 用剪映手机版制作

在剪映手机版中制作歌词逐句显示效果时，可以跳过添加“日出”入场动画这一操作，直接添加“卡拉 OK”入场动画，操作方法如下。

步骤 01 在剪映手机版中，❶导入视频素材；❷点击“文字”|“识别歌词”按钮，如图 5–50 所示。

步骤 02 在“识别歌词”面板中，点击“开始识别”按钮，如图 5–51 所示。稍等片刻，即可生成歌词文本。

步骤 03 ❶分别将第 2 句和第 3 句歌词文本平移至第 2 条和第 3 条字幕轨道中；❷调整 3 句歌词文本的时长，使其结束位置均与视频的结束位置一致，如图 5–52 所示。

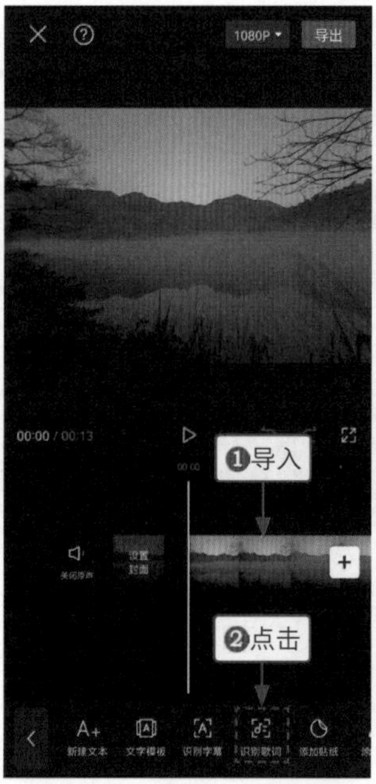

图 5–50

图 5–51

图 5–52

步骤 04 选择第 1 句歌词文本，点击“编辑”按钮，在“字体”选项卡中，❶选择一个字体；❷调整歌词文本的位置和大小，如图 5–53 所示。

步骤 05 ❶切换至“样式”选项卡；❷在“排列”选项区中设置“字间距”参数为 3；❸取消选中“应用到所有歌词”复选框，如图 5–54 所示。

步骤 06 在“动画”选项卡中，❶选择“卡拉 OK”入场动画；❷选择黄色色块，使文字被动画覆盖时呈黄色；❸调整动画时长为 3.9s，如图 5-55 所示。

图 5-53

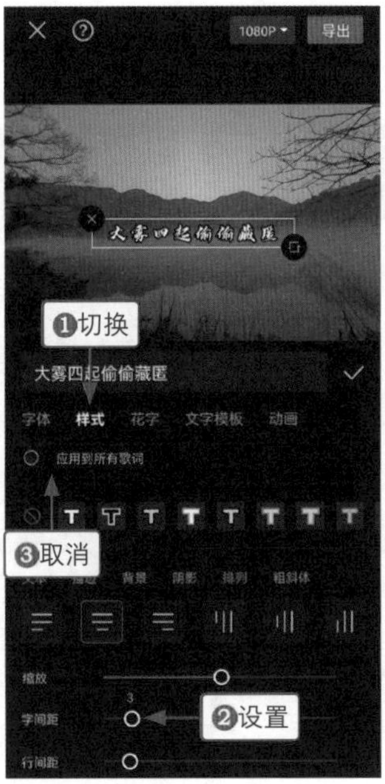

图 5-54

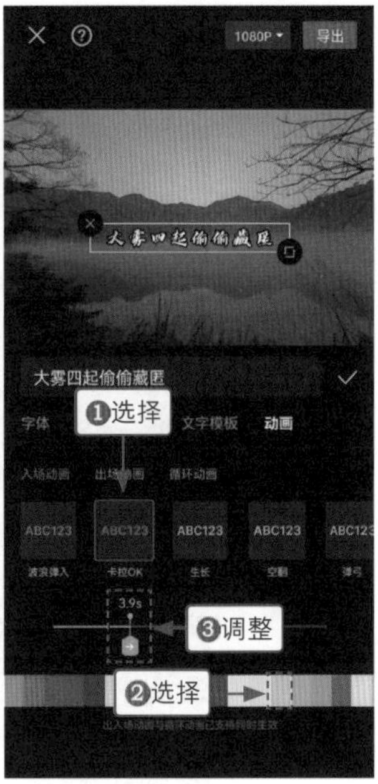

图 5-55

步骤 07 ❶选择第 2 句歌词文本；❷在“动画”选项卡中选择“卡拉 OK”入场动画；❸选择黄色色块；❹调整动画时长为 4.1s，如图 5-56 所示。

步骤 08 ❶选择第 3 句歌词文本；❷在“动画”选项卡中选择“卡拉 OK”入场动画；❸选择黄色色块；❹调整动画时长为最长，如图 5-57 所示。

步骤 09 ❶返回，拖曳时间轴至第 1 句歌词动画即将结束的位置；❷点击◇按钮，如图 5-58 所示，添加一个关键帧。

图 5-56

图 5-57

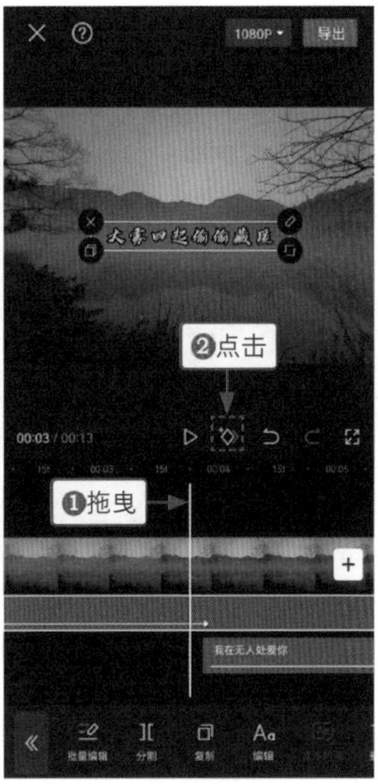

图 5-58

步骤 10 ❶拖曳时间轴至第 2 句歌词动画开始的位置；❷将第 1 句歌词文本向上移动；❸添加第 2 个关键帧，如图 5-59 所示。

步骤 11 ❶选择第 3 句歌词文本；❷将第 3 句歌词文本向下移动，如图 5-60 所示。至此，即可完成对歌词逐句显示效果的制作。

图 5-59

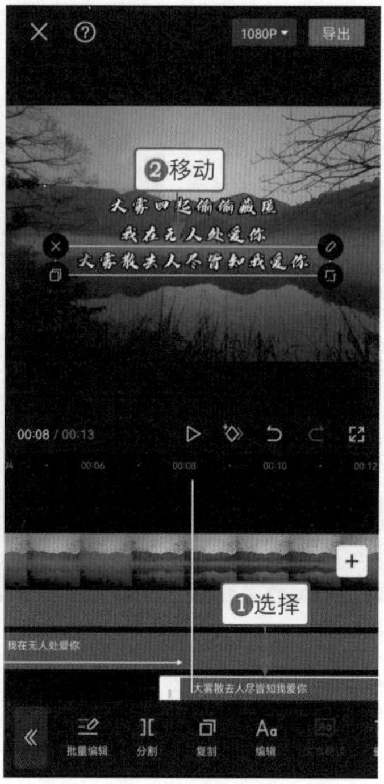

图 5-60

5.2.2 歌词滚动：《奔赴星空》

效果对比 在剪映中，我们可以先将歌词字幕制作成视频，再使用关键帧、“滤色”混合模式和“镜面”蒙版功能，制作出歌词滚动效果，如图 5-61 所示。

图 5-61

1. 用剪映电脑版制作

剪映电脑版的操作方法如下。

步骤 01 在剪映电脑版中，❶添加一个音乐视频素材；❷添加一个默认文本，并调整文本时长至与视频时长一致，如图 5-62 所示。

步骤 02 在“文本”操作区中，❶输入歌词内容；❷设置一个字体，如图 5-63 所示。

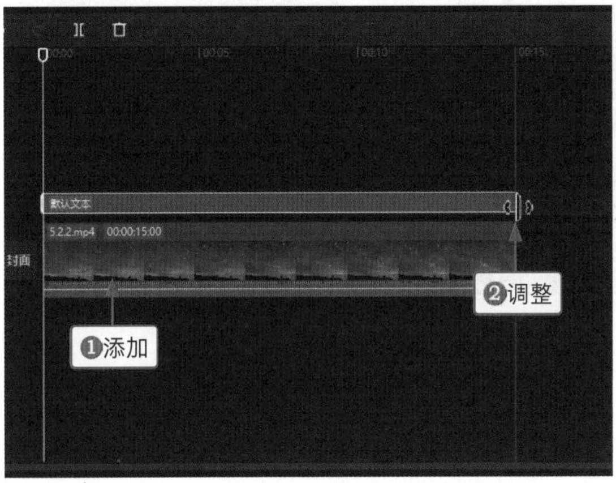

图 5-62

图 5-63

步骤 03 在“排列”选项区中，❶设置“字间距”参数为 5、“行间距”参数为 25；❷在“播放器”面板中调整歌词文本的大小和位置，将歌词文本向下移，显示前 3 句歌词；❸点亮“位置”右侧的关键帧◆，在歌词滚动的开始位置添加一个关键帧，如图 5-64 所示。

步骤 04 ❶将时间调至 00:00:14:00；❷将歌词文本向上移动，使最后一句歌词处于原本第 1 句歌词的位置，如图 5-65 所示。执行操作后，即可使最后一句歌词在视频结束的前一秒停止滚动。将视频素材删除，导出制作好的歌词字幕视频备用。

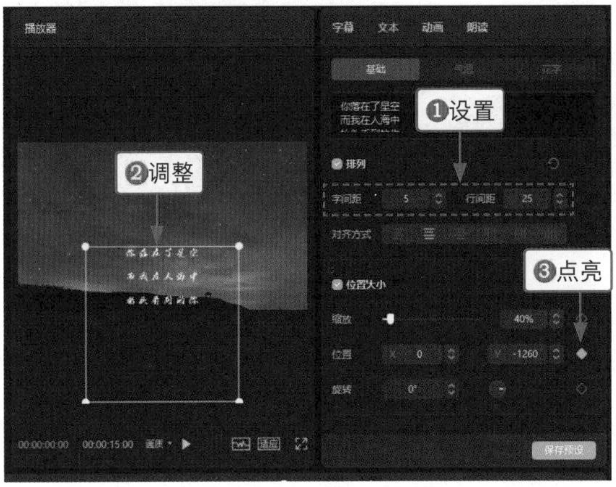

图 5-64

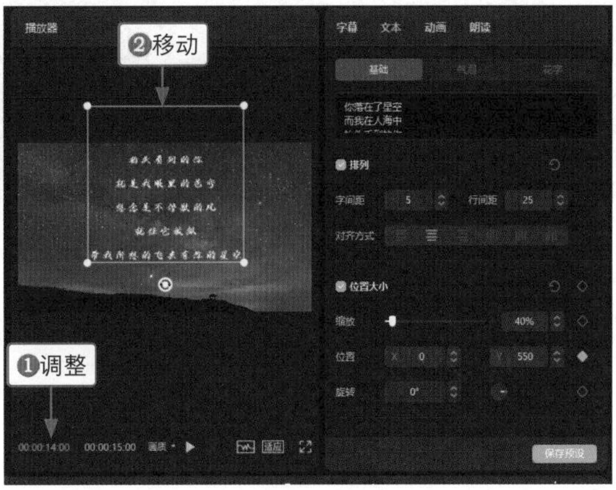

图 5-65

步骤 05 清空轨道后，❶在视频轨道中添加音乐视频；❷在画中画轨道中添加歌词字幕视频，如图 5-66 所示。

步骤 06 选择歌词字幕视频，在“画面”操作区中，设置“混合模式”为“滤色”模式，如图 5-67 所示，去除黑色背景。

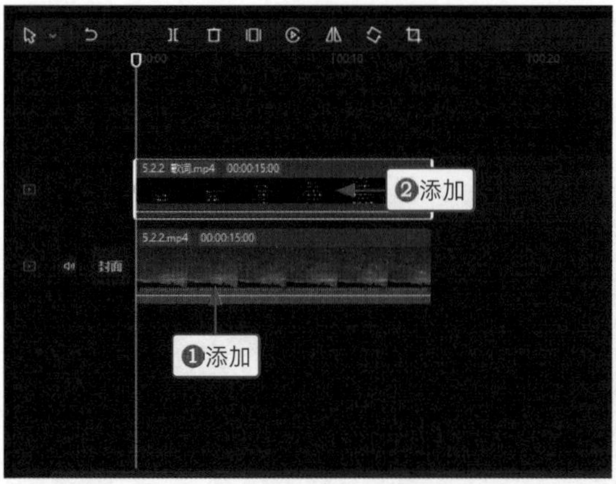

图 5-66

图 5-67

步骤 07 在第 2 条画中画轨道中，再次添加音乐视频，如图 5-68 所示。

步骤 08 在“蒙版”选项卡中，❶选择“镜面”蒙版；❷单击“反转”按钮；❸在“播放器”面板中调整蒙版的位置、宽度和羽化效果，使蒙版区域可以显示 3 句歌词，上下两句歌词呈渐隐、渐显状态，如图 5-69 所示。

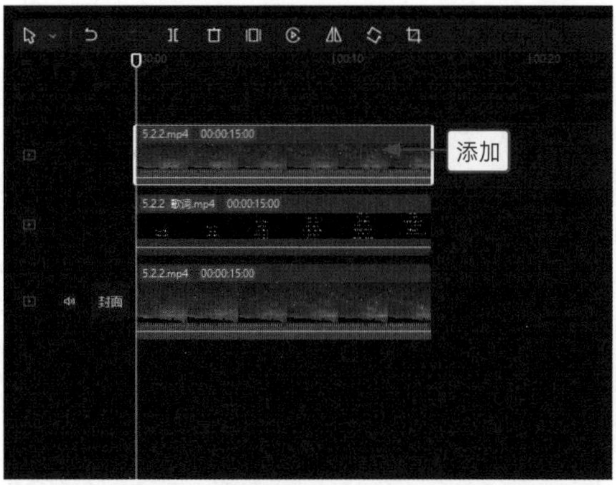

图 5-68

图 5-69

温馨提示

制作歌词字幕视频时，主要有以下几个思路要点。

➢ 首先，根据视频画面调整文字所在的位置，看歌词是排在画面中间好看些还是排在画面左右两侧好看些。

➢ 其次，预留歌名的空间。提前设想好歌名的位置，妥善安排歌词要显示的位置。

➢ 最后，统筹协调歌词要显示的行和歌词首尾滚动停留的位置。例如在本例中，歌词要显示 3 行，在歌词显示区域中，第 1 行和第 3 行是渐隐和渐显的效果，第 2 行才是重点，那么，在开始位置添加关键帧制作歌词滚动效果时，第 1 句歌词就得排在显示区域第 2 行的位置；当歌词滚动到最后一句时，最后一句歌词也应该排在显示区域第 2 行的位置。

步骤 09 新建一个文本，调整文本时长至与视频时长一致，❶在“文本”操作区中输入歌名；❷设置一个字体，如图 5-70 所示。

步骤 10 在“排列”选项区中，❶设置“字间距”参数为 5；❷在“播放器”面板中，调整歌名文本的位置和大小，如图 5-71 所示。

图 5–70

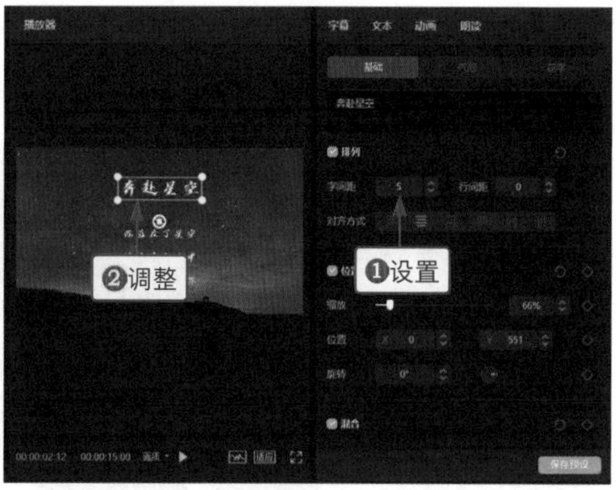

图 5–71

2. 用剪映手机版制作

剪映手机版的操作方法如下。

步骤 01 在剪映手机版中，添加一个黑场素材，新建一个文本，❶输入歌词内容；❷选择一个字体，如图 5–72 所示。

步骤 02 在“样式”选项卡的“排列”选项区中，设置“字间距”参数为 5、“行间距”参数为 25，如图 5–73 所示。

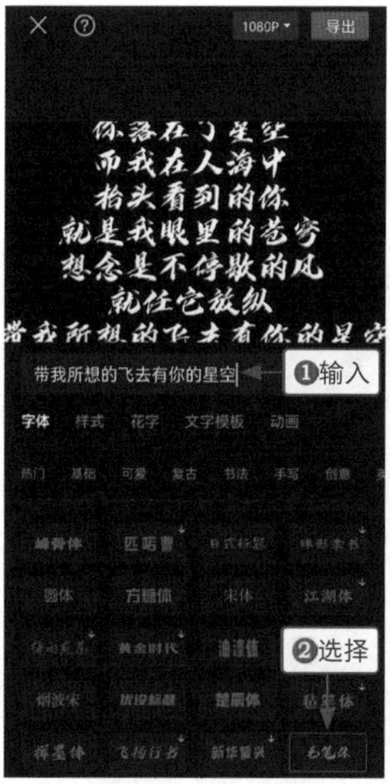

图 5–72

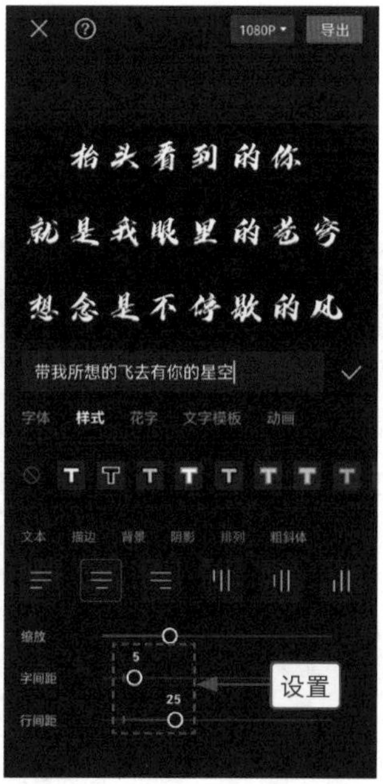

图 5–73

步骤 03 点击按钮返回，❶调整黑场和文本的时长，均调整为 15s；❷调整歌词文本的大小和位置，将歌词文本向下移；❸点击按钮，如图 5–74 所示，在歌词滚动的开始位置添加一个关键帧。

步骤 04 ❶将时间轴移至 00:14 的位置；❷将歌词文本向上移动，使最后一句歌词处于原本第 1 句歌词的位置；❸自动添加第 2 个关键帧，如图 5–75 所示。执行操作后，即可使最后一句歌词在视频结束的前一秒停止滚动，导出制作好的歌词字幕视频备用。

步骤 05 新建一个草稿文件，❶将音乐视频和歌词字幕视频分别添加至视频轨道和画中画轨道中；❷调整歌词字幕在画面中的位置；❸点击“混合模式”按钮，如图 5-76 所示。

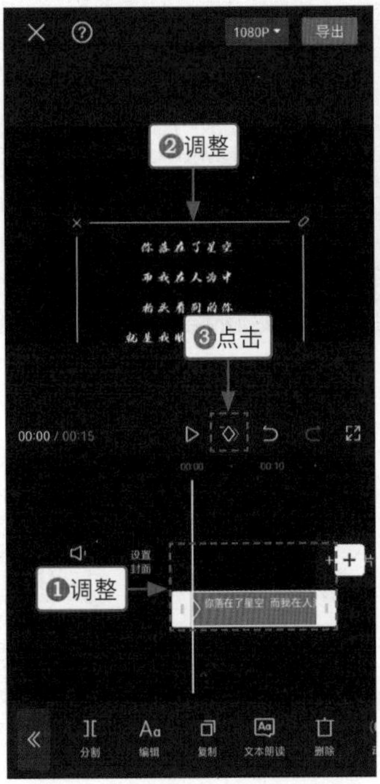

图 5-74

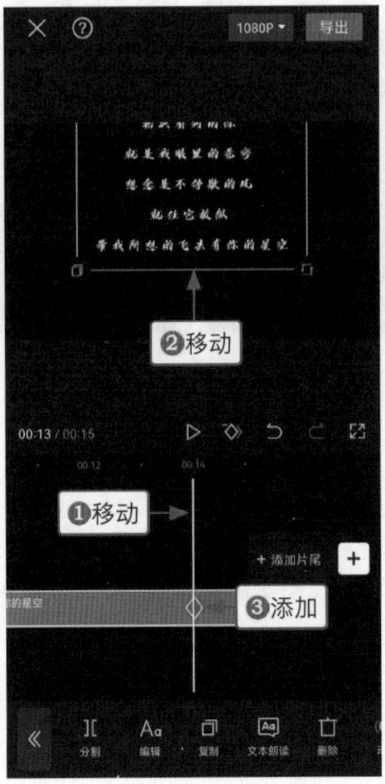

图 5-75

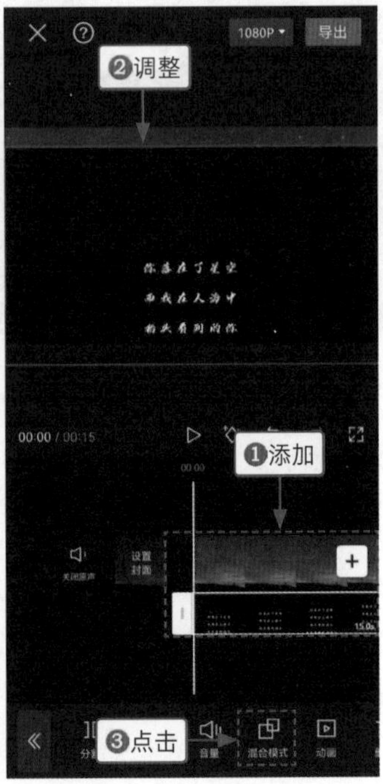

图 5-76

步骤 06 在“混合模式”面板中，选择“滤色”选项，如图 5-77 所示，去除黑色背景。

步骤 07 ❶返回，选择视频；❷点击“复制”按钮，如图 5-78 所示。

步骤 08 复制并粘贴视频素材后，❶选择第 1 个视频；❷点击“切画中画”按钮，如图 5-79 所示。

图 5-77

图 5-78

图 5-79

步骤 09 将视频切换至第 2 条画中画轨道中，点击“蒙版”按钮，如图 5-80 所示。

步骤 10 进入“蒙版”面板，❶选择“镜面”蒙版；❷点击“反转”按钮；❸调整蒙版的位置、宽度和羽化效果，使第 1 句歌词显示在蒙版的中间位置，如图 5-81 所示。

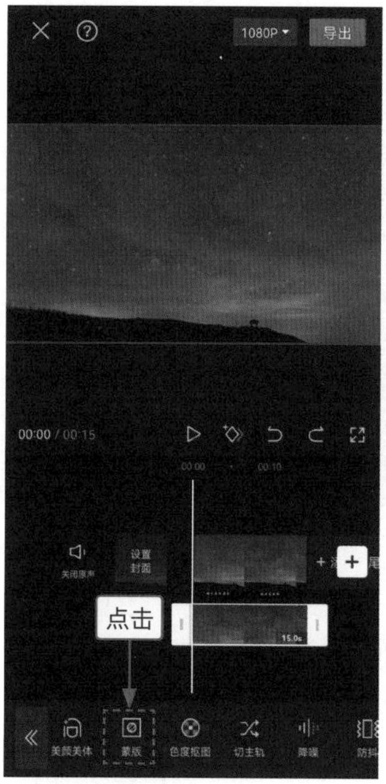

图 5-80

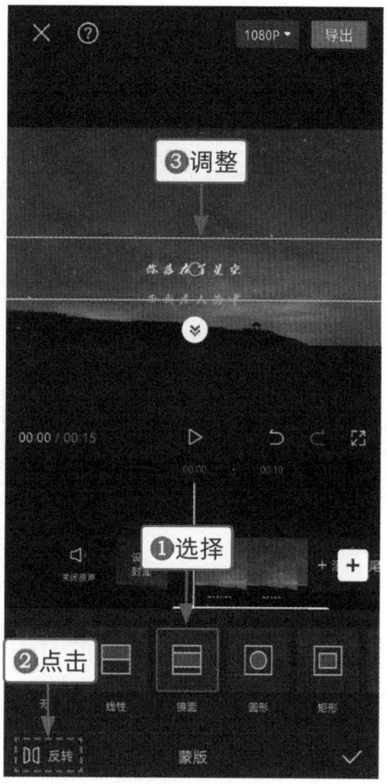

图 5-81

步骤 11 新建一个文本，❶输入歌名；❷选择一个字体；❸调整歌名文本的大小和位置，如图 5-82 所示。

步骤 12 在“样式”选项卡的“排列”选项区中，设置“字间距”参数为 5，如图 5-83 所示。执行操作后，返回，调整歌名文本时长至与视频时长一致。

图 5-82

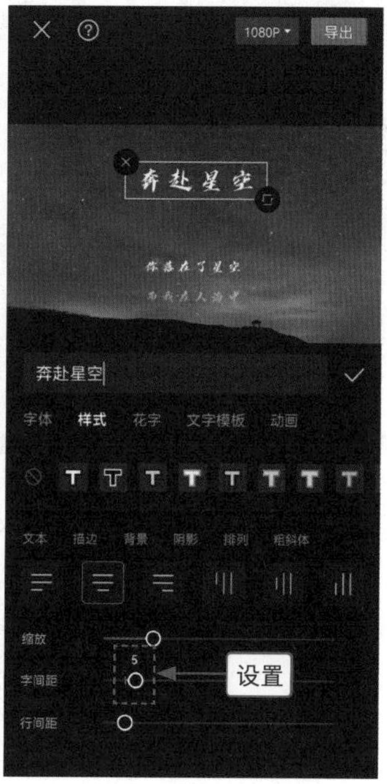

图 5-83

课后实训：歌词音符跳动

效果对比 在剪映中制作歌词音符跳动效果，可以先使用“识别歌词”功能将歌词识别出来，再为其添加“音符弹跳”动画，效果如图 5-84 所示。

图 5-84

本案例制作步骤如下。

❶添加视频素材；❷在“文本”功能区的“识别歌词”选项卡中，单击“开始识别”按钮；❸生成歌词文本，如图 5-85 所示。

在“文本”操作区中，可以设置字体、字间距以及样式等。在“动画”操作区的“入场”选项卡中，❶选择“音符弹跳”动画；❷设置“动画时长”为最长，如图 5-86 所示，为所有歌词文本添加“音符弹跳”动画。

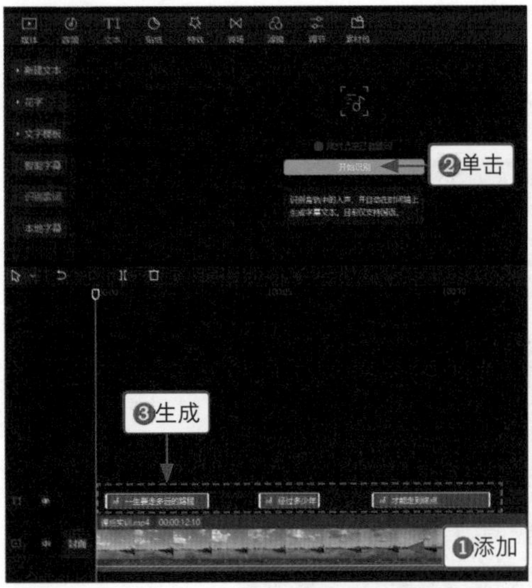

图 5-85

图 5-86

第 6 章 影视：酷炫片头字幕特效

随着影视行业的发展，电影片头越来越精彩。好的片头能够吸引观众，让观众对后面的故事更感兴趣，而在电影片头中，最重要的文字是电影片名。本章主要介绍电影片头中片名效果的制作方式，包括如何制作基本的电影开幕片头、文艺片名、片名二合一、片名缩小以及金色粒子片头等。

6.1 电影开幕

在电影发展早期，电影大多由黑屏开幕，先渐渐显示影片画面，再渐渐出现片名。随着影片制作技术的发展，逐渐出现了黑屏上下开幕、黑屏左右开幕以及黑屏错屏开幕等电影开幕形式。本节将向大家介绍上下开幕片头和错屏开幕片头的制作方法，希望大家学会以后，可以以此为基础，延伸片头字幕的制作思路，制作更多精彩的电影开幕片头。

6.1.1 上下开幕片头：《倾城绝恋》

效果对比 剪映的“文字模板”素材库中有很多“片头标题”模板，更改模板中的文字，为视频添加“开幕”特效，就能轻松制作出电影上下开幕片头，效果如图 6-1 所示。

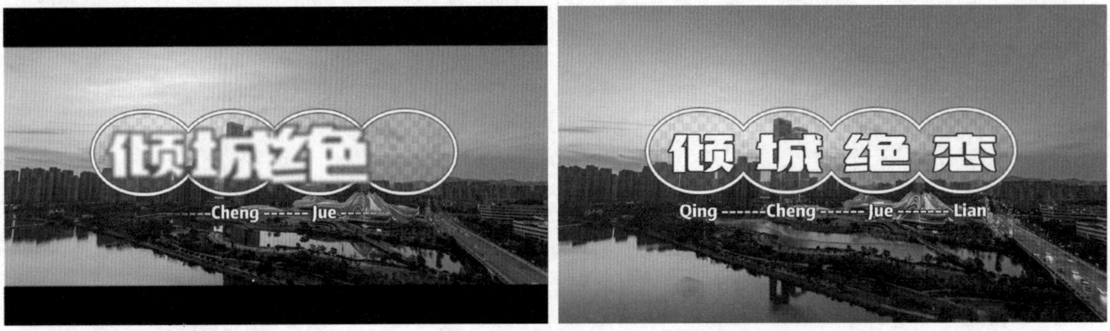

图 6-1

1. 用剪映电脑版制作

剪映电脑版的操作方法如下。

步骤 01 在剪映电脑版中，导入视频素材，如图 6-2 所示。

步骤 02 在“特效”功能区的“基础”选项卡中，单击“开幕”特效的“添加到轨道”按钮，如图 6-3 所示。

步骤 03 执行上述操作后，❶添加一个上下开幕特效；❷将时间指示器拖曳至 00:00:01:15 的位置（开幕到一半的位置），如图 6-4 所示。

步骤 04 在“文本”功能区的“文字模板”|“片头标题”选项卡中，单击“懒人家居”模板的“添加到轨道”按钮，如图 6-5 所示。

步骤 05 执行上述操作后，即可添加文字模板并调整其时长，如图 6-6 所示。

步骤 06 在“文本”操作区中，修改文本内容，如图 6-7 所示。

图 6–2

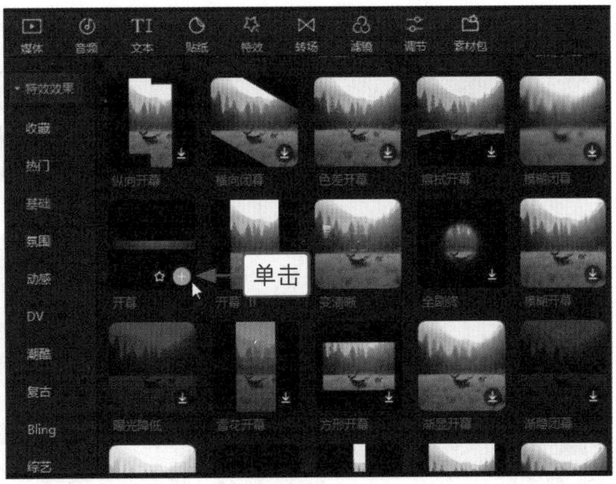

图 6–3

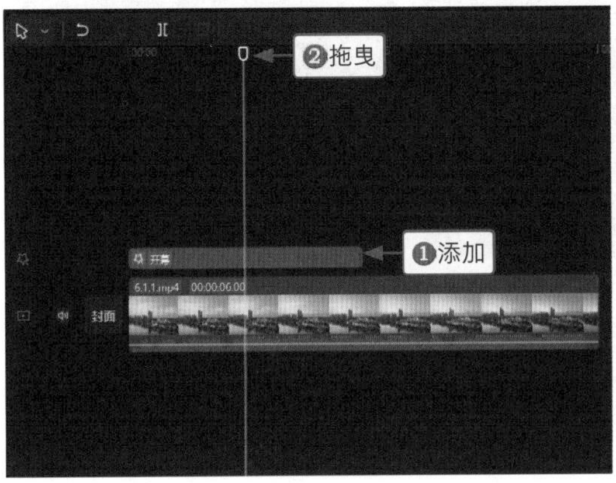

图 6–4

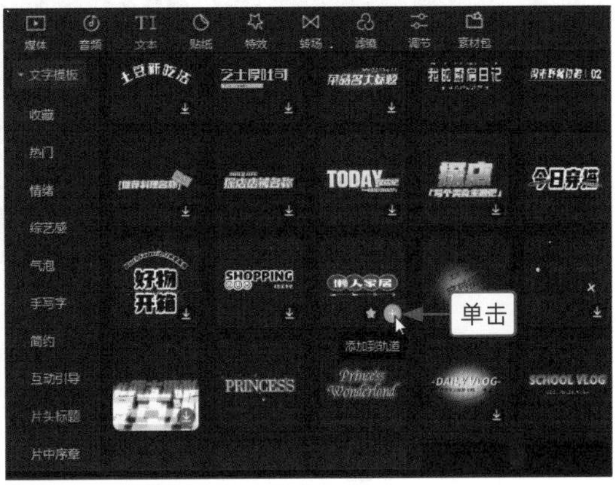

图 6–5

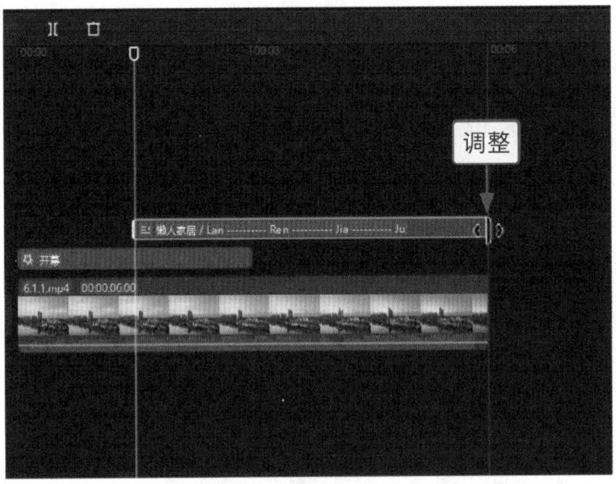

图 6–6

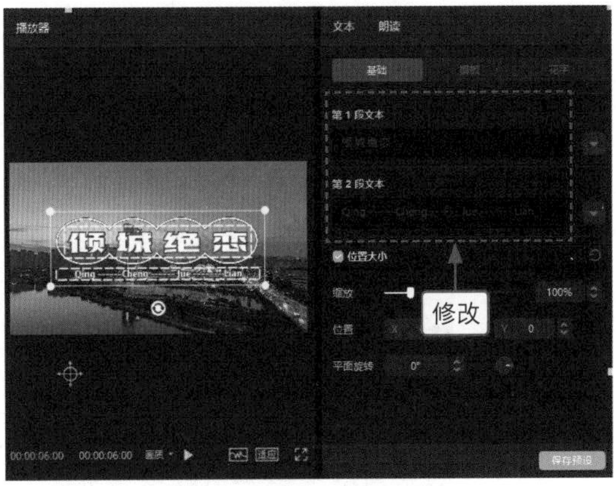

图 6–7

2. 用剪映手机版制作

剪映手机版的操作方法如下。

步骤 01 在剪映手机版中，❶导入视频素材；❷点击“特效”|“画面特效”按钮，如图 6–8 所示。

步骤 02 在“基础”选项卡中，选择“开幕”特效，如图 6–9 所示。

步骤 03 点击✓按钮确认，即可添加一个上下开幕特效，❶将时间轴拖曳至开幕到一半的位置；❷点击“文字”|“文字模板”按钮，如图 6–10 所示。

图 6-8

图 6-9

图 6-10

步骤 04　在“文字模板”|“片头标题”选项卡中，①选择“懒人家居”模板；②在文本框中修改文本内容，如图 6-11 所示。

步骤 05　①点击⇅按钮，切换文本内容；②修改拼音文本，如图 6-12 所示。执行操作后，调整文本的结束位置，使之与视频的结束位置一致。

图 6-11

图 6-12

6.1.2 错屏开幕片头：《那年青春正年少》

效果对比 电影错屏开幕效果是指在黑屏时，画面从左下和右上两端往反方向滑动，错屏展示影片内容，在交错时逐渐显示影片片名的效果，如图 6-13 所示。

图 6-13

1. 用剪映电脑版制作

剪映电脑版的操作方法如下。

步骤 01 在剪映电脑版中，导入一个背景视频和一个错屏开幕视频，分别将两个视频添加到视频轨道和画中画轨道中，如图 6-14 所示。

步骤 02 选择画中画轨道中的错屏开幕视频，在“画面”操作区的“基础”选项卡中，设置“混合模式”为“正片叠底”模式，如图 6-15 所示，去除视频中的白色，显示背景视频。

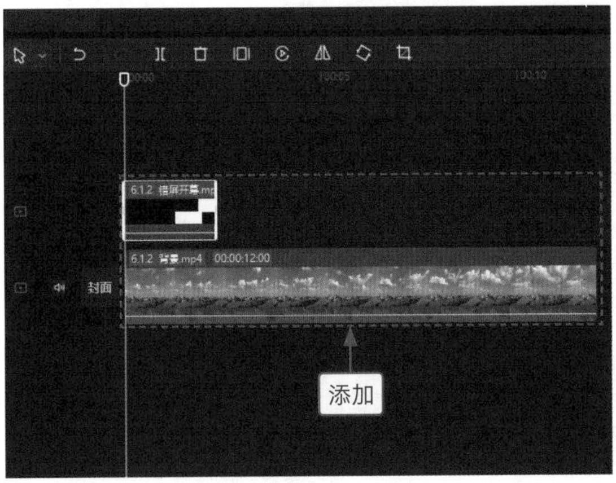

图 6-14

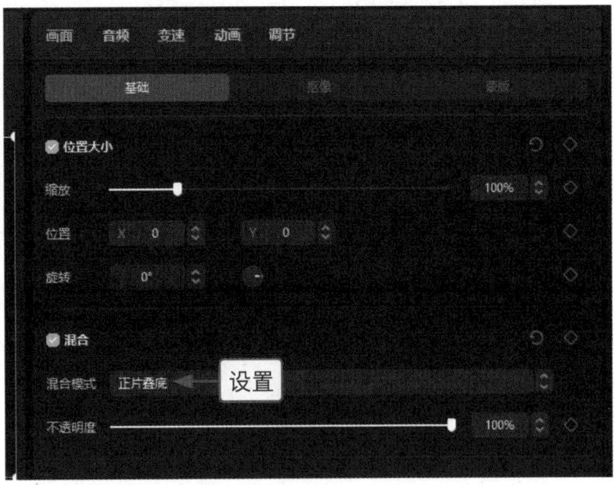

图 6-15

步骤 03 ❶拖曳时间指示器至 00:00:01:15 的位置；❷在字幕轨道中添加一个默认文本，并适当调整文本时长，如图 6-16 所示。

步骤 04 在“文本”操作区中，❶输入片名内容；❷设置一个合适的字体，如图 6-17 所示。

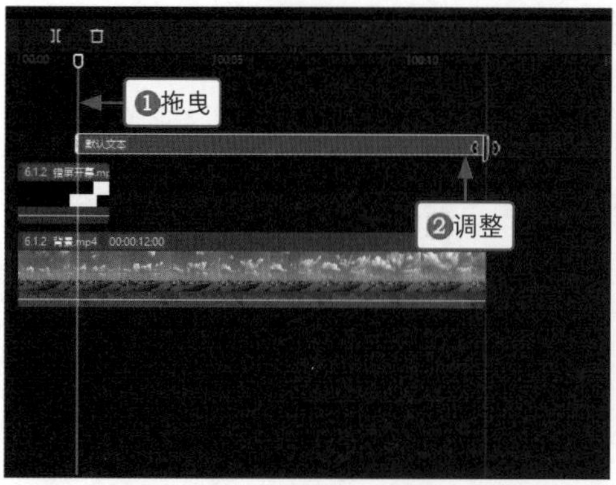

图 6–16

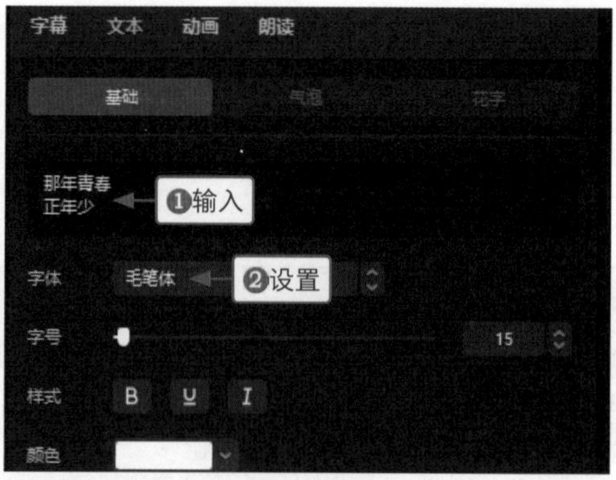

图 6–17

步骤 05 ❶在“排列”选项区中，设置“行间距”参数为 10，调宽行间距；❷在“播放器”面板中调整文本的大小，如图 6–18 所示。

步骤 06 ❶选中“描边”复选框；❷设置“颜色”为天蓝色；❸设置“粗细”参数为 15，如图 6–19 所示。

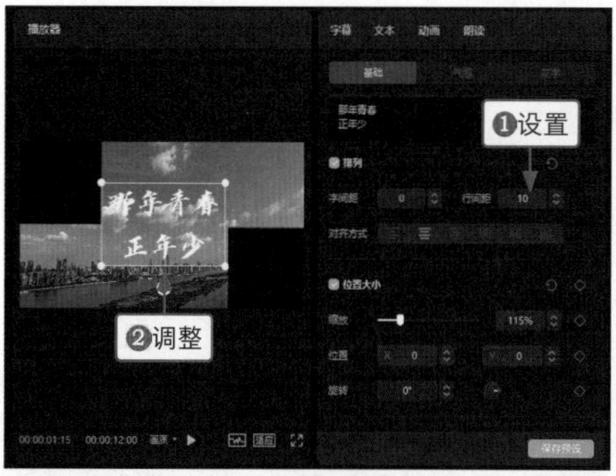

图 6–18

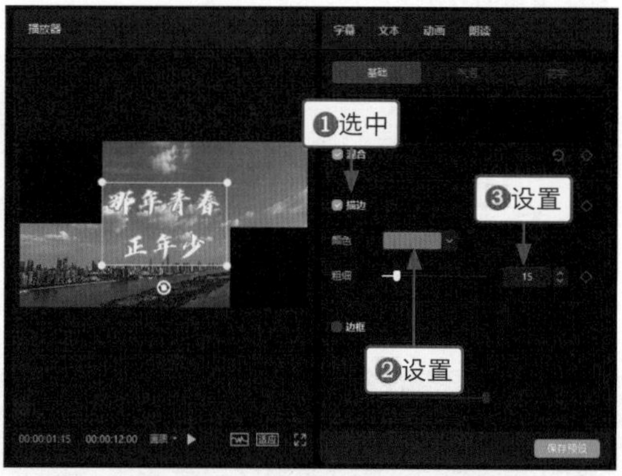

图 6–19

步骤 07 在 00:00:04:00 的位置，添加第 2 个文本并调整文本时长，如图 6–20 所示。

步骤 08 在“文本”操作区中，❶输入英文内容；❷设置一个字体；❸选择一个预设样式；❹调整英文文本的大小，使其刚好卡在中文片名的中间，如图 6–21 所示。

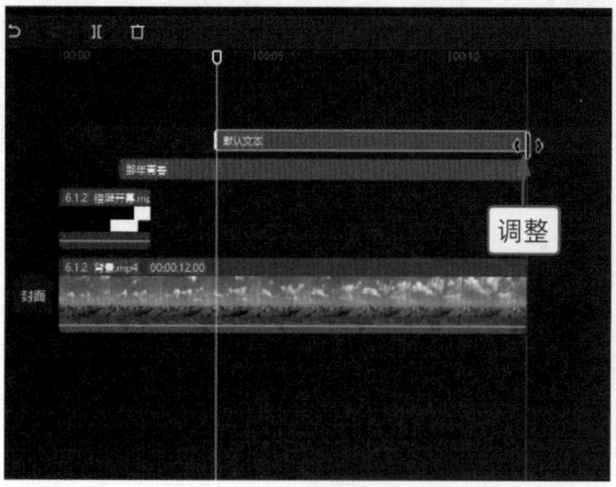

图 6–20

图 6–21

步骤 09 选择中文文本，在“动画”操作区中，❶选择“生长”入场动画；❷设置“动画时长”参数为 3.0s，如图 6–22 所示。

步骤 10 选择英文文本，在“动画”操作区中，❶选择“收拢”入场动画；❷设置“动画时长”参数为 3.0s，如图 6-23 所示。

图 6-22

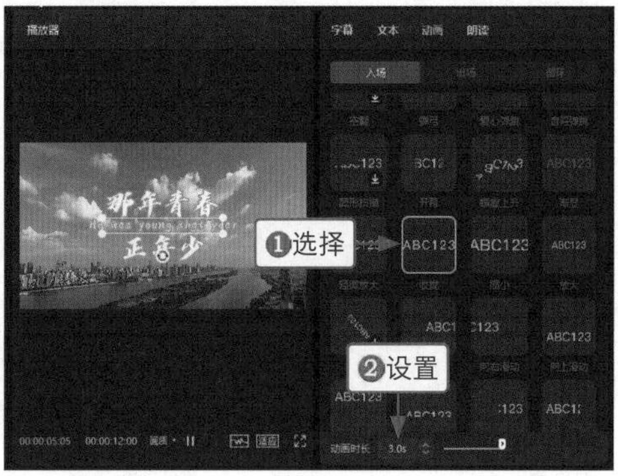

图 6-23

2. 用剪映手机版制作

剪映手机版的操作方法如下。

步骤 01 在剪映手机版中，❶分别将背景视频和错屏开幕视频添加到视频轨道和画中画轨道中；❷调整错屏开幕视频画面的大小，使其铺满整个屏幕；❸点击“混合模式”按钮，如图 6-24 所示。

步骤 02 在“混合模式”面板中，选择“正片叠底”模式，如图 6-25 所示，去除白色。

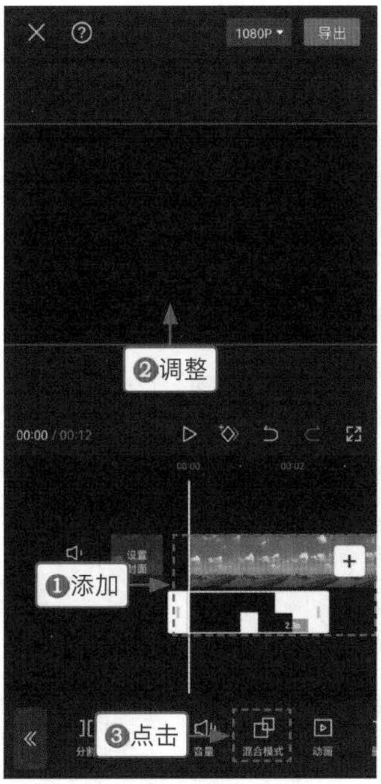

图 6-24

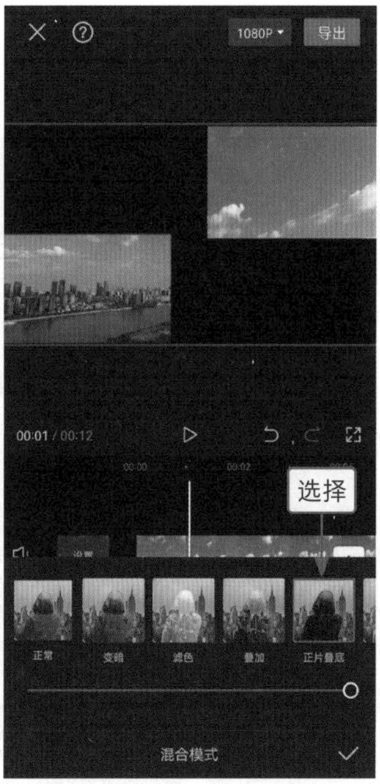

图 6-25

步骤 03 ❶拖曳时间轴至 1.5s 处；❷点击“文字”|“新建文本”按钮，如图 6-26 所示。

步骤 04 ❶输入片名内容；❷选择一个合适的字体；❸调整文本的大小，如图 6-27 所示。

步骤 05 ❶切换至“样式”选项卡；❷在“排列”选项区中设置“行间距”参数为 10，如图 6-28 所示。

图 6–26

图 6–27

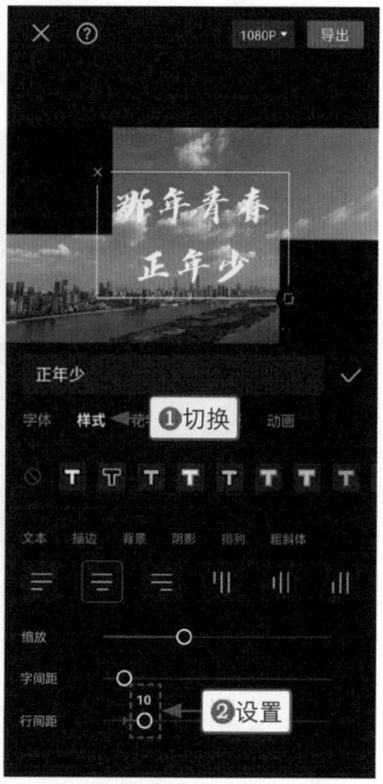

图 6–28

步骤 06 ❶在“描边”选项区中选择一个色块；❷设置“粗细”参数为 15，如图 6–29 所示。

步骤 07 在“动画”选项卡中，❶选择“生长”入场动画；❷设置动画时长为 3.0s，如图 6–30 所示。返回，调整文本时长，使其结束位置与视频的结束位置一致。

步骤 08 在 00:04 的位置，添加第 2 个文本，❶输入英文内容；❷选择一个字体；❸调整英文文本的大小，使其刚好卡在中文片名的中间，如图 6–31 所示。

图 6–29

图 6–30

图 6–31

步骤 09 ❶切换至“样式”选项卡；❷选择一个预设样式，如图 6–32 所示。

步骤 10 在“动画”选项卡中，❶选择“收拢”入场动画；❷设置动画时长为 3.0s，如图 6-33 所示。返回，调整文本时长，使其结束位置与视频的结束位置一致。

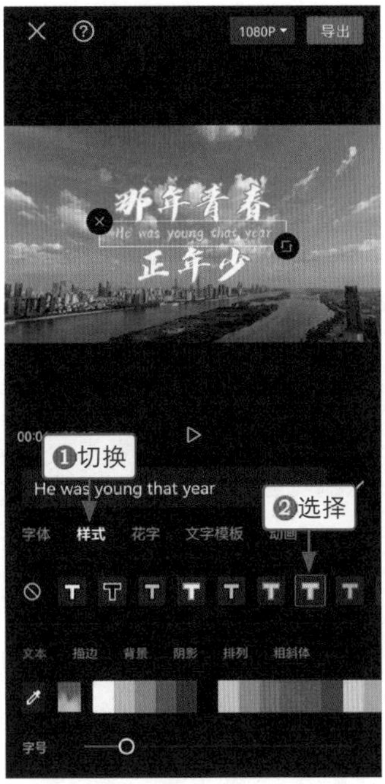

图 6-32

图 6-33

6.2 片头动画

除了基础的电影开幕片头外，还有很多精美、好看的片头动画效果，例如文艺片名上滑效果、片名二合一效果、片名缩小效果以及粒子动画片头效果等。本节主要介绍上述片头动画效果的制作方法。

6.2.1 文艺片名上滑：《灯火阑珊》

效果对比 在剪映中制作文艺片名上滑效果，可以分为两个部分来操作，一是为视频添加线性蒙版，并设置蒙版关键帧，使视频底部呈遮盖上滑效果；二是为视频添加文本，并为文本设置“溶解”入场动画，效果如图 6-34 所示。

图 6-34

1. 用剪映电脑版制作

剪映电脑版的操作方法如下。

步骤 01 在剪映电脑版中，导入视频素材，在“播放器”面板中，稍微缩小视频画面，如图 6-35 所示。

步骤 02 在“背景”选项卡中，设置背景颜色为白色，如图 6-36 所示。

步骤 03 将时间指示器拖曳至 00:00:00:15 的位置，在“蒙版”选项卡中，❶选择“线性”蒙版；❷调整蒙版至画面底部；❸点亮“位置”右侧的关键帧◆，如图 6-37 所示。

步骤 04 将时间指示器拖曳至 00:00:02:00 的位置，将蒙版向上移动至合适位置，如图 6-38 所示。

图 6-35

图 6-36

图 6-37

图 6-38

步骤 05 在“文本”功能区的“花字”选项卡中，找到一个合适的花字，单击“添加到轨道”按钮+，如图 6-39 所示。将花字文本添加到字幕轨道中，并调整其时长。

步骤 06 在“文本”操作区的文本框中，❶输入片名；❷设置一个合适的字体；❸调整片名文本的大小和位置，如图 6-40 所示。

步骤 07 在“排列”选项区中，设置“字间距”和“行间距”参数均为 5，如图 6-41 所示。

步骤 08 在“动画”操作区的“入场”选项卡中，❶选择“溶解”动画；❷设置“动画时长”参数为 1.5s，如图 6-42 所示。

步骤 09 ❶拖曳时间指示器至动画结束位置；❷复制制作的片名文本并粘贴至第 2 条字幕轨道中，调整文本时长，如图 6-43 所示。

步骤 10 在“文本”操作区中，❶修改文本内容；❷在“播放器”面板中调整文本的位置和大小，如图 6-44 所示。

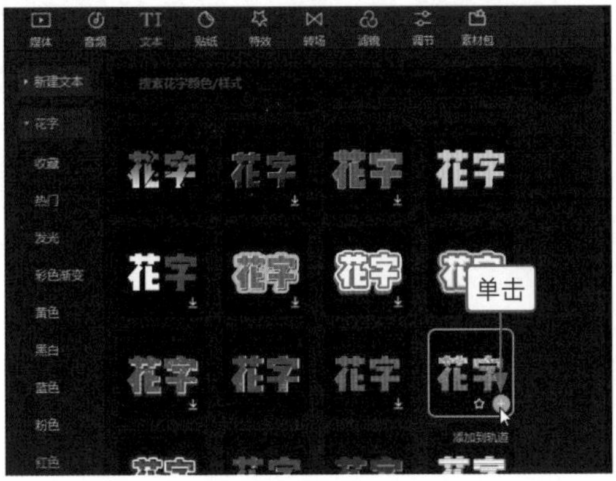

图 6-39

图 6-40

图 6-41

图 6-42

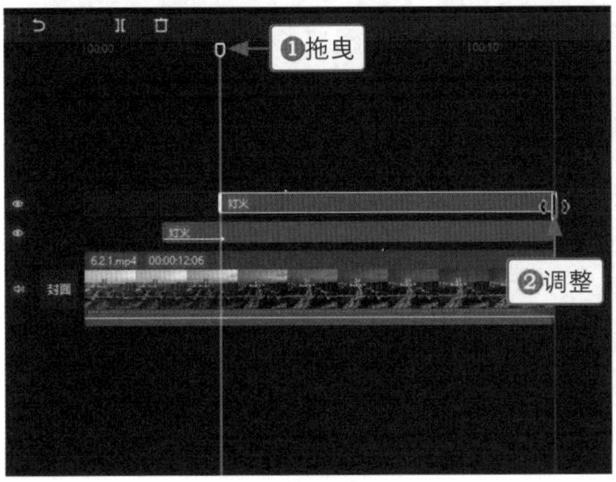

图 6-43

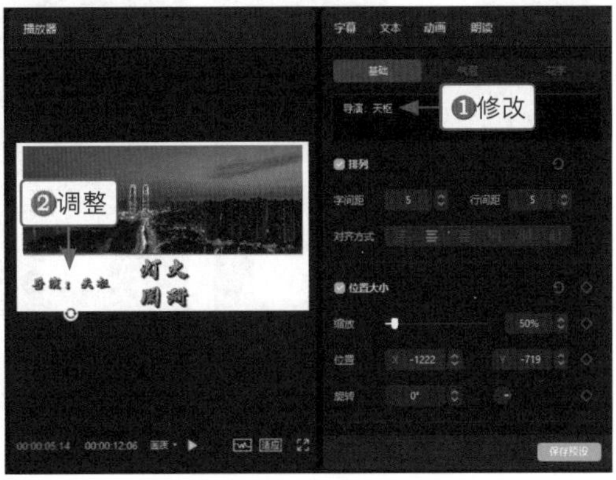

图 6-44

步骤 11 用与上述方法同样的方法，制作第 3 个文本，效果如图 6-45 所示。

步骤 12 将时间指示器拖曳至开始位置，在“音频”功能区中，❶展开“音效素材”|“机械”选项卡；❷单击“胶卷过卷声”音效的“添加到轨道”按钮，如图 6-46 所示。执行操作后，即可在音频轨道上添加一个音效，完成对文艺片名上滑效果的制作。

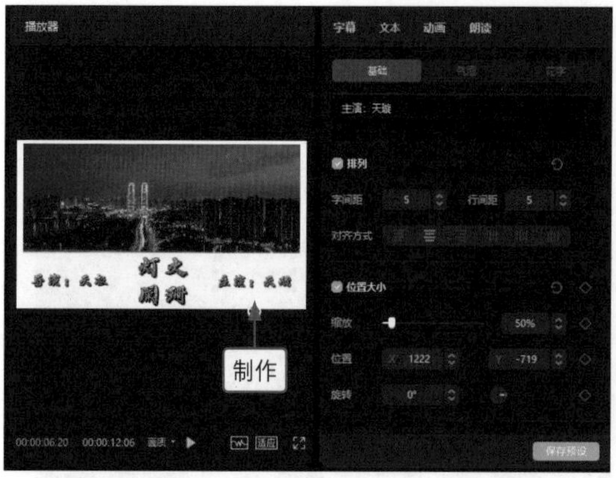

图 6-45

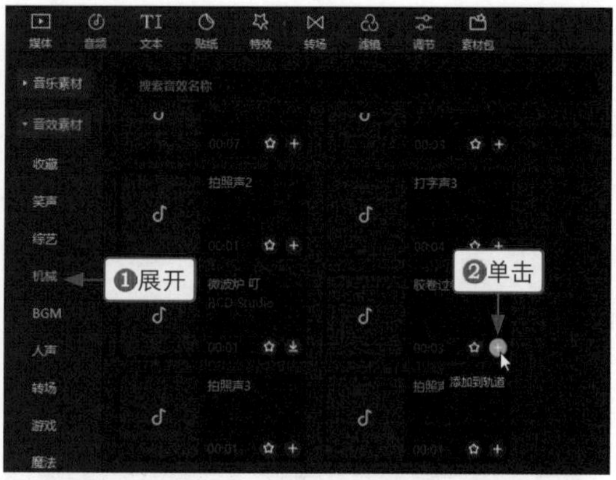

图 6-46

2. 用剪映手机版制作

剪映手机版的操作方法如下。

步骤 01 在剪映手机版中，导入视频素材，❶稍微缩小视频画面；❷点击“背景”按钮，如图 6-47 所示。

步骤 02 在二级工具栏中，点击“画布颜色”按钮，如图 6-48 所示。

步骤 03 在“画布颜色”面板中，选择白色色块，如图 6-49 所示，设置背景为白色。

图 6-47

图 6-48

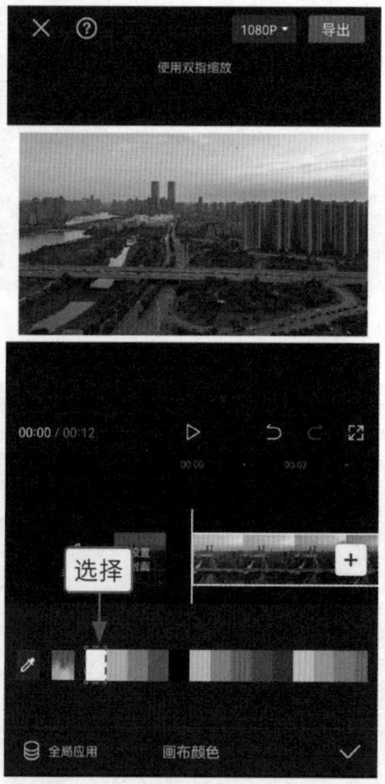

图 6-49

步骤 04 ❶选择视频素材；❷在视频素材 0.5s 处点击按钮，添加一个关键帧；❸点击“蒙版”按钮，如图 6-50 所示。

步骤 05 ❶在“蒙版”面板中选择“线性”蒙版；❷移动蒙版至画面底部，如图 6-51 所示。

步骤 06 ❶拖曳时间轴至 00:02 的位置；❷将蒙版向上移动至合适位置，如图 6-52 所示。点击按钮后，即可在 00:02 的位置添加第 2 个关键帧。

图 6-50

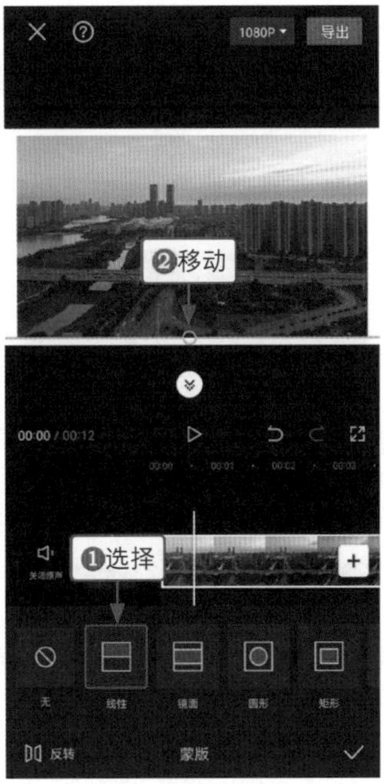

图 6-51

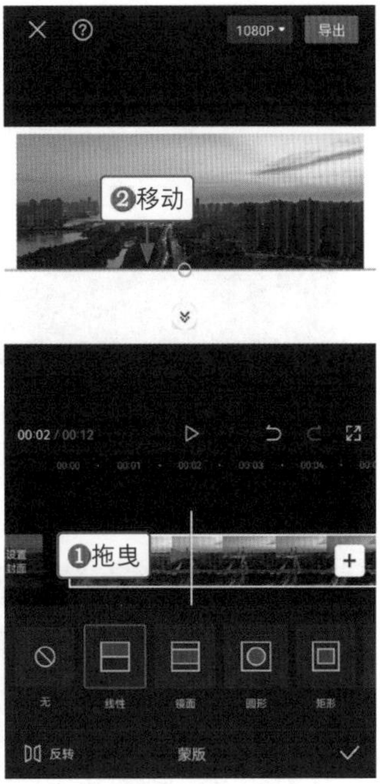

图 6-52

步骤 07 在时间轴所在的位置新建一个文本，在“花字”选项卡中，❶选择一个合适的花字；❷输入片名；❸调整片名文本的大小和位置，如图 6-53 所示。

步骤 08 在“字体”选项卡中，选择一个合适的字体，如图 6-54 所示。

步骤 09 在“样式”选项卡中，设置“字间距”和“行间距”参数均为 5，如图 6-55 所示。

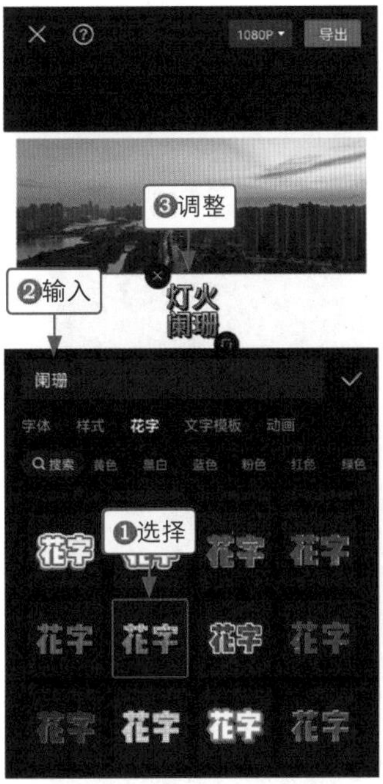

图 6-53

图 6-54

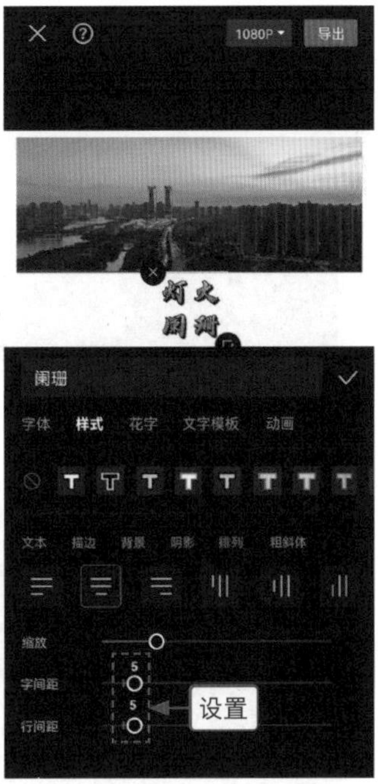

图 6-55

步骤 10 在“动画”选项卡的“入场动画”选项区中，❶选择“溶解”动画；❷设置动画时长为 1.5s，如图 6-56 所示。

步骤 11 点击✓按钮返回，❶调整文本的结束位置，使之与视频的结束位置一致；❷拖曳时间轴至文本动画的结束位置；❸复制并粘贴制作的片名文本，调整文本时长；❹点击“编辑”按钮，如图 6–57 所示。

步骤 12 ❶修改文本内容；❷调整文本的位置和大小，如图 6–58 所示。

图 6–56

图 6–57

图 6–58

步骤 13 用与上述方法同样的方法，制作第 3 个文本，效果如图 6–59 所示。

步骤 14 执行上述操作后，❶拖曳时间轴至开始位置；❷点击“音频”|“音效”按钮，如图 6–60 所示。

步骤 15 在音效素材库中，❶展开“机械”选项卡；❷点击“胶卷过卷声”音效右侧的“使用”按钮，如图 6–61 所示。执行操作后，即可添加一个音效，完成对文艺片名上滑效果的制作。

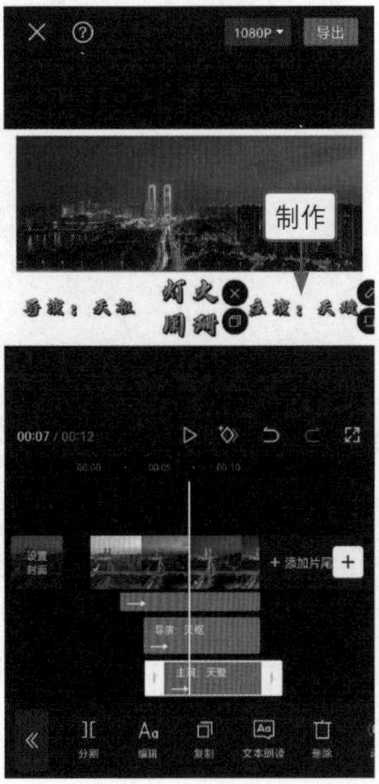

图 6–59

图 6–60

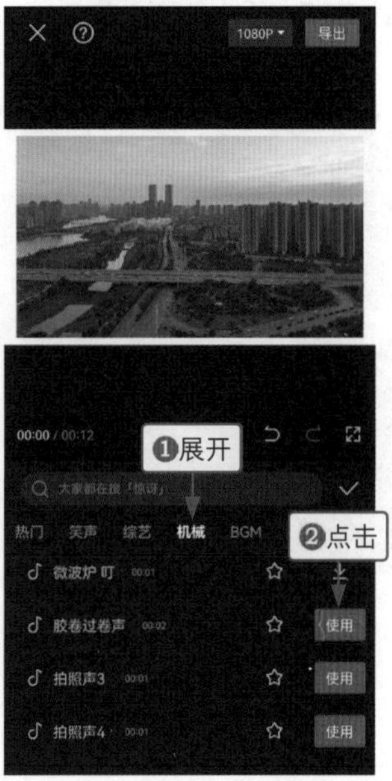

图 6–61

6.2.2 片名二合一：《纵横四海》

效果对比 在电影片头动画中，二合一双色字幕特效是比较常见的，可以让片名具有立体感，效果如图 6-62 所示。

图 6-62

1. 用剪映电脑版制作

剪映电脑版的操作方法如下。

步骤 01 在剪映电脑版中，❶导入一个绿色背景视频素材；❷制作一组中英文片名文本；❸将颜色设置为上红下黑，如图 6-63 所示。执行操作后，导出为第 1 个片名视频备用。

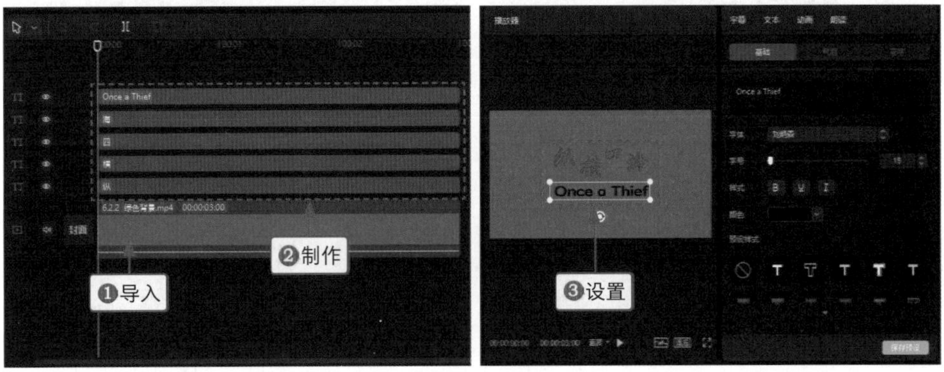

图 6-63

步骤 02 将所有文字的颜色设置为白色，如图 6-64 所示。执行操作后，导出为第 2 个片名视频备用。

步骤 03 新建一个草稿文件，将背景视频和两个片名视频分别添加到视频轨道和画中画轨道中，并调整各个视频的时长，如图 6-65 所示。

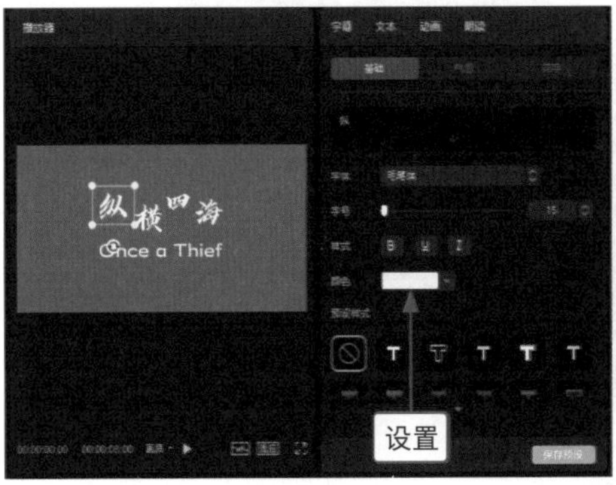

图 6-64

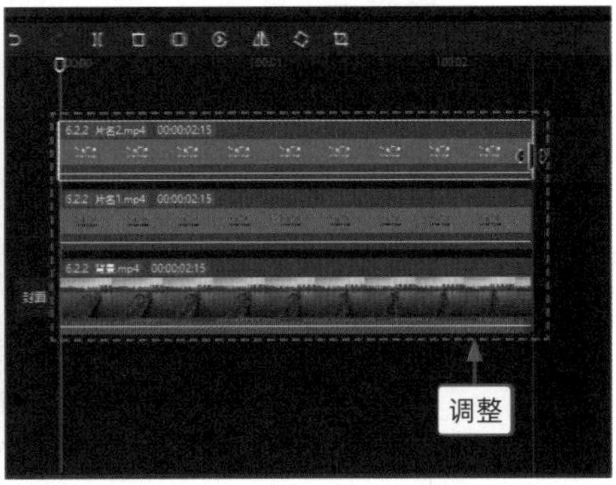

图 6-65

步骤 04 选择片名视频，在“抠像”选项卡中，❶选中“色度抠图”复选框；❷单击“取色器”按钮；❸使用取色器在“播放器”面板中对绿色背景进行颜色取样，如图 6-66 所示。

步骤 05 设置“强度”参数为 20、“阴影”参数为 16，如图 6-67 所示，抠出所有文字。

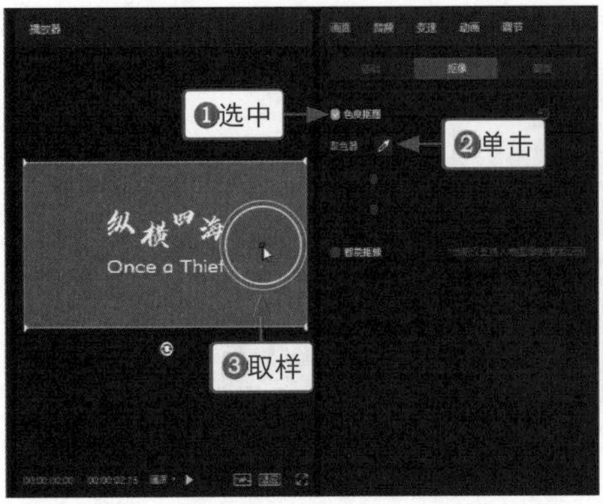

图 6-66

图 6-67

步骤 06 调整白色片名文本的位置，制作出立体文字效果，如图 6-68 所示。

步骤 07 在“动画”操作区中，❶选择“向左滑动”入场动画；❷设置“动画时长”参数为 1.0s，如图 6-69 所示。

图 6-68

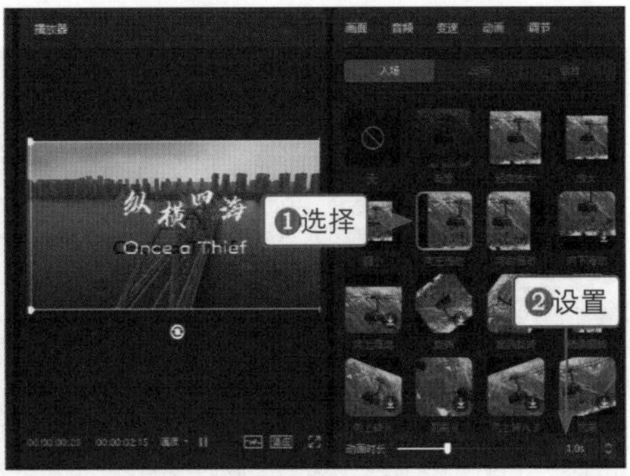

图 6-69

步骤 08 选择红黑片名文本，在“动画”操作区中，❶选择“向右滑动”入场动画；❷设置“动画时长”参数为 1.0s，如图 6-70 所示。

图 6-70

2. 用剪映手机版制作

剪映手机版的操作方法如下。

步骤 01　在剪映手机版中，❶导入一个绿色背景视频素材；❷制作一组中英文片名文本；❸将颜色设置为上红下黑，如图 6-71 所示。执行操作后，导出为第 1 个片名视频备用。

步骤 02　将所有文字的颜色设置为白色，如图 6-72 所示。执行操作后，导出为第 2 个片名视频备用。

图 6-71

图 6-72

步骤 03　新建一个草稿文件，将背景视频和两个片名视频分别添加到视频轨道和画中画轨道中，❶调整各个视频的时长；❷点击“色度抠图”按钮，如图 6-73 所示。

步骤 04　在“色度抠图”面板中，❶点击“取色器”按钮；❷使用取色器对绿色背景进行颜色取样，如图 6-74 所示。

步骤 05　❶点击“强度”按钮；❷拖曳滑块至 20，如图 6-75 所示，调整抠图强度。

图 6-73

图 6-74

图 6-75

步骤 06　❶点击“阴影”按钮；❷拖曳滑块至 16，如图 6-76 所示，调整抠图阴影程度。

步骤 07　用与上述方法同样的方法，对另一个片名素材进行抠图处理，效果如图 6-77 所示。

步骤 08 ❶返回，调整白色片名文本的位置，制作出立体文字效果；❷点击“动画”按钮，如图 6-78 所示。

图 6-76

图 6-77

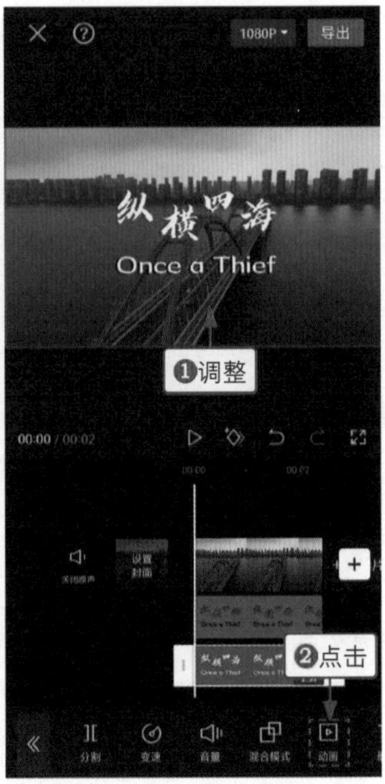

图 6-78

步骤 09 在动画工具栏中，点击“入场动画”按钮，如图 6-79 所示。

步骤 10 在“入场动画”面板中，❶选择“向左滑动”入场动画；❷设置动画时长为 1.0s，如图 6-80 所示。

步骤 11 选择红黑片名文本，在“入场动画”面板中，❶选择“向右滑动”入场动画；❷设置动画时长为 1.0s，如图 6-81 所示。

图 6-79

图 6-80

图 6-81

6.2.3 片名缩小：《诸神黄昏》

效果对比 在剪映中制作电影片名缩小动画时，主要使用“缩放Ⅱ”动画效果，如图 6-82 所示。

图 6-82

1. 用剪映电脑版制作

剪映电脑版的操作方法如下。

步骤 01 在剪映电脑版中，❶导入一个视频素材；❷拖曳时间指示器至 00:00:00:15 的位置，如图 6-83 所示。

步骤 02 在“文本”功能区中，❶展开“花字”选项卡；❷选择一个发光花字样式并单击“添加到轨道”按钮，如图 6-84 所示。将花字文本添加到字幕轨道中，并调整文本的结束位置至与视频的结束位置一致。

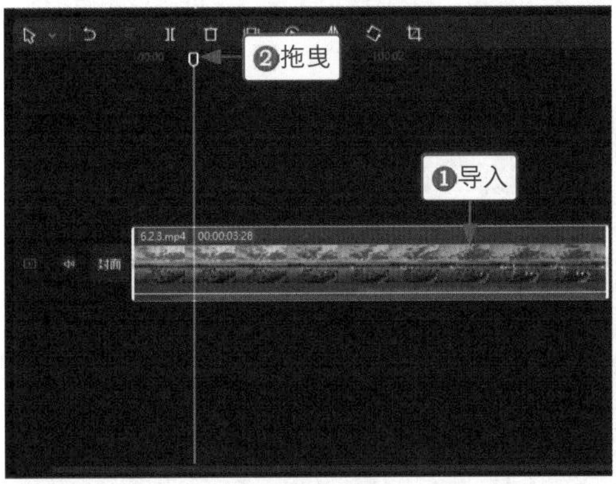

图 6-83

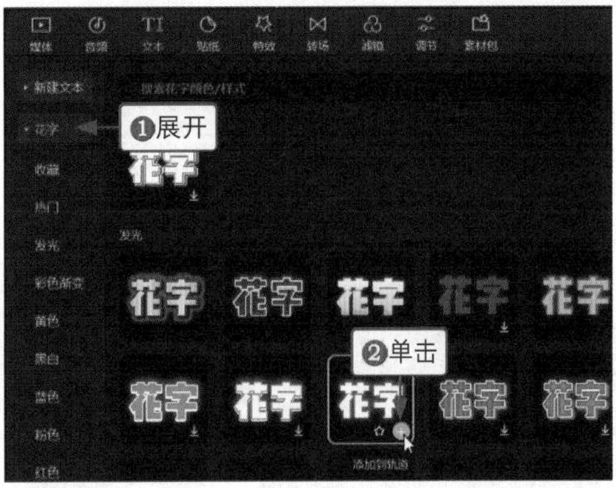

图 6-84

步骤 03 在“文本”操作区中，❶输入片名；❷设置一个字体，如图 6-85 所示。

步骤 04 在“动画”操作区中，❶选择“缩小Ⅱ”入场动画；❷设置“动画时长”参数为 1.3s，如图 6-86 所示。

图 6-85

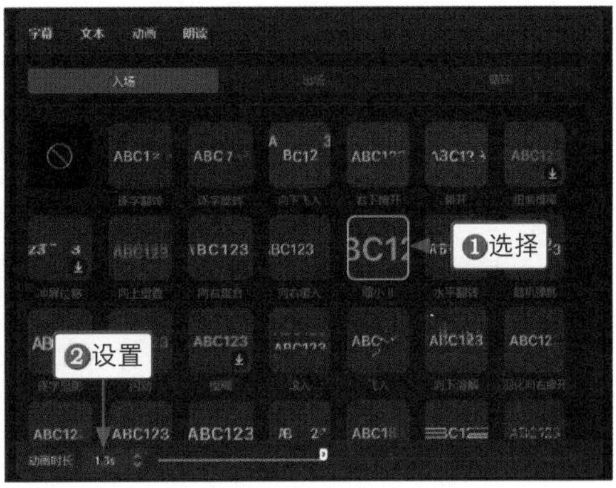

图 6-86

步骤 05 ❶拖曳时间指示器至动画结束位置；❷新建一个文本并调整文本时长，如图 6-87 所示。

步骤 06 在“文本”操作区中，❶输入英文内容；❷设置一个字体；❸在“颜色”色板中选择橙黄色色块，如图 6-88 所示。

步骤 07 ❶调整英文文本的大小和位置；❷选中“描边”复选框；❸设置“颜色”为白色；❹设置“粗细”参数为 20，调整白色边框的粗细程度，如图 6-89 所示。

步骤 08 在“动画”操作区中，❶选择“逐字显影”入场动画；❷设置“动画时长”参数为 1.5s，如图 6-90 所示。

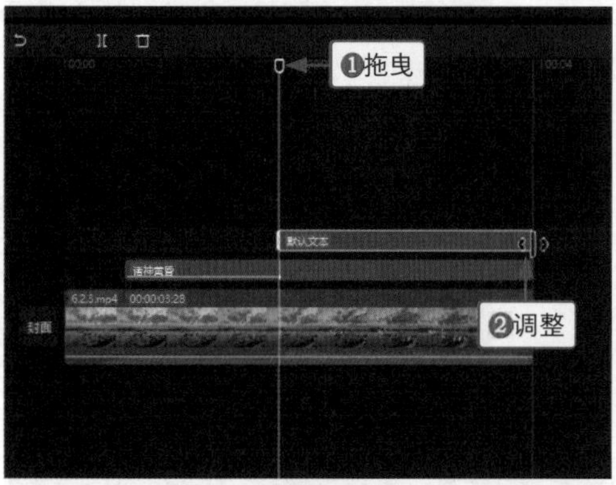

图 6-87

图 6-88

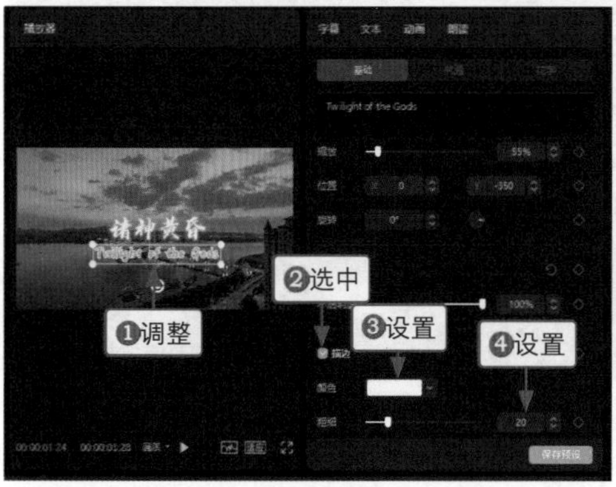

图 6-89

图 6-90

2. 用剪映手机版制作

剪映手机版的操作方法如下。

步骤 01 在剪映手机版中，❶导入一个视频素材；❷拖曳时间轴至 0.5s 左右的位置；❸点击“文字”|“新建文本”按钮，如图 6-91 所示。

步骤 02 执行上述操作后，进入文字编辑界面，❶输入片名内容；❷选择一个合适的字体，如图 6-92 所示。

步骤 03 执行上述操作后，❶切换至“花字”|“发光”选项卡；❷选择一个发光的花字样式，如图 6-93 所示。

步骤 04 ❶切换至“动画”选项卡；❷选择“缩小 II”入场动画；❸拖曳滑块至 1.3s，如图 6-94 所示，制作文字缩小效果。

步骤 05 点击✓按钮，即可添加文本，❶调整文本的结束位置至与视频的结束位置一致；❷拖曳时间轴至动画结束位置；❸点击“新建文本”按钮，如图 6-95 所示。

步骤 06 新建一个文本，❶输入英文内容；❷在“花字”选项卡的“发光”选项区中选择禁用选项（前面一个文本使用了花字后，制作下一个文本时，会默认套用为上一个文本设置的字体、样式等，如果不需要套用，必须取消使用发光的花字样式）；❸调整文本的大小和位置，如图 6-96 所示。

图 6-91

图 6-92

图 6-93

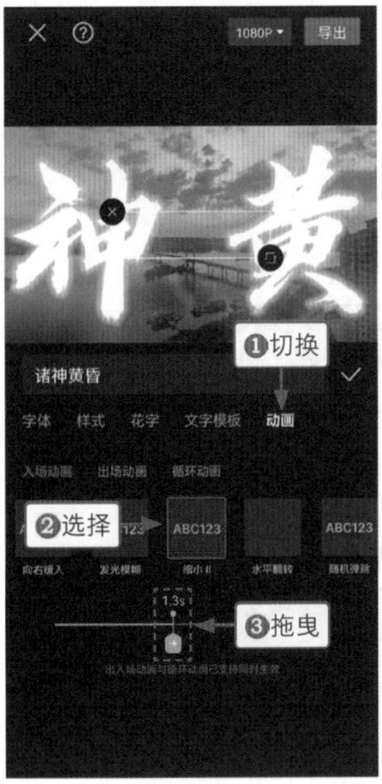

图 6-94

图 6-95

图 6-96

步骤 07 在“样式”选项卡中，选择橙黄色色块，如图 6-97 所示。

步骤 08 在“描边”选项区中，❶选择白色色块；❷设置“粗细度”参数为 20，如图 6-98 所示，调整白色边框的粗细程度。

步骤 09 在“动画”选项卡中，❶选择“逐字显影”入场动画；❷拖曳滑块至 1.5s，调整动画时长，如图 6-99 所示。执行操作后，返回，调整文本的结束位置至与视频的结束位置一致，完成对文字缩小效果的制作。

图 6-97

图 6-98

图 6-99

6.2.4 粒子动画片头：《疯狂的麦克斯》

效果对比 在剪映中添加粒子素材，就能做出粒子动画片头字幕。用户需要根据粒子的样式，提前做好文字模板，如果粒子素材中有金色和红色的粒子，那么制作的字幕中就要有金色和红色的文字，效果如图 6-100 所示。

图 6-100

1. 用剪映电脑版制作

剪映电脑版的操作方法如下。

步骤 01 在剪映电脑版中，❶单击“文本”按钮；❷在“花字”|“黄色”选项卡中，选择一个金色花字并单击“添加到轨道”按钮，如图 6-101 所示。执行操作后，即可添加金色花字文本。

步骤 02 在“文本”操作区中，❶输入片名中的第 1 个字；❷设置一个合适的字体，如图 6-102 所示。

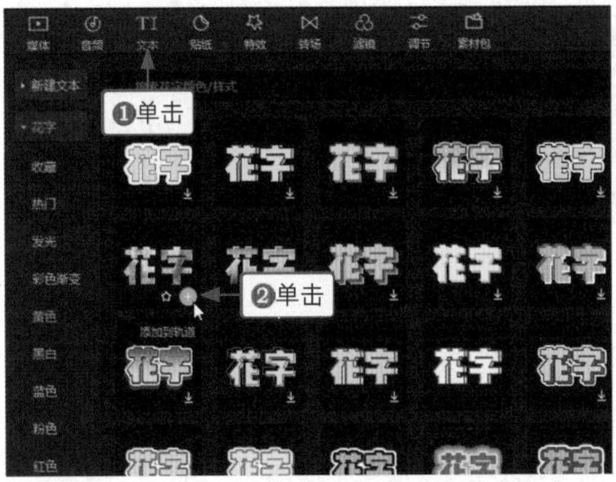

图 6-101

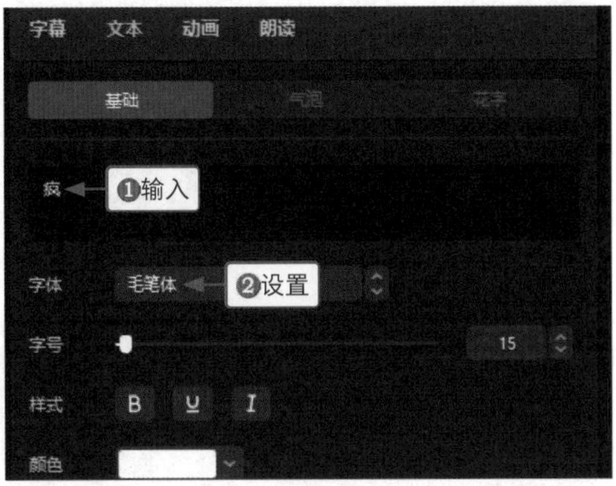

图 6-102

步骤 03 调整文本的大小和位置，如图 6-103 所示。

步骤 04 在“动画”操作区的“入场”选项卡中，❶选择“渐显”动画；❷设置“动画时长”参数为 2.0s，如图 6-104 所示。

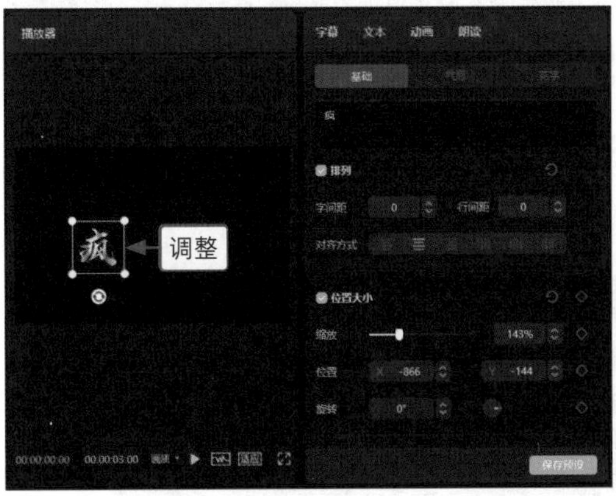

图 6-103

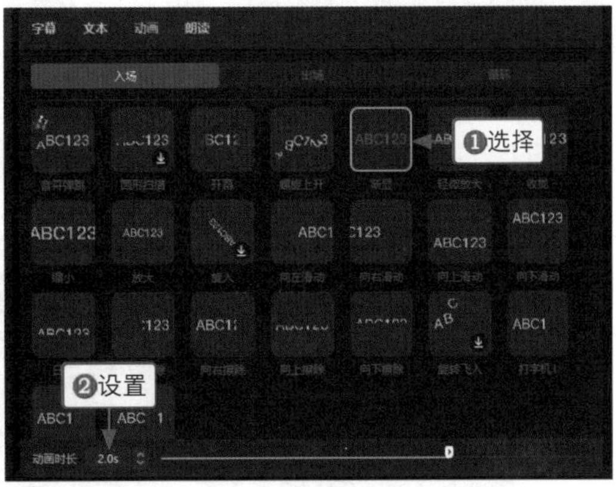

图 6-104

步骤 05 在“出场”选项卡中，❶选择“溶解”动画；❷设置“动画时长”参数为 1.0s，如图 6-105 所示。

步骤 06 用与上述方法同样的方法，添加剩下的片名文字，并调整每个文本的大小和位置，如图 6-106 所示。注意，英文文字的字体与中文文字的字体不同。

步骤 07 在“贴纸”功能区中，❶搜索“印章”贴纸；❷单击所选贴纸的“添加到轨道”按钮，如图 6-107 所示，添加一个红色的印章贴纸。

步骤 08 ❶调整贴纸的大小和位置；❷单击“动画”按钮；❸为贴纸选择“渐显”入场动画（图中无指示，读者可自行操作）和“渐隐”出场动画；❹设置各自的“动画时长”参数为2.0s和1.0s，如图6-108所示。

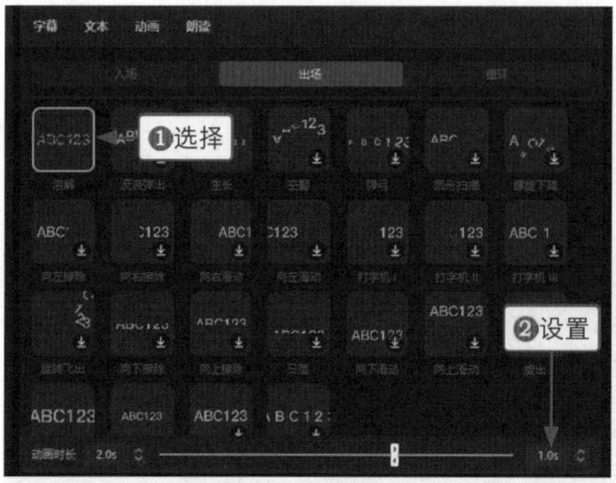

图 6-105

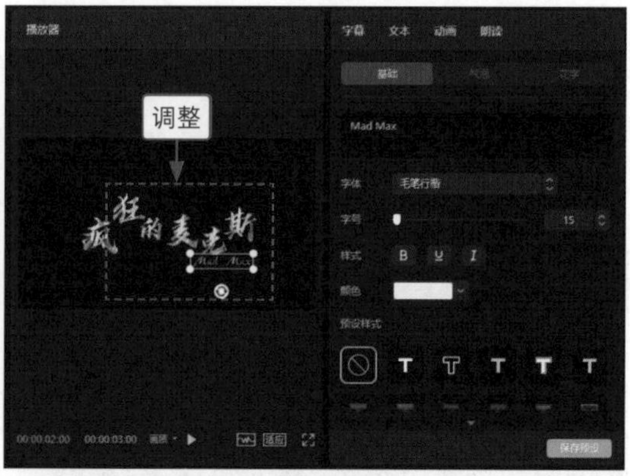

图 6-106

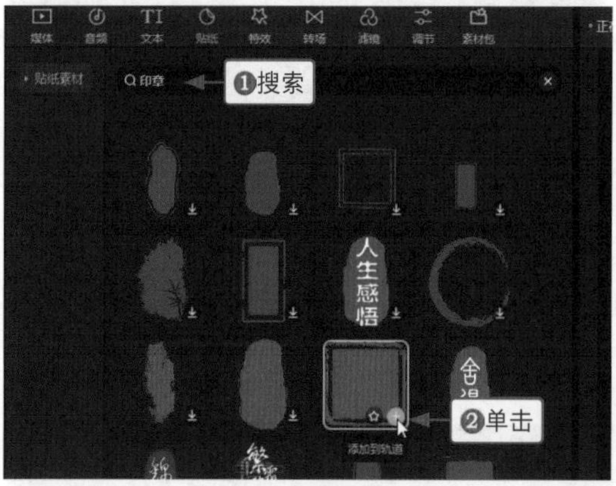

图 6-107

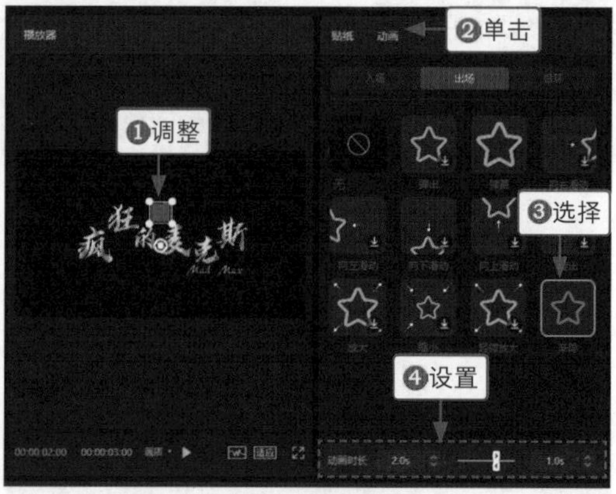

图 6-108

步骤 09 复制并粘贴步骤02中制作的“疯”字文本，禁用花字效果，使文字呈白色，❶修改内容为印章文字；❷调整印章文本的大小和位置，使其位于印章贴纸的上面，如图6-109所示。

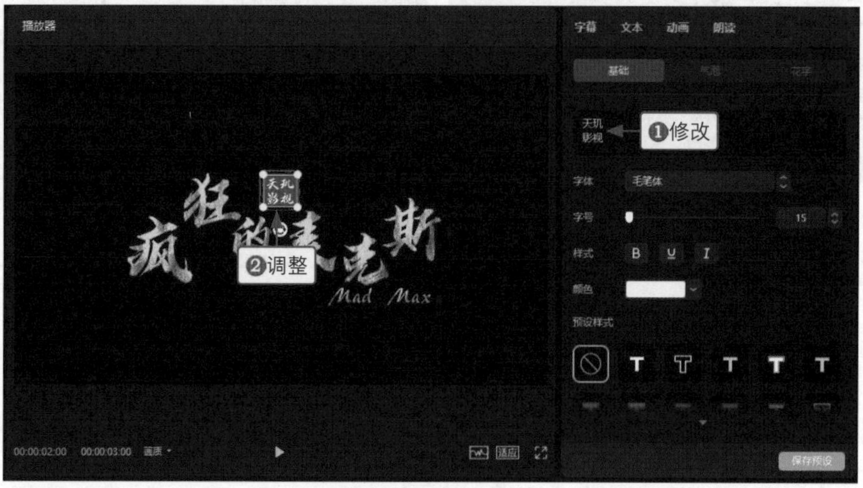

图 6-109

步骤 10 在视频轨道中添加一个金色粒子素材，如图 6-110 所示。执行操作后，将制作的片名导出为片名视频备用。

步骤 11 新建一个草稿文件，❶将背景视频添加到视频轨道中；❷将步骤 10 中导出的片名视频添加到画中画轨道中，如图 6-111 所示。

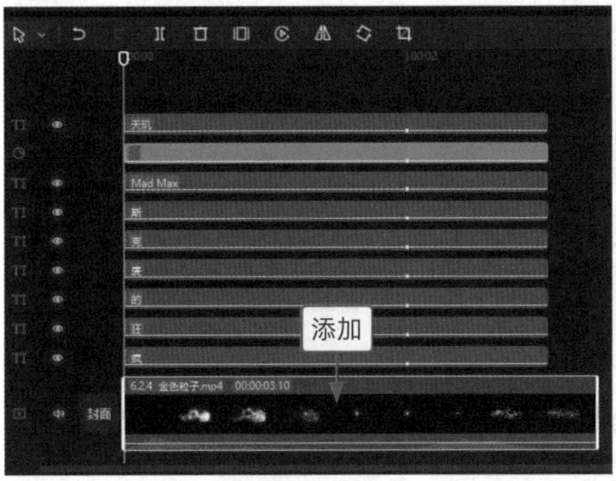

图 6-110

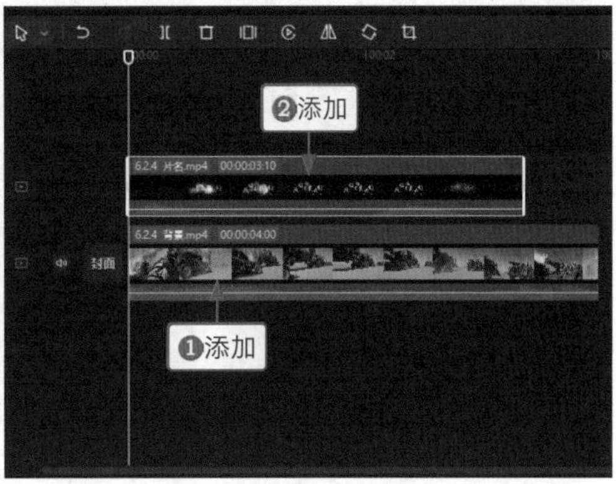

图 6-111

步骤 12 在“画面”操作区中，设置“混合模式”为“滤色”模式，去除黑色背景，显示粒子片名，如图 6-112 所示。执行操作后，即可完成对粒子动画片头的制作。

图 6-112

2. 用剪映手机版制作

剪映手机版的操作方法如下。

步骤 01 在剪映手机版中，❶添加一个金色粒子素材至视频轨道；❷添加一个黑场素材至画中画轨道；❸调整黑场素材的画面大小，使其覆盖整个屏幕，以免影响之后的文字排版，如图 6-113 所示。

步骤 02 新建一个文本，❶输入片名中的第 1 个字；❷选择一个合适的字体，如图 6-114 所示。

步骤 03 在“花字”|“黄色”选项区中，选择一个金色花字，如图 6-115 所示。

步骤 04 在“动画”|“入场动画”选项区中，❶选择“渐显”动画；❷设置动画时长为 2.0s，如图 6-116 所示。

步骤 05 在“出场动画”选项区中，❶选择“溶解”动画；❷设置动画时长为 1.0s，如图 6-117 所示。

步骤 06 通过复制并粘贴文本、修改文本内容的方式，添加剩下的片名文字，❶调整每个文本的大小和位置；❷修改英文文字的字体，如图 6-118 所示。

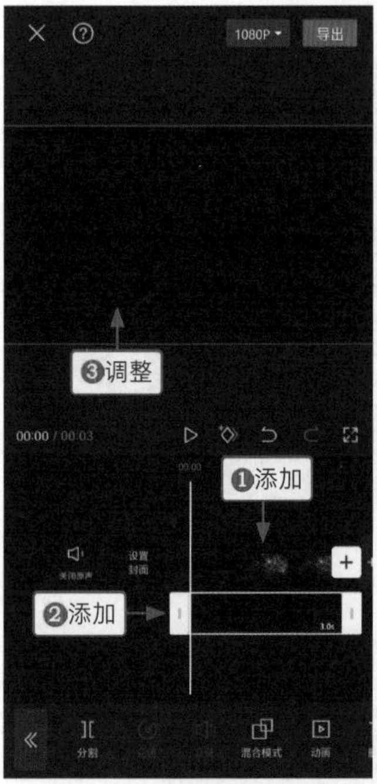

图 6-113

图 6-114

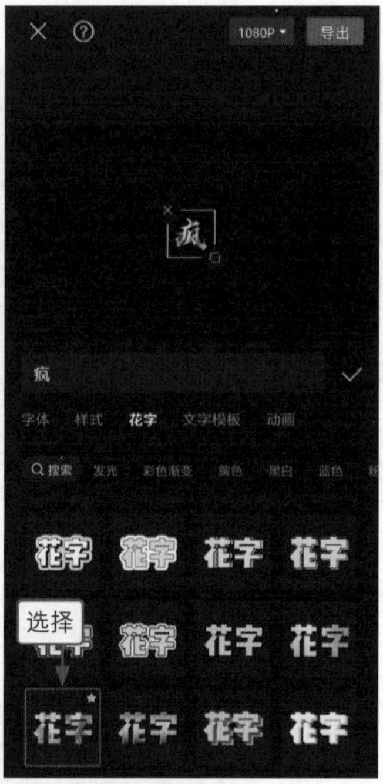

图 6-115

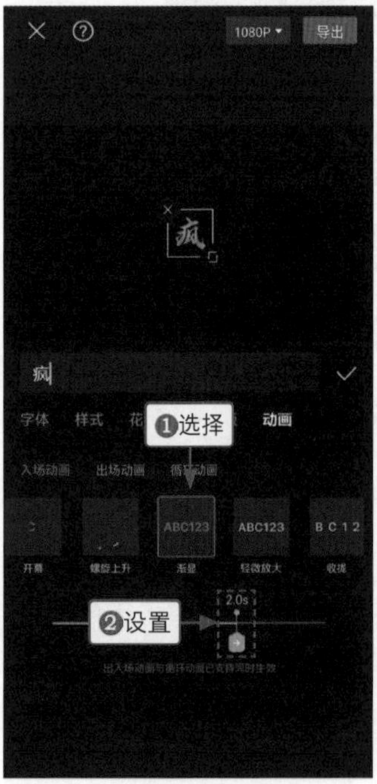

图 6-116

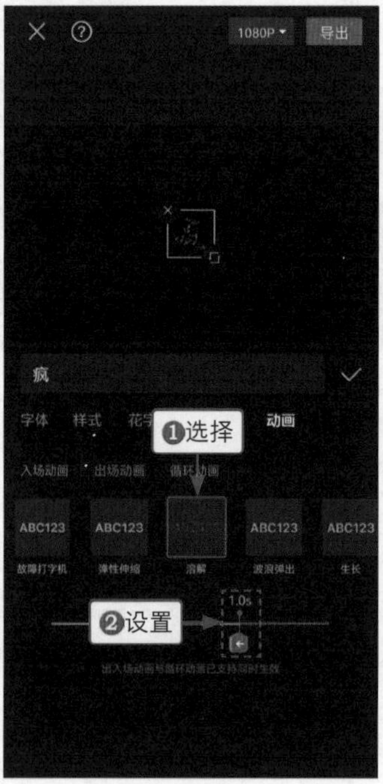

图 6-117

图 6-118

步骤 07 在贴纸素材库中，❶搜索“印章”贴纸；❷选择一个红色的印章贴纸；❸调整贴纸的大小和位置，如图 6-119 所示，添加一个红色的印章贴纸。

步骤 08 ❶返回，调整贴纸的时长，使其与其他文本的时长一致；❷点击“动画”按钮，如图 6-120 所示。

步骤 09 在“贴纸动画”面板中，❶为贴纸选择“渐显”入场动画（图中无指示，读者可自行操作）和“渐隐”出场动画；❷设置动画时长分别为 2.0s 和 1.0s，如图 6-121 所示。

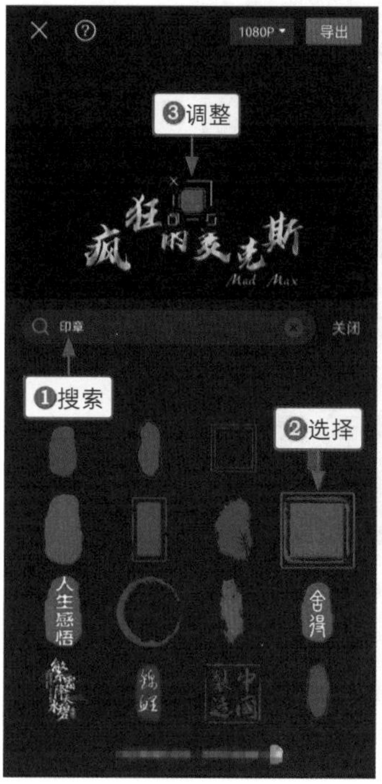

图 6-119

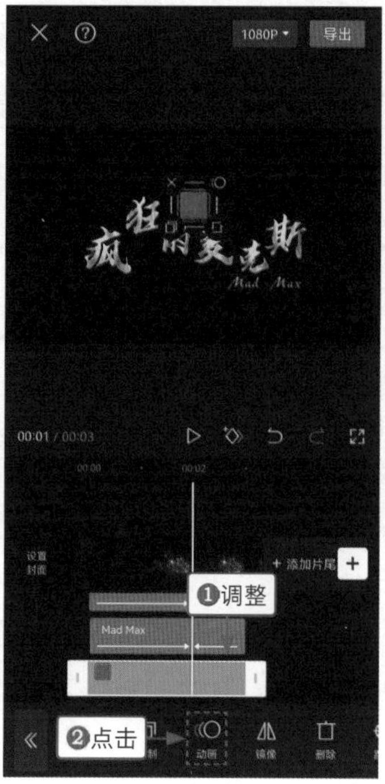

图 6-120

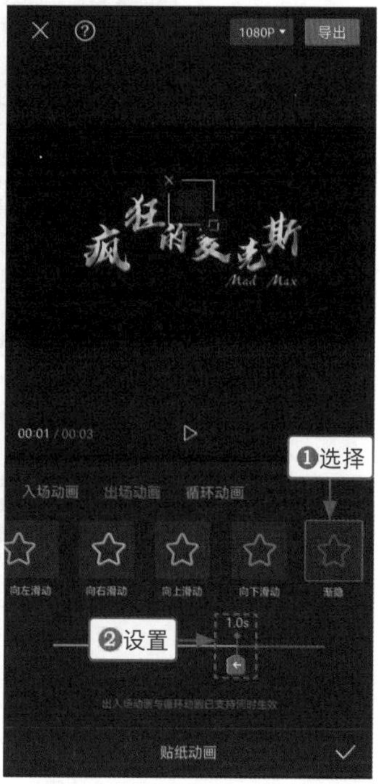

图 6-121

步骤 10 复制并粘贴步骤 02 中制作的“疯”字文本，❶禁用花字效果，使文字呈白色；❷修改内容为印章文字；❸调整印章文本的大小和位置，使其位于印章贴纸的上面，如图 6-122 所示。删除画中画轨道中的黑场素材，将制作好的片名导出为片名视频备用。

步骤 11 新建一个草稿文件，❶将背景视频添加到视频轨道中；❷将步骤 10 中导出的片名视频添加到画中画轨道中；❸调整片名视频的大小，使其覆盖屏幕；❹点击“混合模式”按钮，如图 6-123 所示。

步骤 12 在“混合模式”面板中，选择“滤色”选项，去除黑色背景，显示粒子片名，如图 6-124 所示。执行操作后，即可完成对粒子动画片头的制作。

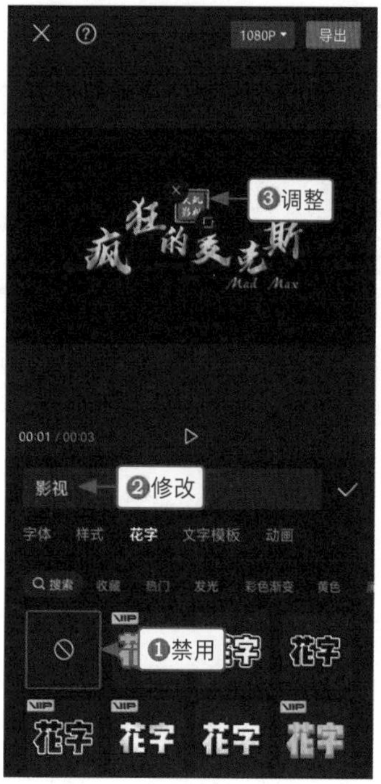

图 6-122

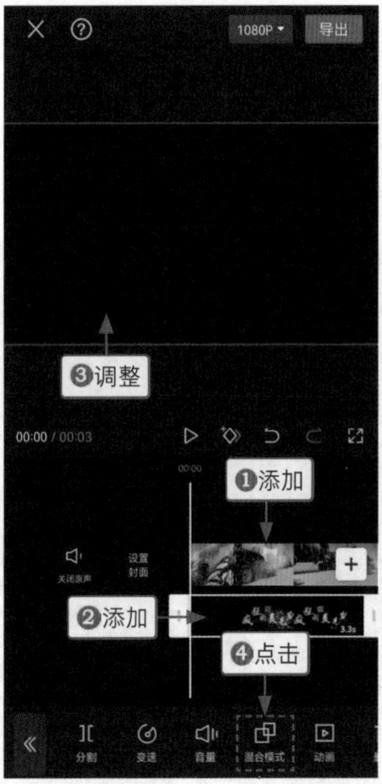

图 6–123

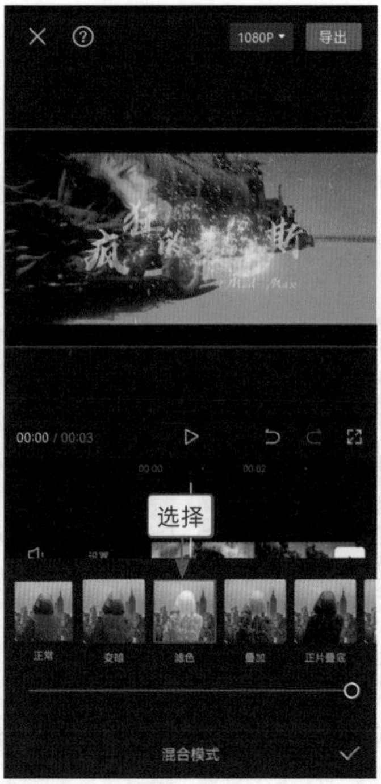

图 6–124

课后实训：溶解消散片头

效果对比　在剪映中制作溶解消散片头效果，主要分为两个部分，一是为视频添加片头文本，并为文本设置“溶解”出场动画；二是为粒子视频设置“滤色”混合模式，效果如图 6–125 所示。

图 6–125

本案例制作步骤如下。

添加视频素材后，新建一个默认文本，调整文本时长为 4s 左右，在“文本”操作区中输入片头文本并设置一个字体，❶调整文本的大小；❷在“动画”操作区的“出场”选项卡中，选择“溶解”动画；❸设置“动画时长”参数为 1.5s，如图 6–126 所示。

将时间指示器拖曳至 00:00:01:05 的位置，将粒子视频添加到时间指示器的位置，在“画面”操作区的“基础”选项卡中，❶设置“混合模式”为“滤色”模式；❷设置“缩放”参数为 168%，如图 6–127 所示，使粒子刚好遮盖在文字上，完成对溶解消散片头效果的制作。

播放器
字幕
文本
动画
朗读
出场
❶调整
湘江美景
❷选择
❸设置
动画时长
1.5s

图 6-126

播放器
画面
音频
变速
动画
调节
❷设置
位置大小
缩放
168%
位置
旋转
混合
混合模式
滤色
❶设置
不透明度
100%
湘江美景

图 6-127

第 7 章 栏目：节目片头字幕特效

如今，节目的类型越来越多，包括但不限于新闻、访谈、生活、美食、娱乐、竞技、音乐、时尚、真人秀等。不同类型的节目，其片头的风格各不相同，本章主要介绍各类节目片头字幕特效的制作方法。

7.1 新闻类片头

新闻类节目大多以新闻材料为基础，进行访问、调查以及专家分析等，有些新闻节目是提前录制并剪辑的，有些新闻节目则是实时直播的，例如中央电视台的《新闻联播》，就是直播的形式。新闻节目的主题可以细分为政治、经济、科技、文化、娱乐、资讯以及民生等，通常以纪实为主，片头风格大多庄重、严肃，例如报道、访谈类新闻节目；也有些新闻节目片头风格是比较生动、有趣的，例如娱乐、资讯类新闻节目。本节将向大家介绍新闻类片头字幕的制作方法。

7.1.1 娱乐新闻快闪片头：《娱乐播报》

效果对比 娱乐新闻快闪片头的制作要点是根据视频中背景音乐的节奏，制作文字快闪效果，每过一个鼓点，文字的字体就会发生一种变化，效果如图 7-1 所示。

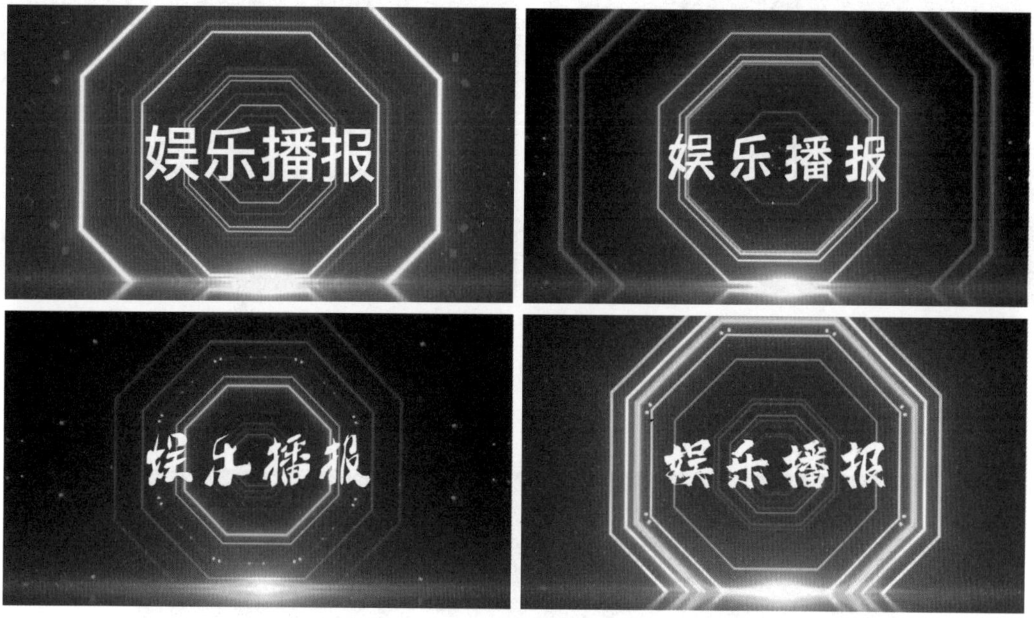

图7–1

1. 用剪映电脑版制作

剪映电脑版的操作方法如下。

步骤 01 在剪映电脑版中，❶导入一个视频素材；❷添加一个文本时长与视频时长一致的默认文本，如图 7-2 所示。

步骤 02 ❶在“文本”操作区中输入节目名称；❷在“播放器”面板中调整名称文本的大小，如图 7-3 所示。

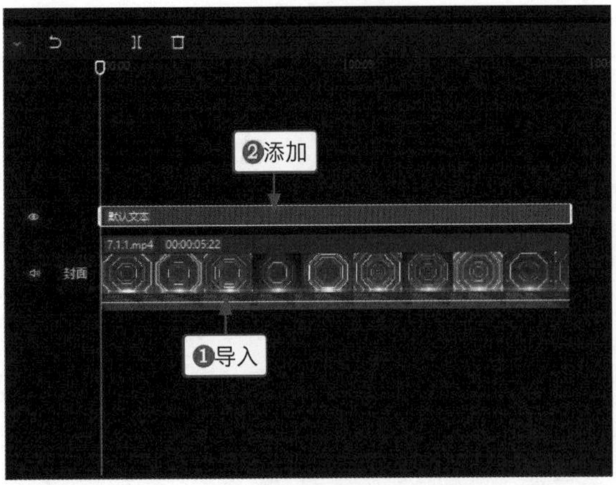

图7–2

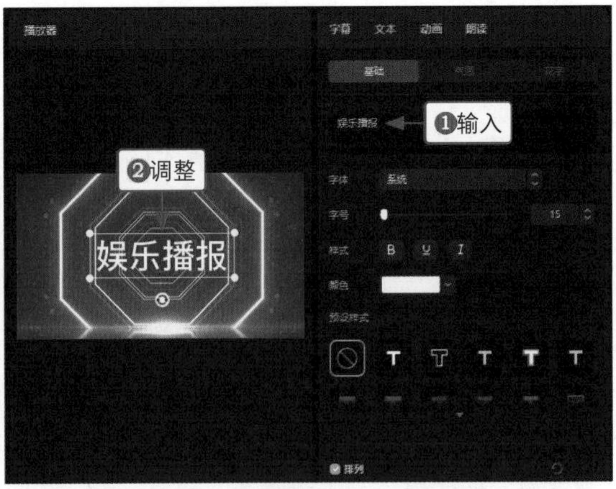

图7–3

步骤 03 在视频缩略图上，可以看到背景音乐的音波，❶将时间指示器拖曳至背景音乐第 2 个鼓点的位置；❷单击“分割”按钮，如图 7–4 所示，将文本分割为两段。

步骤 04 选择分割后的后半段文本，在“文本”操作区中修改字体，如图 7–5 所示。

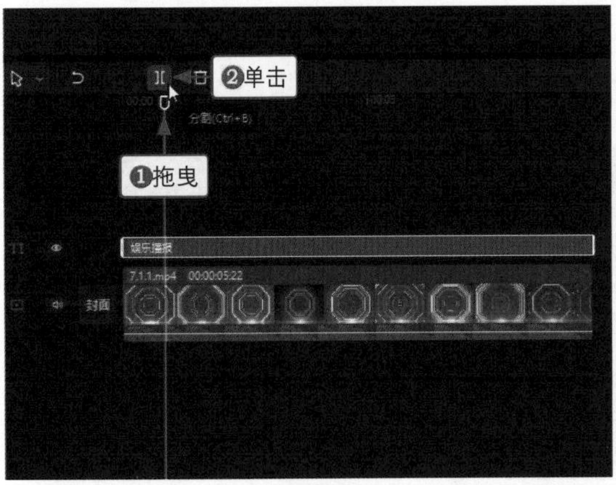

图7–4

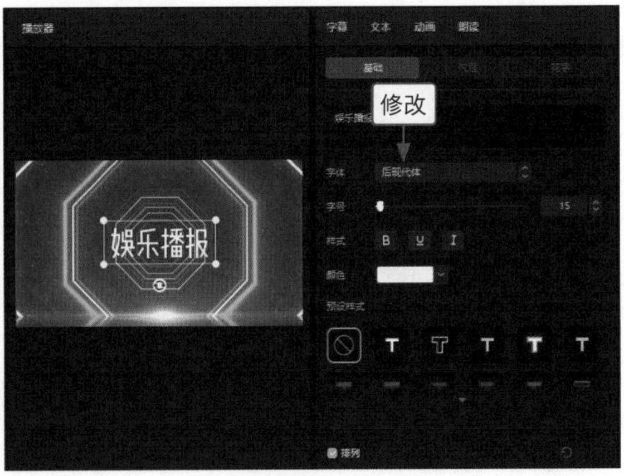

图7–5

步骤 05 用与上述方法同样的方法，在背景音乐中其他鼓点的位置对文本进行分割，并修改为不同的字体，效果如图 7–6 所示。执行操作后，即可完成对娱乐新闻快闪片头的制作。

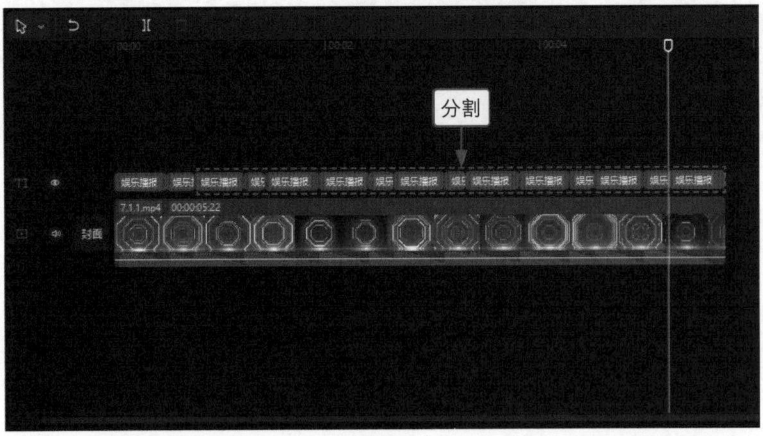

图7–6

2. 用剪映手机版制作

剪映手机版的操作方法如下。

步骤 01 在剪映手机版中，❶选择导入的视频素材；❷点击“音频分离”按钮，如图 7-7 所示，将视频中的背景音乐分离至音频轨道中。

步骤 02 在音频轨道中，可以看到背景音乐的音波，❶选择背景音乐；❷点击“踩点”按钮，如图 7-8 所示。

步骤 03 进入“踩点”面板，❶拖曳时间轴至第 2 个波峰的位置；❷点击“添加点”按钮，如图 7-9 所示。

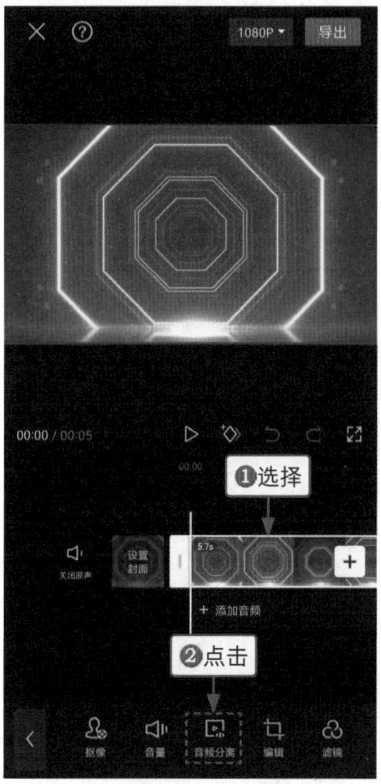

图 7-7

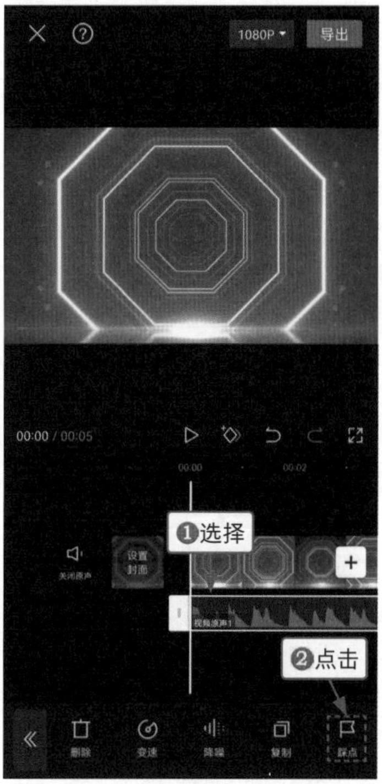

图 7-8

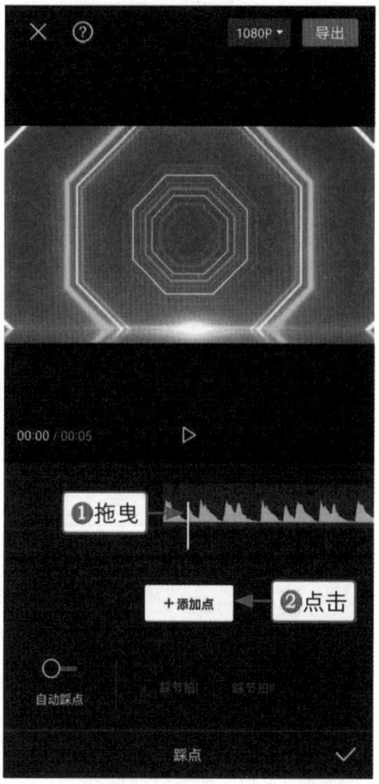

图 7-9

步骤 04 执行上述操作后，即可添加一个节拍点，如图 7-10 所示。如果节拍点的添加位置有误，可以点击“删除点”按钮，将节拍点删除。

步骤 05 用与上述方法同样的方法，在其他波峰位置添加节拍点，如图 7-11 所示。点击✓按钮确认，完成音频踩点。

步骤 06 新建一个文本，❶输入节目名称；❷调整名称文本的大小，如图 7-12 所示。点击✓按钮确认，即可添加一个文本，调整文本时长至与视频时长一致。

步骤 07 ❶将时间轴拖曳至第 1 个节拍点的位置；❷点击“分割”按钮，如图 7-13 所示，将文本分割为两段。

步骤 08 选择分割后的后半段文本，点击“编辑”按钮，在“字体”选项卡中修改字体，如图 7-14 所示。

步骤 09 用与上述方法同样的方法，在其他节拍点的位置对文本进行分割，并修改为不同的字体，效果如图 7-15 所示。执行操作后，即可完成对娱乐新闻快闪片头的制作。

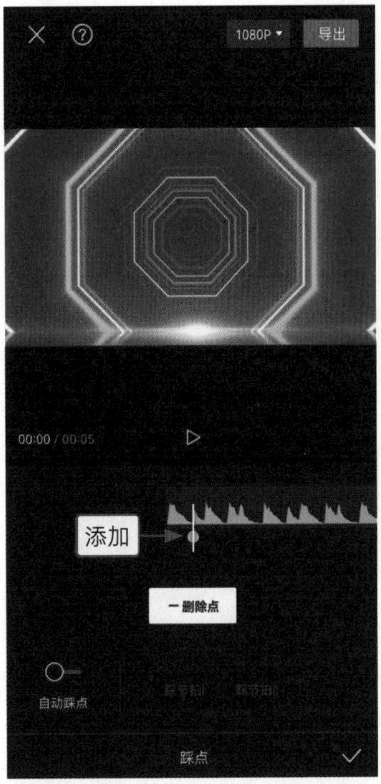

图 7-10

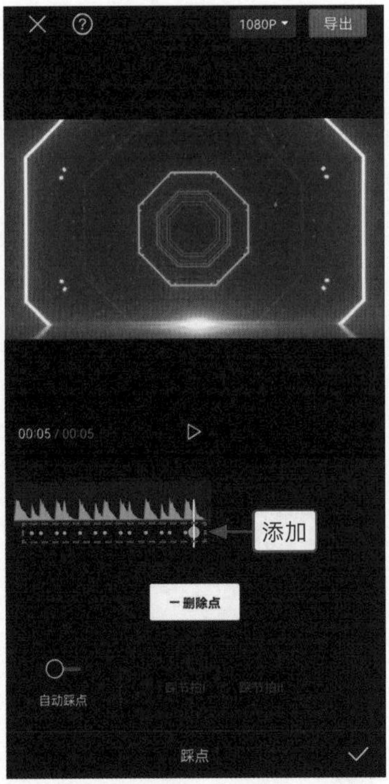

图 7-11

图 7-12

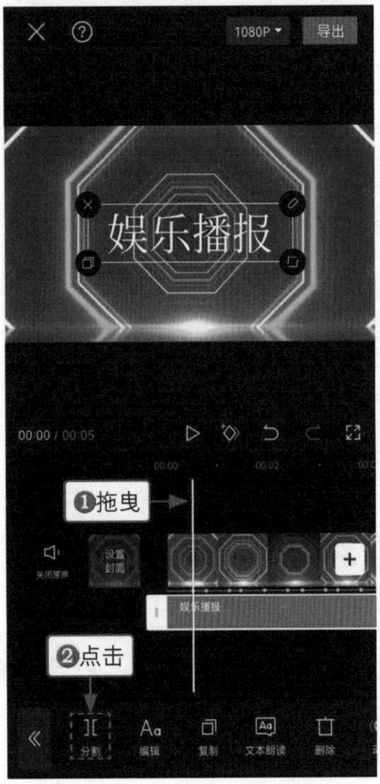

图 7-13

图 7-14

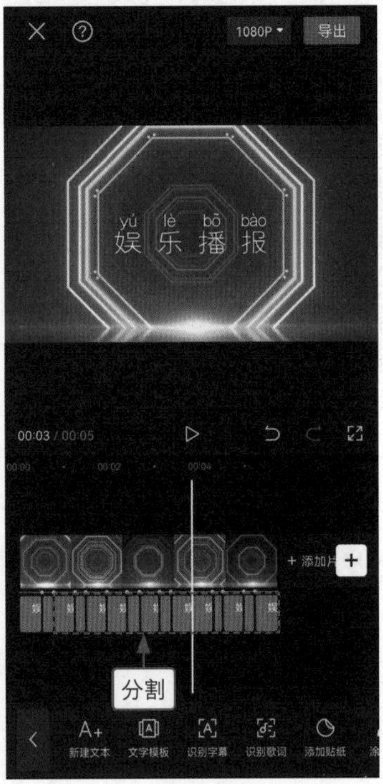

图 7-15

7.1.2 节目立方体开场：《新闻晨报》

效果对比 节目立方体开场效果适用于新闻报道类节目。在剪映中制作节目立方体开场效果，需要将节目名称逐字制作成文字视频，并为文字视频添加“立方体Ⅳ”动画，效果如图 7-16 所示。

图7-16

1. 用剪映电脑版制作

剪映电脑版的操作方法如下。

步骤 01 在剪映电脑版中，❶导入一个红底素材；❷添加一个默认文本，如图 7-17 所示。

步骤 02 ❶在“文本”操作区中输入节目名称的第 1 个字；❷设置一个字体；❸在“播放器”面板中调整文本的大小，如图 7-18 所示，随后，将制作的第 1 个文字导出为文字视频备用。执行操作后，在“文本”操作区中，修改文字内容，依次导出第 2 个文字“闻”、第 3 个文字“晨”和第 4 个文字“报”的文字视频。

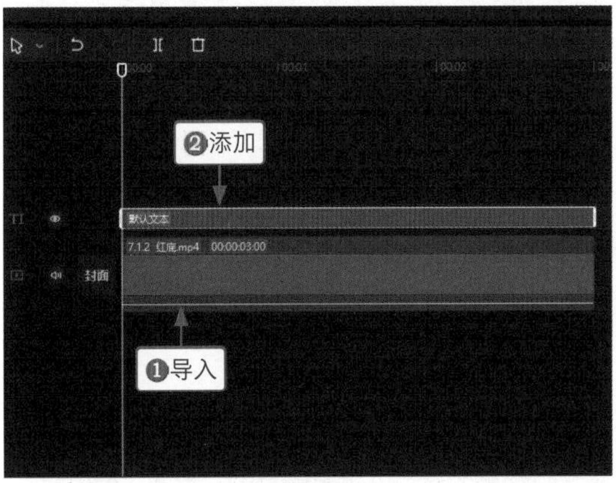

图7-17

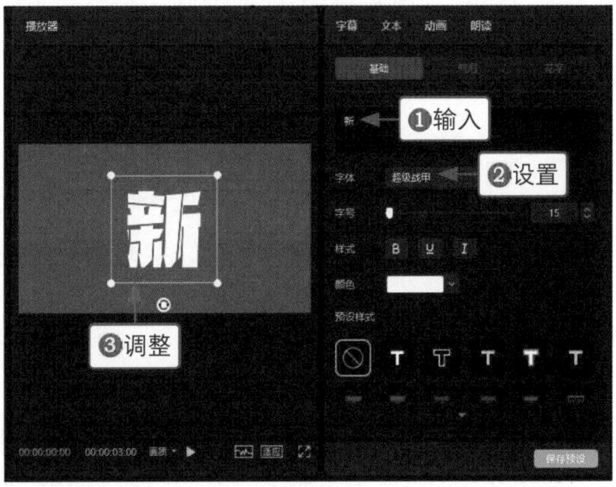

图7-18

步骤 03 新建一个草稿文件，在“媒体”功能区中导入步骤 02 中制作的 4 个文字视频，如图 7-19 所示。

步骤 04 将“新”字视频添加到视频轨道中，在“动画”操作区的“组合”选项卡中，选择“立方体Ⅳ”动画，如图 7-20 所示。

步骤 05 在“画面”操作区的“背景”选项卡中，设置视频背景的“颜色”为深绿色，如图 7-21 所示。执行操作后，将制作的第 1 个文字动画视频导出备用。

步骤 06 在“媒体”功能区中，选择“闻”字视频，将其拖曳至视频轨道中的“新”字视频上，如图 7-22 所示。

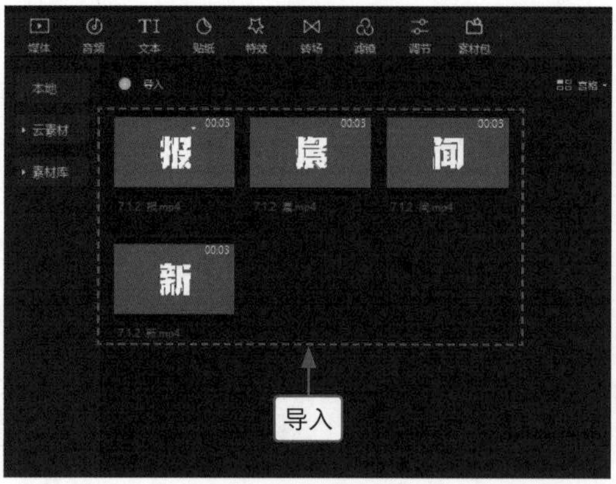

图7-19

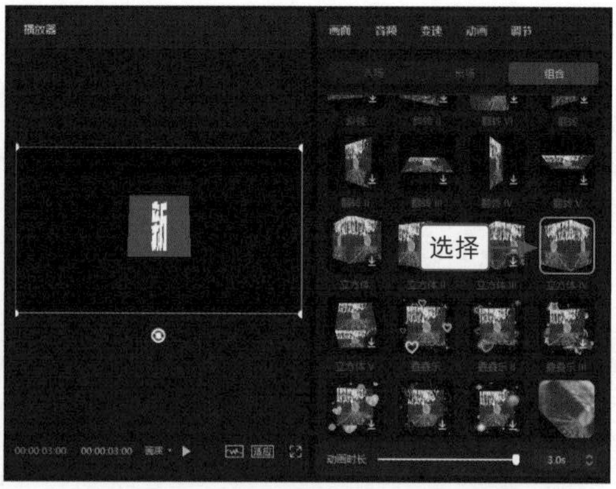

图7-20

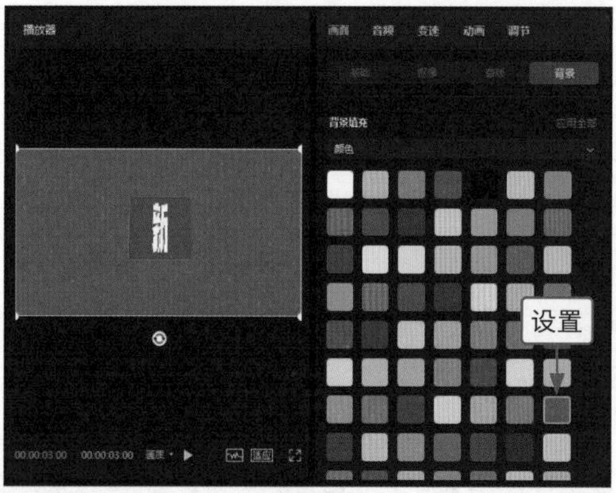

图7-21

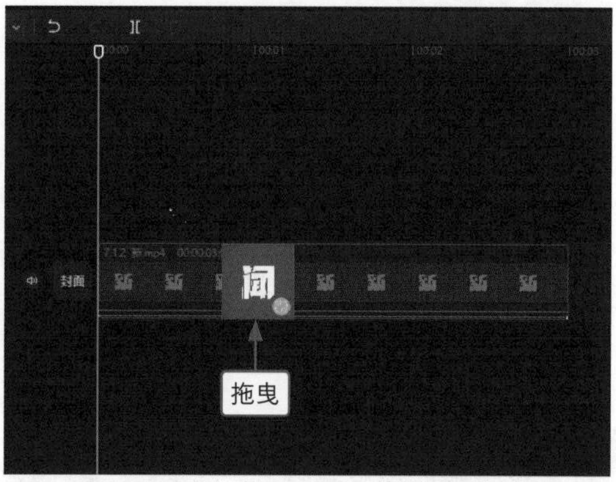

图7-22

步骤 07 释放鼠标左键，弹出“替换”对话框，单击“替换片段”按钮，如图 7-23 所示。执行操作后，即可替换视频，将替换的第 2 个文字动画视频导出备用。用与上述方法同样的方法，制作第 3 个和第 4 个文字动画视频并导出备用。

步骤 08 再次新建一个草稿文件，将背景视频和 4 个文字动画视频导入“媒体”功能区中，如图 7-24 所示。

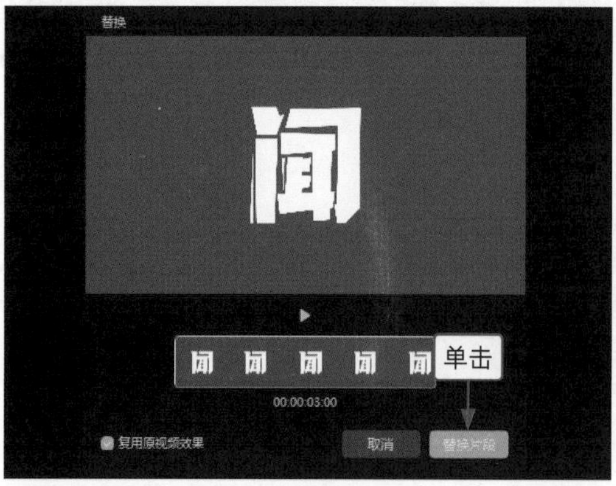

图7-23

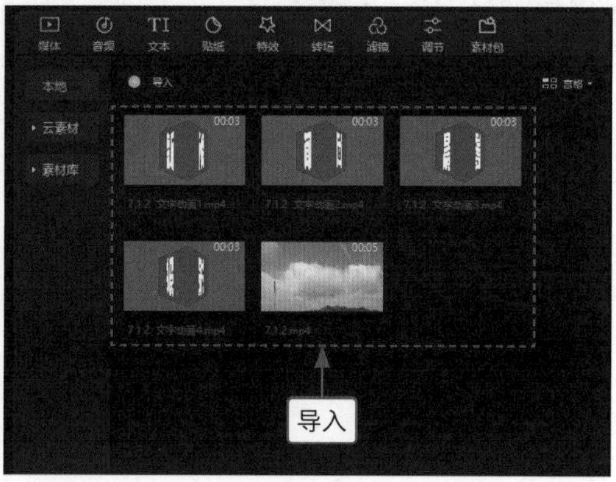

图7-24

步骤 09 将背景视频和第 1 个文字动画视频分别添加到视频轨道和画中画轨道中，如图 7-25 所示。

步骤 10 在“画面”操作区的“抠像”选项卡中，❶选中“色度抠图”复选框；❷单击“取色器”按钮；❸在“播放器”面板中选取需要吸取的颜色，如图 7-26 所示。

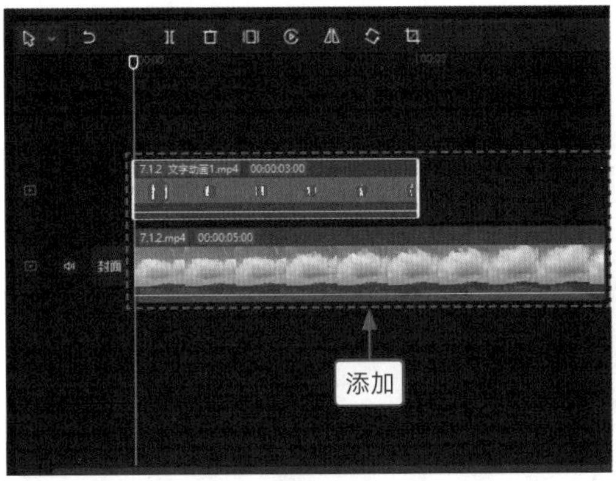

图7-25

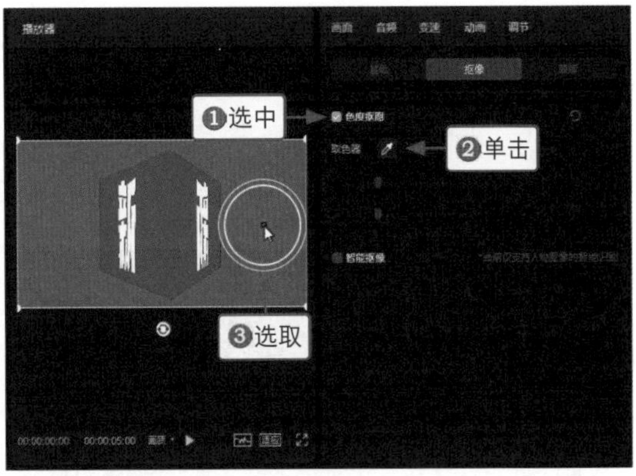

图7-26

步骤 11 在“抠像”选项卡中，设置“强度”参数为 20，如图 7-27 所示，抠取背景颜色。

步骤 12 ❶在“播放器”面板中，调整第 1 个文字文本的位置至画面右下角；❷在“基础”选项卡中，点亮“缩放”和“位置”右侧的关键帧◆，如图 7-28 所示，在开始位置添加第 1 组关键帧。

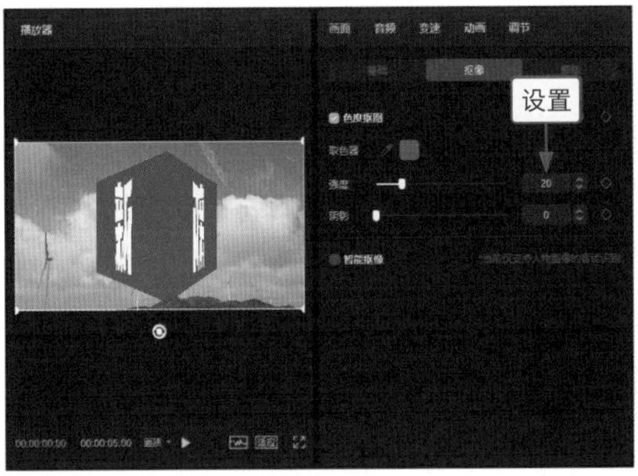

图7-27

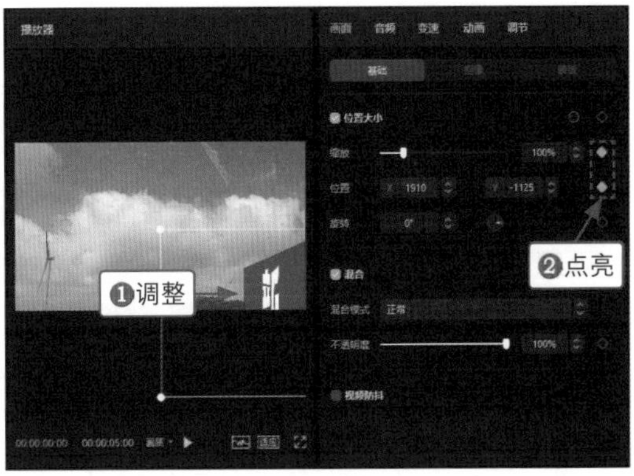

图7-28

步骤 13 拖曳时间指示器至 00:00:02:29 的位置，❶在“播放器”面板中，再次调整第 1 个文字文本的位置和大小；❷此时，“基础”选项卡中，“缩放”和“位置”右侧的关键帧◆会自动点亮，如图 7-29 所示。

步骤 14 单击“定格”按钮▣，如图 7-30 所示。

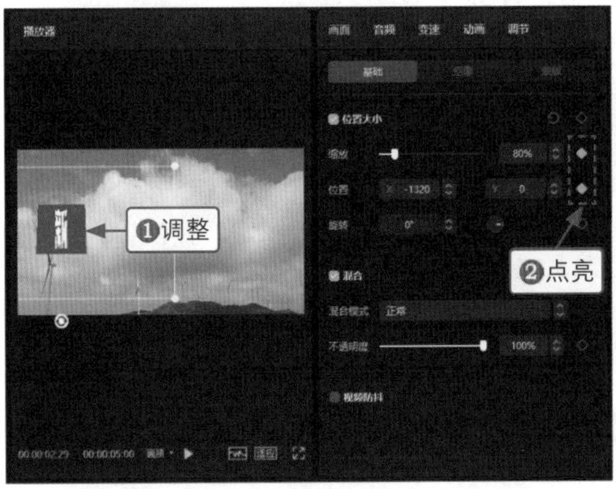

图7-29

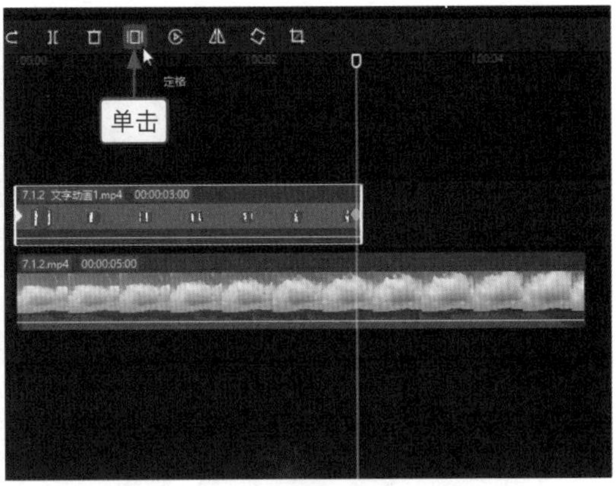

图7-30

步骤 15 执行上述操作后，即可生成定格片段，①调整定格片段的时长；②选择定格后自动分割的片段；③单击“删除”按钮，如图 7-31 所示，将所选片段删除。

步骤 16 执行上述操作后，用与上述方法同样的方法，制作其他 3 个文字文本的效果，如图 7-32 所示，使文字分别从画面的其他 3 个角落向屏幕中间停靠。

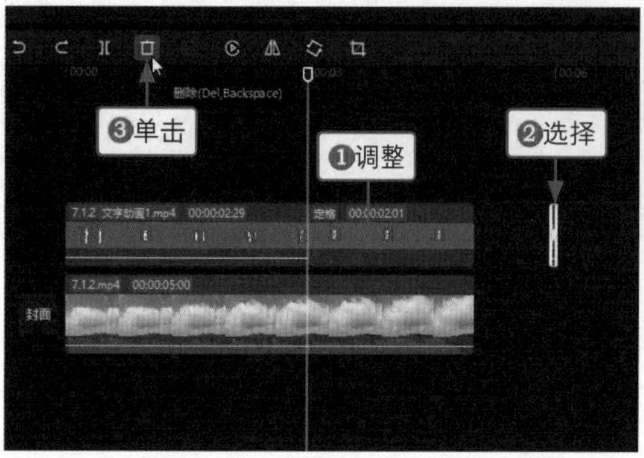

图7-31

图7-32

2. 用剪映手机版制作

剪映手机版的操作方法如下。

步骤 01 在剪映手机版中，导入一个红底素材，新建一个默认文本，①输入节目名称的第 1 个字；②选择一个字体；③调整文字文本的大小，如图 7-33 所示，随后，将制作的第 1 个文字导出为文字视频备用。执行操作后，修改文字内容，依次导出第 2 个文字“闻”、第 3 个文字“晨”和第 4 个文字“报”的文字视频。

步骤 02 新建一个草稿文件，①导入步骤 01 中制作的“新”字视频；②点击“动画”按钮，如图 7-34 所示。

步骤 03 点击“组合动画”按钮，在“组合动画”面板中，选择“立方体Ⅳ”动画，如图 7-35 所示。

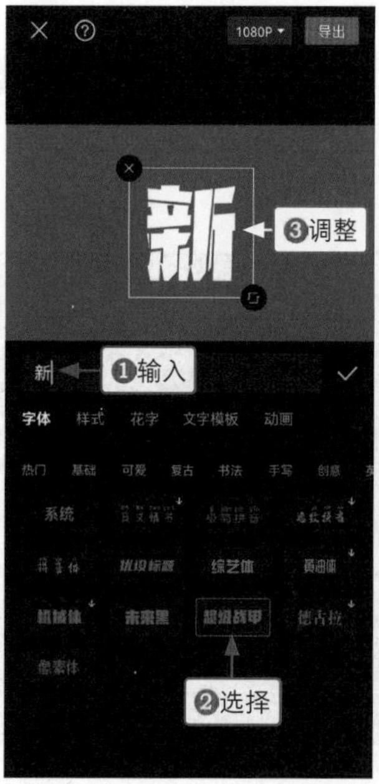

图 7-33

图 7-34

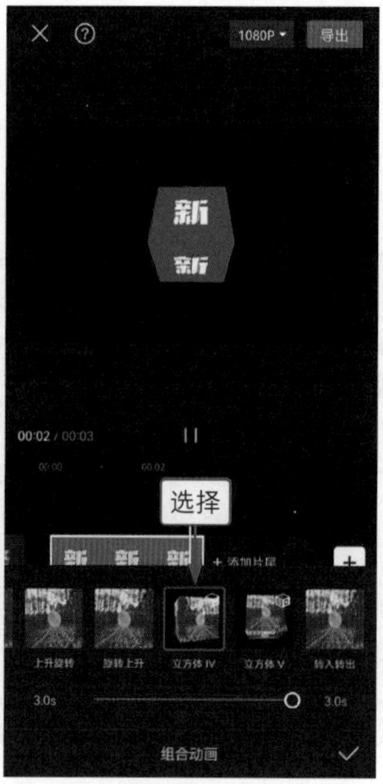

图 7-35

步骤 04 返回主面板，点击“背景”按钮，如图 7-36 所示。

步骤 05 点击“画布颜色”按钮，在“画布颜色”面板中选择深绿色色块，设置视频背景的颜色，如图 7-37 所示。执行操作后，将制作的第 1 个文字动画视频导出备用。

步骤 06 选择“新”字视频，点击“替换”按钮，如图 7-38 所示。

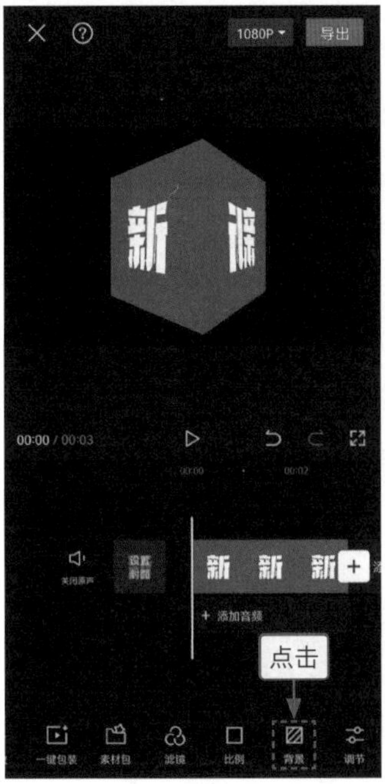

图 7-36

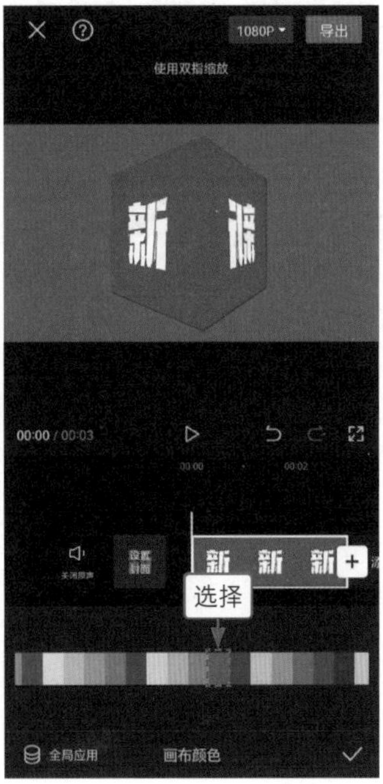

图 7-37

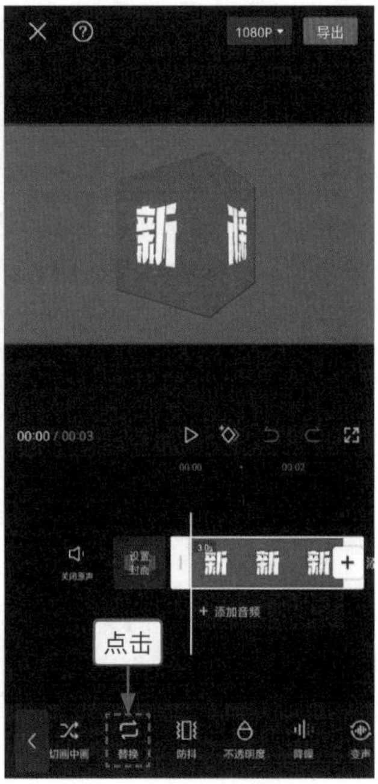

图 7-38

步骤 07 将“新”字视频替换为“闻”字视频，如图 7-39 所示。执行操作后，将制作的第 2 个文字动画视频导出备用。用与上述方法同样的方法，制作第 3 个和第 4 个文字动画视频并导出备用。

步骤 08 执行上述操作后，再次新建一个草稿文件，将背景视频和第 1 个文字动画视频分别添加到视频轨道和画中画轨道中，❶选择第 1 个文字动画视频；❷点击“色度抠图”按钮，如图 7-40 所示。

步骤 09 进入“色度抠图”面板，使用取色器对画面中的深绿色进行颜色取样，并设置“强度”参数为 20，如图 7-41 所示，将红底白字抠选出来。

温馨提示

抠图方法在 6.2.2 节中有详细讲解，这里不再赘述。大家可以通过观看教学视频，学习抠图方法。

步骤 10 ❶在文字视频的开始位置添加一个关键帧；❷调整文字文本的位置，使其位于画面右下角，如图 7-42 所示。

步骤 11 执行上述操作后，❶拖曳时间轴至文字视频的结束位置；❷调整文字文本的位置和大小，使其靠左水平居中；❸时间轴上会自动生成第 2 个关键帧；❹点击“定格”按钮，如图 7-43 所示。

步骤 12 执行上述操作后，即可生成定格片段，调整定格片段的时长，使其结束位置与视频的结束位置一致，如图 7-44 所示。用与上述方法同样的方法，制作其他 3 个文字文本的效果，使文字分别从画面的其他 3 个角落向屏幕中间停靠。

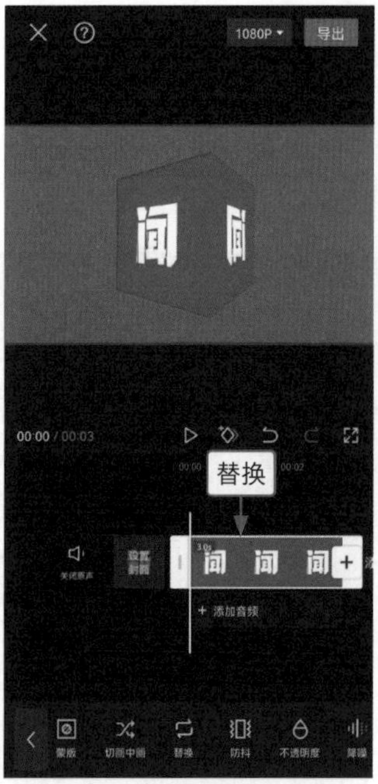

图 7-39

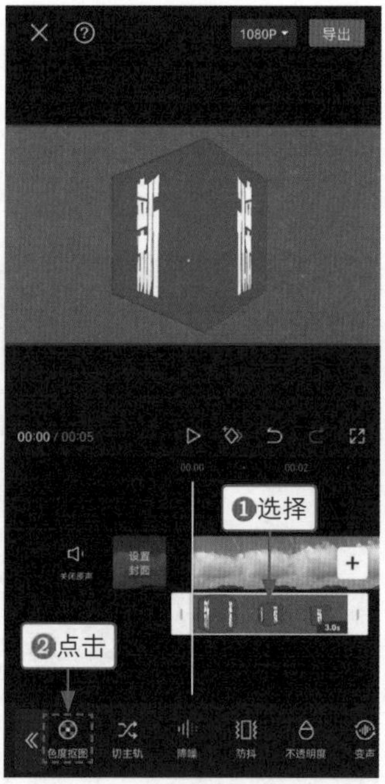

图 7-40

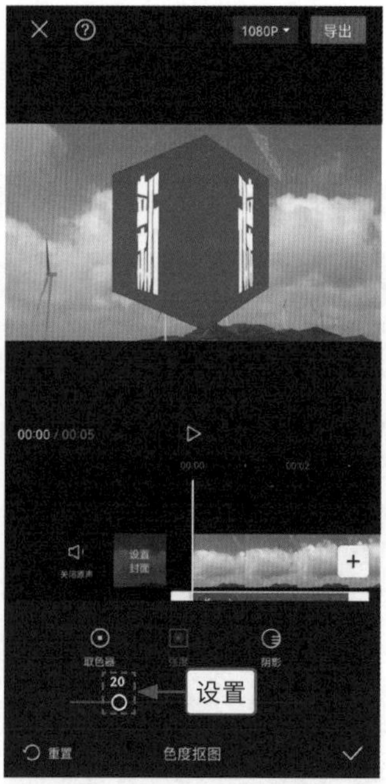

图 7-41

图 7-42

图 7-43

图 7-44

7.2 生活类片头

生活类综艺的主题有美食、养生、茶道、自然、家庭、育儿、生活观察以及民宿体验等，片头风格大多优美、轻快、舒缓。本节将向大家介绍生活类片头字幕的制作方法。

7.2.1 节目卷轴开场：《人间烟火》

效果对比 制作节目卷轴开场效果，需要用到卷轴绿幕素材。先使用“色度抠图”功能制作卷轴开场，再添加一个合适的文字模板，即可完成对节目卷轴开场效果的制作，效果如图 7-45 所示。

图7-45

1. 用剪映电脑版制作

剪映电脑版的操作方法如下。

步骤 01 在剪映电脑版中，分别添加一个背景视频和一个卷轴绿幕视频至视频轨道和画中画轨道中，如图 7-46 所示。

步骤 02 选择卷轴绿幕视频，在“画面”操作区的“抠像”选项卡中，❶选中“色度抠图”复选框；❷使用取色器吸取画面中的绿色；❸设置“强度”和“阴影”参数均为 100，如图 7-47 所示，抠取画面中的绿色，显示背景视频画面。

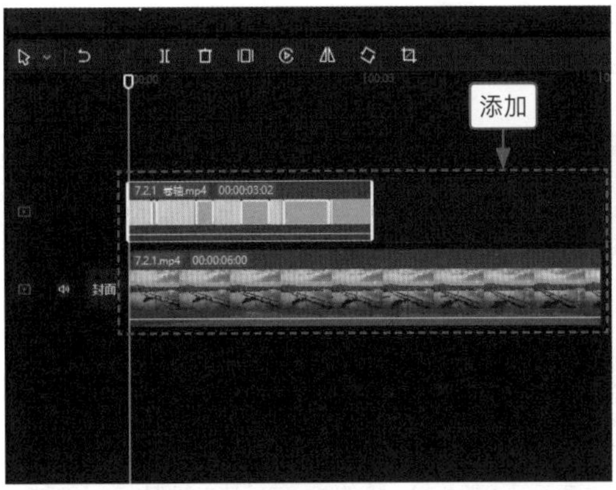

图7-46

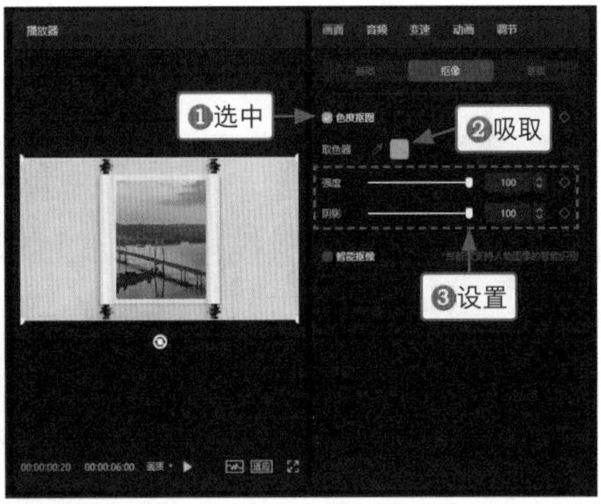

图7-47

步骤 03 拖曳时间指示器至 00:00:01:00 的位置，在“文本”功能区中，❶展开“文字模板”|“片头标题”选项卡；❷单击“人间烟火”文字模板的“添加到轨道”按钮，如图 7-48 所示。

步骤 04 执行上述操作后，即可添加文本。调整文本的结束位置至与视频的结束位置对齐，如图 7-49 所示。用户可以根据需要，在“文本”操作区中修改文字模板的内容，在“播放器”面板中调整文本的大小和位置。

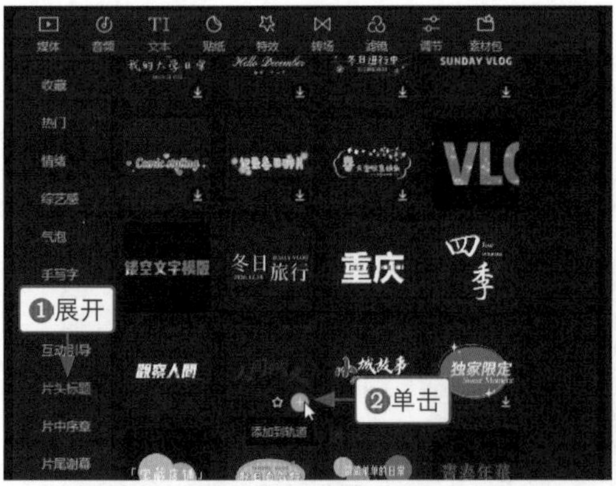

图7-48

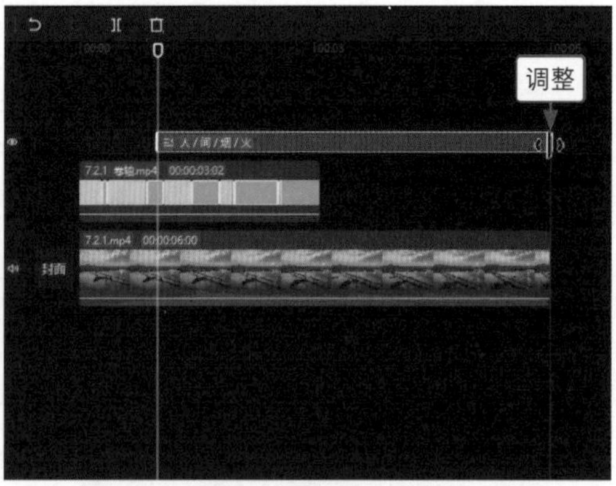

图7-49

2. 用剪映手机版制作

剪映手机版的操作方法如下。

步骤 01 在剪映手机版中，❶分别添加一个背景视频和一个卷轴绿幕视频至视频轨道和画中画轨道中；❷调整卷轴绿幕视频的画面大小，使其铺满屏幕；❸点击“色度抠图”按钮，如图 7-50 所示。

步骤 02 使用取色器吸取画面中的绿色，设置“强度”和“阴影”参数均为 100，如图 7-51 所示，抠取画面中的绿色，显示背景视频画面。

步骤 03 拖曳时间轴至 00:01 的位置，点击“文字”|“文字模板”按钮，在“文字模板”|“片头标题”选项卡中，选择“人间烟火”文字模板，如图 7-52 所示。如果需要修改文字内容，可以直接在文本框中修改，如果不需要修改，点击✓按钮确认，即可添加文本。调整文本的结束位置，使之与视频的结束位置对齐。

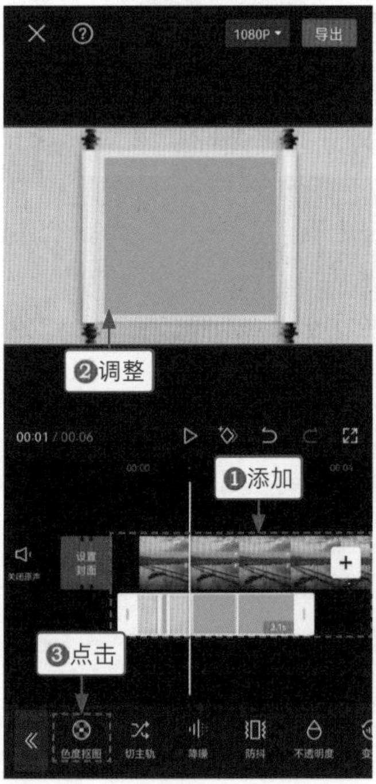

图 7-50

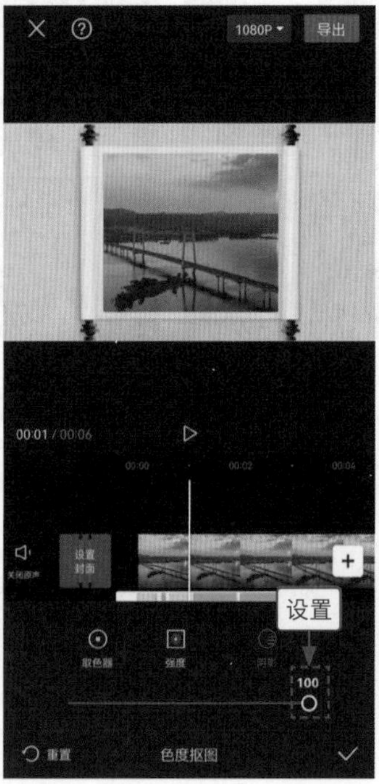

图 7-51

图 7-52

7.2.2 节目瞳孔开场：《长沙之眼》

效果对比 瞳孔开场片头非常适合观察资讯类节目，准备好瞳孔开场节目的素材，根据素材内容添加节目名称即可制作该效果，效果如图 7–53 所示。

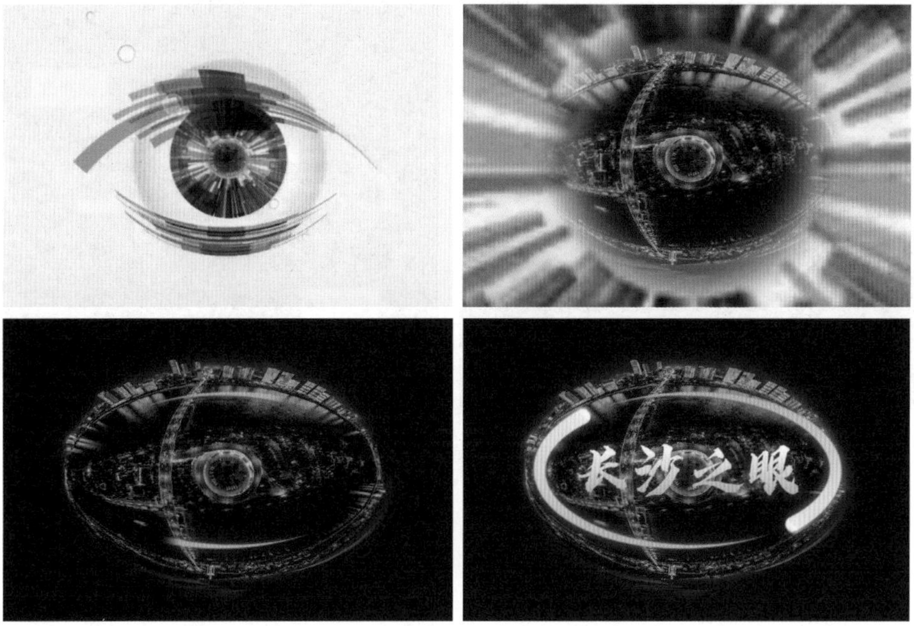

图7–53

1. 用剪映电脑版制作

剪映电脑版的操作方法如下。

步骤 01 在剪映电脑版中，添加一个瞳孔转场的视频素材，如图 7–54 所示。

步骤 02 拖曳时间指示器至 3s 的位置，如图 7–55 所示，此时，视频已经完成了画面的转场切换，从瞳孔画面转换成了背景画面。

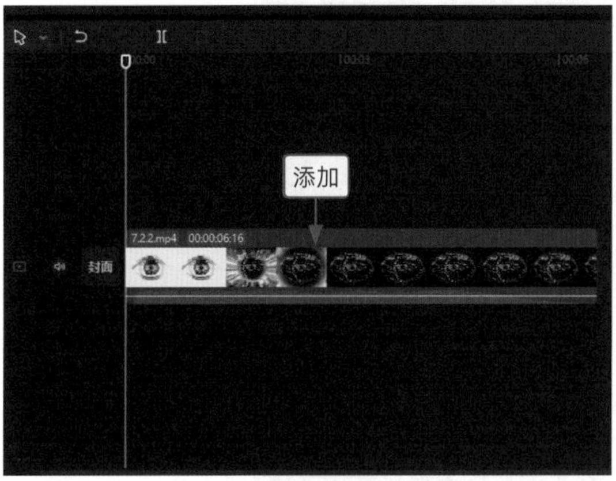

图7–54

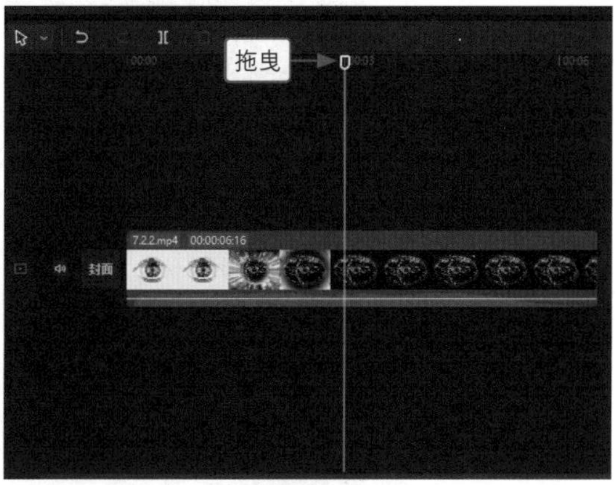

图7–55

步骤 03 在“文本”功能区中，❶展开“文字模板”|“节日”选项卡；❷单击所选文字模板的“添加到轨道”按钮，如图 7–56 所示。

步骤 04 执行上述操作后，即可添加文本。调整文本的结束位置至与视频的结束位置对齐，在“文本”操作区中，❶修改文字内容为节目名称；❷单击按钮，展开设置文本属性的相应面板（展开后，按钮变为按钮）；❸修改文字字体；❹调整名称文本的大小，如图 7–57 所示。

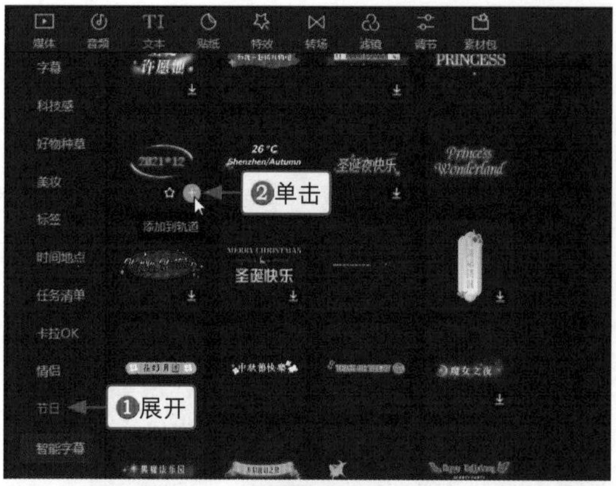

图7–56

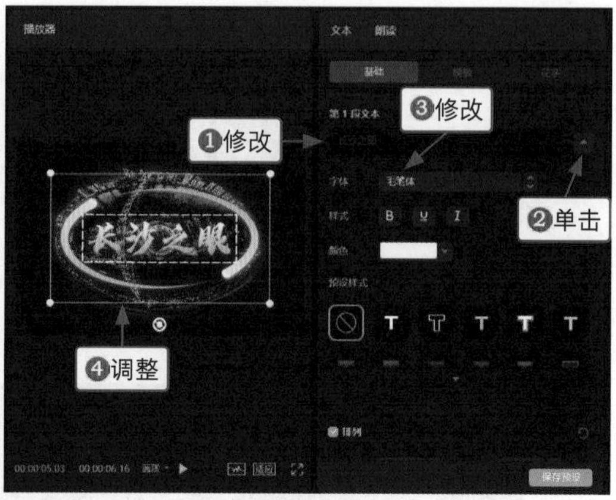

图7–57

2. 用剪映手机版制作

剪映手机版的操作方法如下。

步骤 01 在剪映手机版中，❶添加一个瞳孔转场视频；❷拖曳时间轴至 3s 的位置；❸点击“文字”按钮，如图 7–58 所示。

步骤 02 在二级工具栏中，点击“文字模板”按钮，如图 7–59 所示。

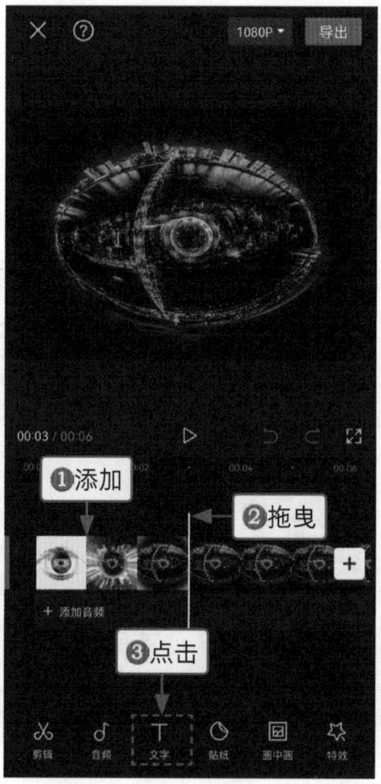

图7–58

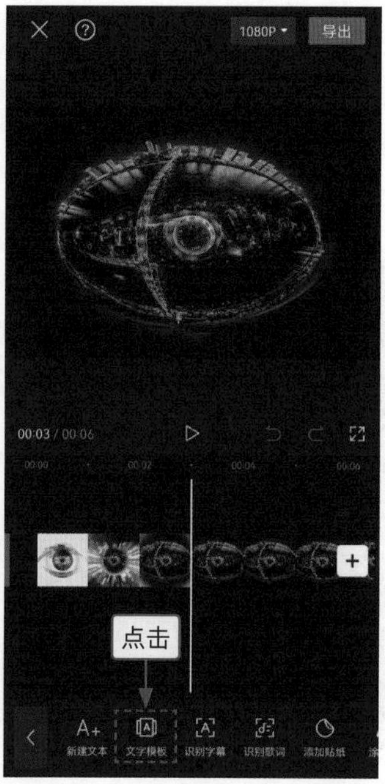

图7–59

步骤 03 在“文字模板”|“节日”选项卡中，❶选择一个文字模板；❷修改文字内容为节目名称；❸调整名称文本的大小，如图 7–60 所示。

步骤 04 ❶切换至“字体”选项卡；❷选择一个合适的字体，如图 7-61 所示。执行操作后，返回，调整文本的结束位置至与视频的结束位置对齐。

图7-60

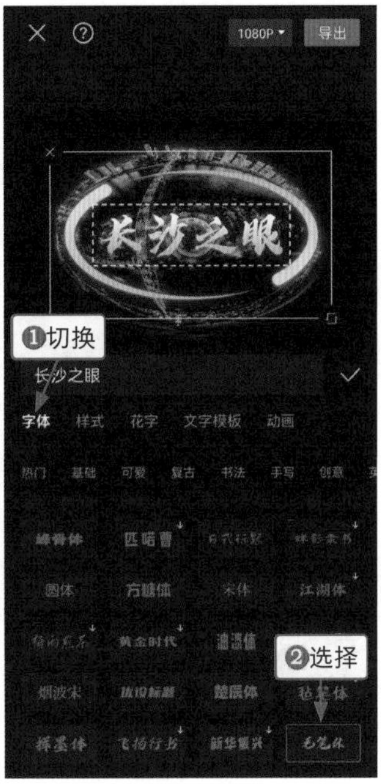

图7-61

7.3 真人秀片头：《出发吧！巴厘岛！》

真人秀综艺是很受观众喜爱的一类节目，具有纪实性、冲突性以及游戏性，片头风格大多欢快、动感。本节将向大家介绍真人秀片头字幕的制作方法。

效果对比 飞机拉泡泡开场效果非常适合旅游、游玩类真人秀，在剪映中，只需要用户套用一个飞机拉泡泡的素材，添加一个动画片名，即可完成对飞机拉泡泡开场效果的制作，效果如图 7-62 所示。

图7-62

1. 用剪映电脑版制作

剪映电脑版的操作方法如下。

步骤 01 在剪映电脑版中，添加一个背景视频至视频轨道中，添加一个飞机拉泡泡视频至画中画轨道中，选择飞机拉泡泡视频，在“画面”操作区中，❶设置“混合模式”为“滤色”模式；❷设置“缩放”参数为 105%，将飞机拉泡泡画面适当放大，如图 7–63 所示。

步骤 02 拖曳时间指示器至 00:00:03:00 的位置（泡泡即将散开消失的位置），添加一个默认文本，调整文本的结束位置至与视频的结束位置对齐，在“文本”操作区中，❶输入节目名称；❷设置一个合适的字体；❸设置“颜色”为青蓝色，如图 7–64 所示。

图7–63

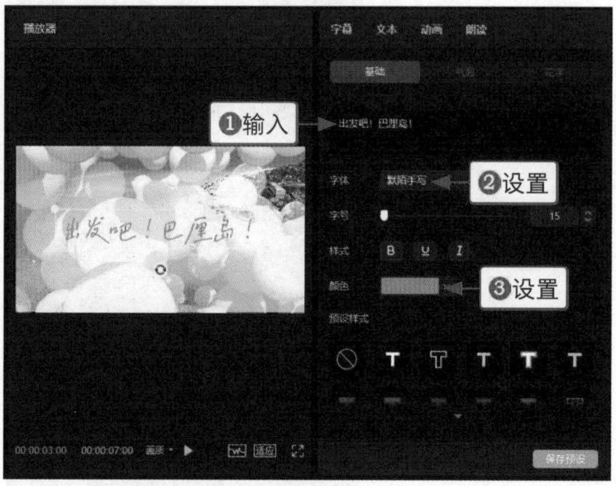

图7–64

步骤 03 ❶选中“描边”复选框；❷设置“颜色”为白色；❸设置“粗细”参数为 40，使泡泡散去时文字更加清晰，如图 7–65 所示。

步骤 04 在“动画”操作区的“入场”选项卡中，❶选择“溶解”动画；❷设置“动画时长”参数为 1.0s，如图 7–66 所示，完成对飞机拉泡泡开场效果的制作。

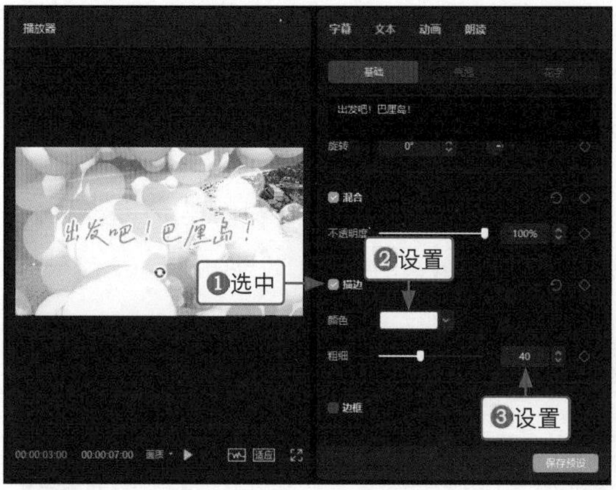

图7–65

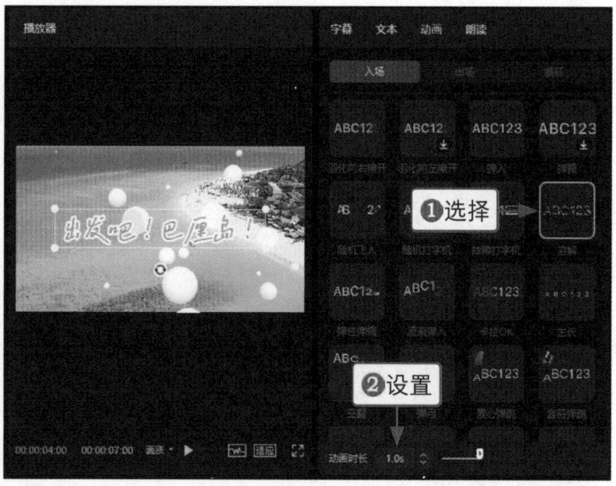

图7–66

2. 用剪映手机版制作

剪映手机版的操作方法如下。

步骤 01 在剪映手机版中，添加一个背景视频至视频轨道中，添加一个飞机拉泡泡视频至画中画轨道中，选择飞机拉泡泡视频，在“混合模式”面板中，❶选择“滤色”选项；❷将飞机拉泡泡画面适当放大，使其铺满屏幕，如图 7–67 所示。

步骤 02 拖曳时间轴至 00:03 的位置（泡泡即将散开消失的位置），新建一个文本，❶输入节目名称；❷选择一个合适的字体，如图 7-68 所示。

图7-67

图7-68

步骤 03 在“样式”选项卡中，选择青蓝色色块，设置文字颜色，如图 7-69 所示。

步骤 04 在“描边”选项区中，选择白色色块，为文字添加白色边框，如图 7-70 所示。

步骤 05 在“动画”选项卡的“入场动画”选项区中，❶选择“溶解”动画；❷设置动画时长为 1.0s，如图 7-71 所示。返回，调整文本的结束位置至与视频的结束位置对齐，完成对飞机拉泡泡开场效果的制作。

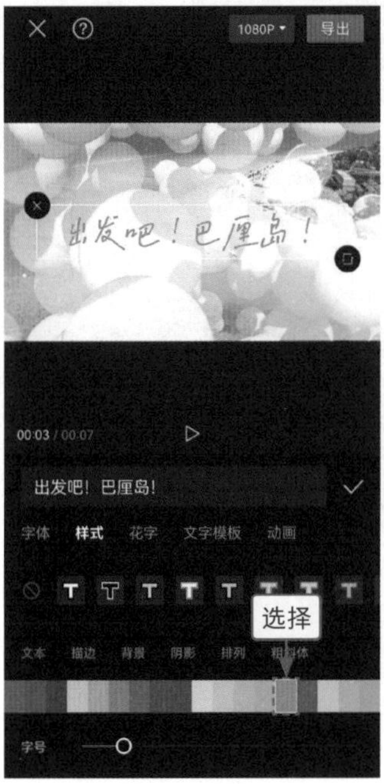

图 7-69

图 7-70

图 7-71

课后实训：箭头开场片头

效果对比 箭头开场效果是指画面黑屏时，箭头从左向右移出画面，显示背景视频和节目片名的效果，如图 7–72 所示。

图7–72

本案例制作步骤如下。

❶将背景视频和箭头视频分别添加到视频轨道和画中画轨道中；❷拖曳时间指示器至 00:00:01:15 的位置；❸在“文本”操作区的“文字模板”|“美食”选项卡中，单击所选文字模板的“添加到轨道”按钮，如图 7–73 所示，将文字模板添加到轨道中。

在“文本”操作区中，修改文字内容为节目片名，如图 7–74 所示，完成对箭头开场效果的制作。

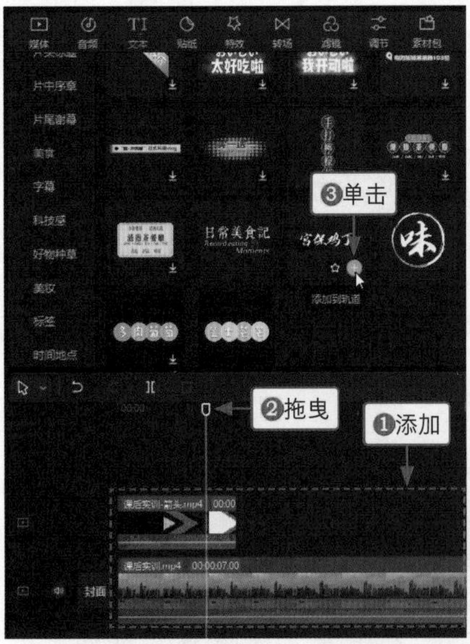

图7–73

图7–74

第 8 章　广告：商业片头字幕特效

广告在人们的生活中很常见——在手机上刷个视频，都可能看到一些商铺开业的广告短片。制作广告的主要目的，是吸引消费者的注意，提高品牌知名度，促使更多的消费者在购买同类产品或选择同类服务时考虑该品牌。本章主要介绍商业片头字幕的制作方法，包括制作宣传片头文字、商铺开业文字以及店铺 Logo 等。

8.1 科技感宣传片头：《云行天际》

随着视频传媒的发展，商务宣传短片开始频繁出现在各大荧幕中。本节将向大家介绍科技感宣传片头的制作方法。

效果对比 制作科技感宣传片头，需要准备一个科技感背景素材，大家可以在剪映的素材库中，通过搜索关键字“科技感”寻找满意的背景素材视频，找到后，在背景素材视频中添加公司名称和宣传文案，效果如图 8-1 所示。

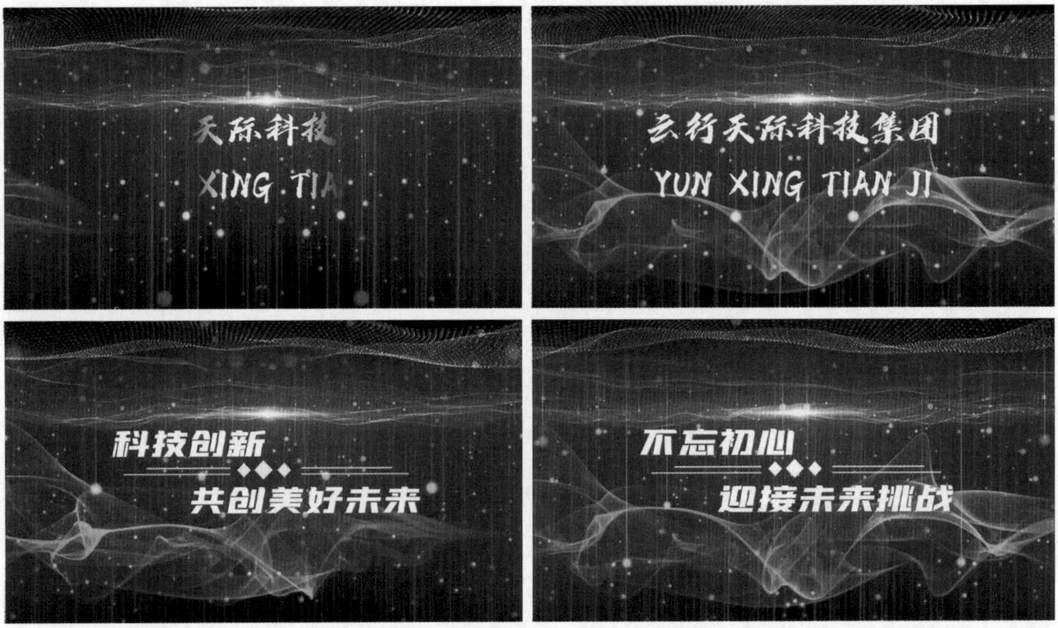

图8–1

1. 用剪映电脑版制作

剪映电脑版的操作方法如下。

步骤 01 在剪映电脑版中，添加一个科技感背景素材视频至视频轨道中，添加一个默认文本并调整文本时长为 5s，在“文本”操作区中，❶输入公司名称；❷设置一个合适的字体；❸在文本框中选择输入的拼音文本；❹设置“字号”参数为 13，将拼音文本调小一点，如图 8-2 所示。

步骤 02 在“排列”选项区中，❶设置“行间距”参数为 8；❷在“播放器”面板中调小文本，如图 8-3 所示。

步骤 03 在“动画”操作区的“入场”选项卡中，❶选择“开幕”入场动画；❷设置“动画时长”参数为 1.5s，如图 8-4 所示。

步骤 04 在“出场”选项卡中，❶选择“溶解”动画；❷设置“动画时长”参数为 1.0s，如图 8-5 所示。

步骤 05 将制作的文本复制并粘贴，在“文本”操作区中，❶修改文本内容为第 1 句宣传文案；❷设置一个合适的字体；❸调整文本的位置和大小，如图 8-6 所示。

步骤 06 在“贴纸”功能区的“收藏”选项卡中，找到一个白色线条贴纸（用户通过搜索“白色线条”获得需要的贴纸，将其收藏起来，即可在“收藏”选项卡中找到），单击“添加到轨道”按钮，如图 8-7 所示，将白色线条贴纸添加到第 2 个文本的上方，并调整其时长至与文本时长一致。

图8-2

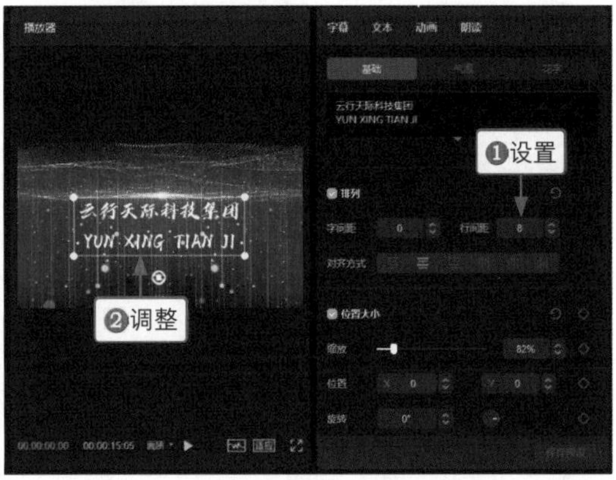

图8-3

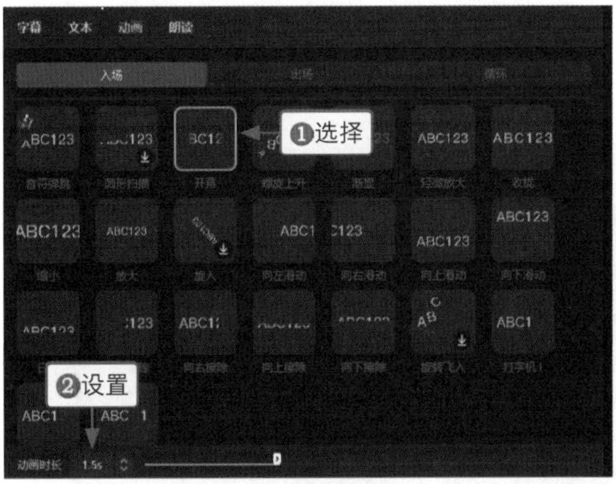

图8-4

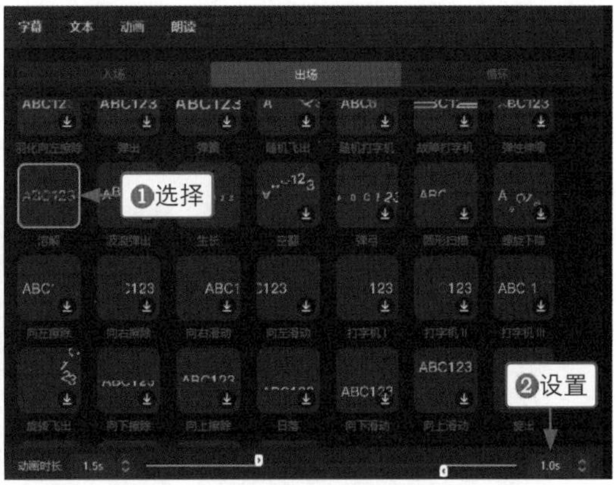

图8-5

图8-6

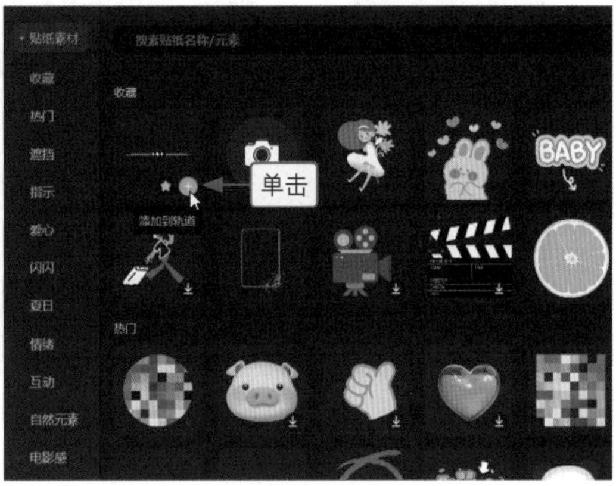

图8-7

步骤 07 在“动画”操作区中，❶为贴纸选择“渐显”入场动画（图中无指示，读者可自行操作）和“渐隐”出场动画；❷分别设置“动画时长”参数为 2.0s 和 1.0s，如图 8-8 所示。

步骤 08 复制第 2 个文本和贴纸并粘贴，在“文本”操作区中，修改文本内容为第 2 句宣传文案，如图 8-9 所示。至此，即可完成对宣传片头字幕的制作。

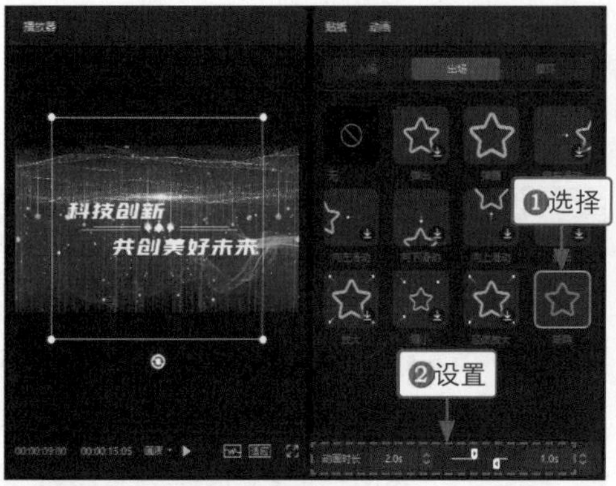

图8-8

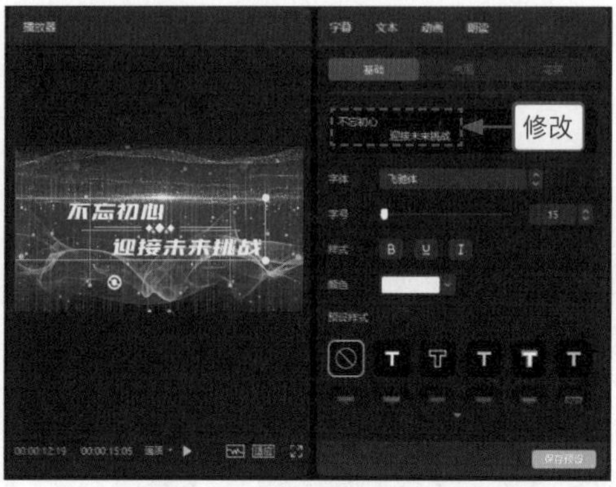

图8-9

2. 用剪映手机版制作

剪映手机版的操作方法如下。

步骤 01 在剪映手机版中导入科技感背景素材视频，新建一个文本，❶输入公司名称；❷选择一个字体，如图 8-10 所示。

步骤 02 ❶选择输入的拼音；❷在“样式”选项卡中设置“字号”参数为 13，如图 8-11 所示。

步骤 03 ❶调小文本；❷在“排列”选项区中设置“行间距”参数为 8，如图 8-12 所示。

图 8-10

图 8-11

图 8-12

步骤 04 在“动画”选项卡的“入场动画”选项区中，❶选择“开幕”动画；❷设置动画时长为 1.5s，如图 8-13 所示。

步骤 05 在“出场动画”选项区中，❶选择“溶解”动画；❷设置动画时长为 1.0s，如图 8–14 所示。

步骤 06 ❶返回，调整文本时长为 5s；❷复制并粘贴文本，将其拖曳至第 1 个文本的后面；❸点击“编辑”按钮，如图 8–15 所示。

图 8–13

图 8–14

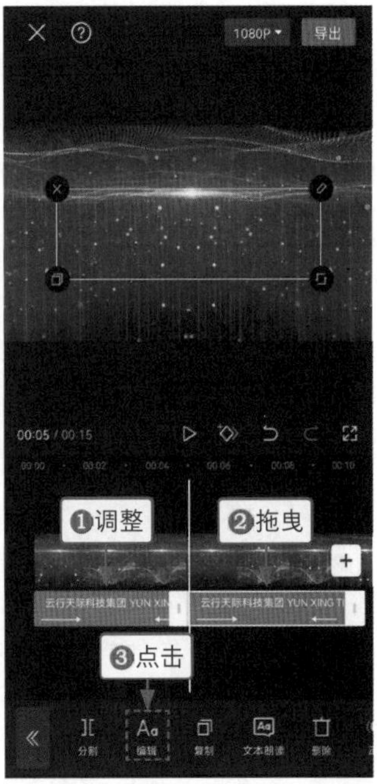

图 8–15

步骤 07 ❶修改文本内容为第 1 句宣传文案；❷选择一个合适的字体；❸调整文本的位置和大小，如图 8–16 所示。

步骤 08 在贴纸素材库的“收藏”选项卡中，选择一个白色线条贴纸，如图 8–17 所示。

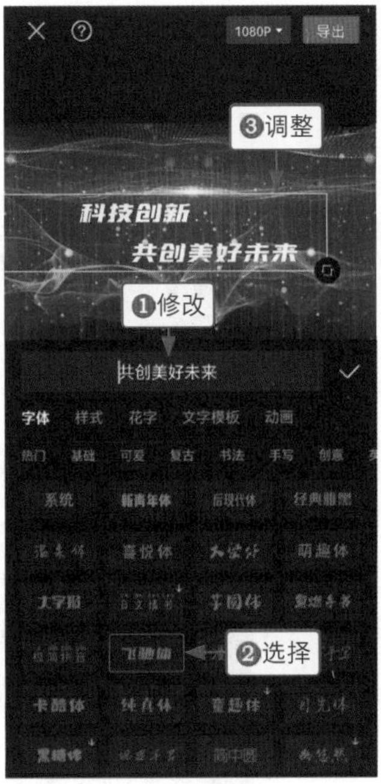

图8–16

图8–17

步骤 09 点击✓按钮返回，将白色线条贴纸添加到第 2 个文本的下方，❶调整贴纸时长至与文本时长一致；❷点击“动画”按钮，如图 8-18 所示。

步骤 10 在“贴纸动画”面板中，❶为贴纸选择“渐显”入场动画（图中无指示，读者可自行操作）和“渐隐”出场动画；❷分别设置动画时长为 2.0s 和 1.0s，如图 8-19 所示。

步骤 11 ❶复制第 2 个文本和贴纸并粘贴；❷修改文本内容，如图 8-20 所示。

图 8-18

图 8-19

图 8-20

8.2 广告片头

本节向大家介绍的是广告片头中常用的字幕特效的制作方法，包括商铺开业文字、店铺 Logo 以及撞击粒子片头等字幕特效的制作方法。

8.2.1 商铺开业文字：《开业大吉》

效果对比 在剪映中制作商铺开业文字效果，只需要准备好精美的粒子背景素材，在金色粒子从空中掉落的时候，设置显示金色的文字即可，效果如图 8-21 所示。

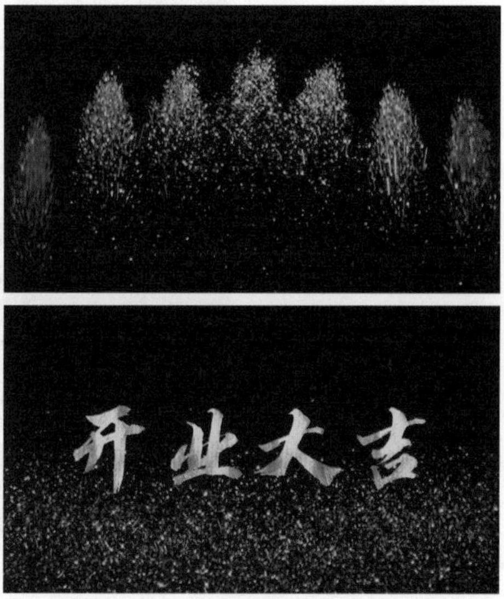

图8-21

1. 用剪映电脑版制作

剪映电脑版的操作方法如下。

步骤 01 在剪映电脑版中，❶添加一个视频至视频轨道中；❷拖曳时间指示器至 00:00:01:15 的位置，如图 8-22 所示。

步骤 02 在“文本”功能区的“花字”|“黄色”选项卡中，单击金色花字的“添加到轨道”按钮，如图 8-23 所示。添加金色花字文本，并调整文本的结束位置，使之与视频的结束位置对齐。

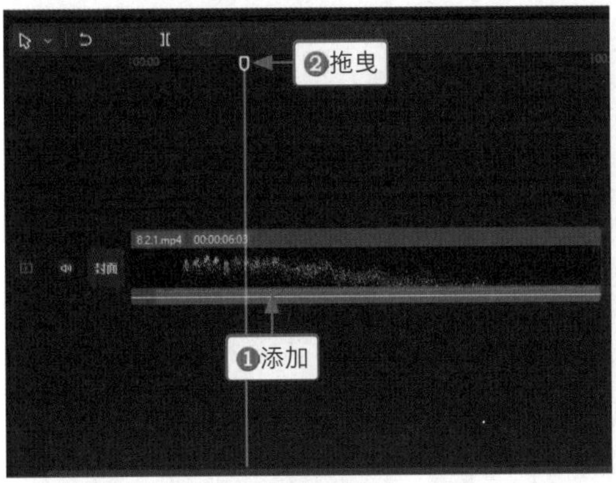

图8-22

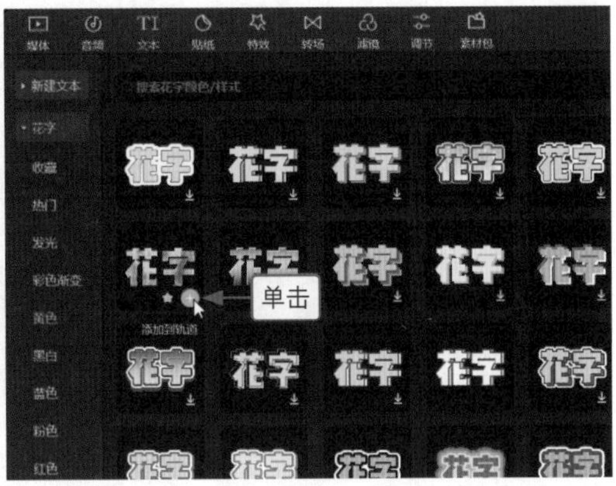

图8-23

步骤 03 在“文本”操作区中，❶输入文字内容；❷设置一个字体；❸调整文本的大小，如图 8-24 所示。

步骤 04 在“动画”操作区的“入场”选项卡中，❶选择“溶解”动画；❷设置“动画时长”参数为 1.0s，如图 8-25 所示，制作金色文字溶解成粒子入场的效果。

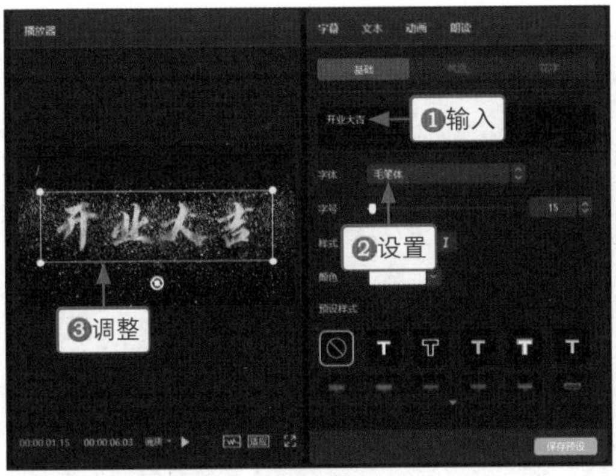

图8-24

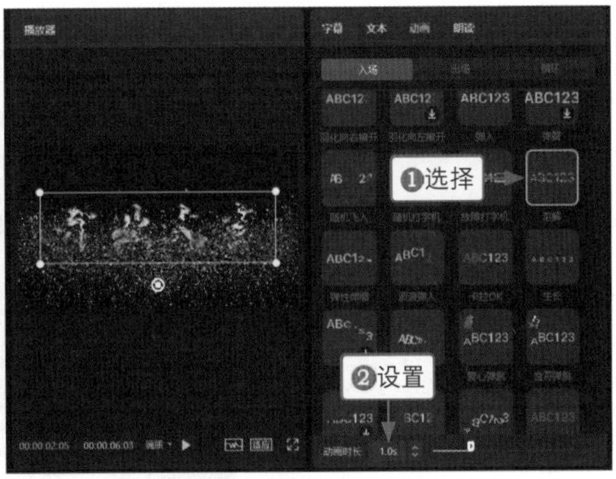

图8-25

2. 用剪映手机版制作

剪映手机版的操作方法如下。

步骤 01 在剪映手机版中，添加一个视频至视频轨道中，拖曳时间轴至 1.5s 处，点击“文字”按钮，新建一个文本，❶输入文字内容；❷选择一个字体；❸调整文本的大小，如图 8-26 所示。

步骤 02 在“花字”选项卡的“黄色”选项区中，选择一个金色花字，如图 8-27 所示，将白色的文字改为金色的文字。

步骤 03 在“动画”选项卡中，❶选择“溶解”入场动画；❷设置动画时长为 1.0s，如图 8-28 所示，制作金色文字溶解成粒子入场的效果。执行操作后，调整文本的结束位置，使之与视频的结束位置对齐。

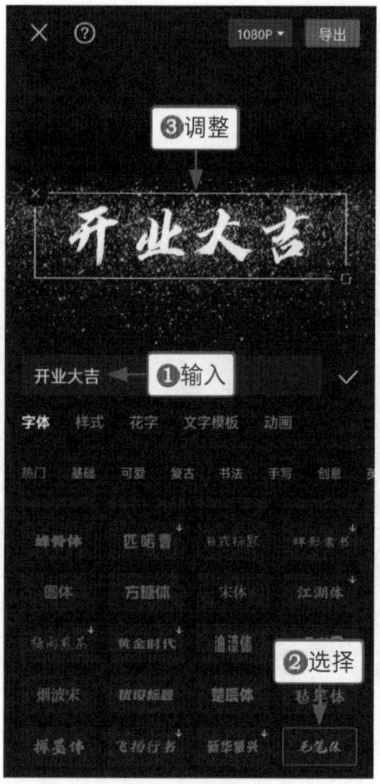

图 8-26

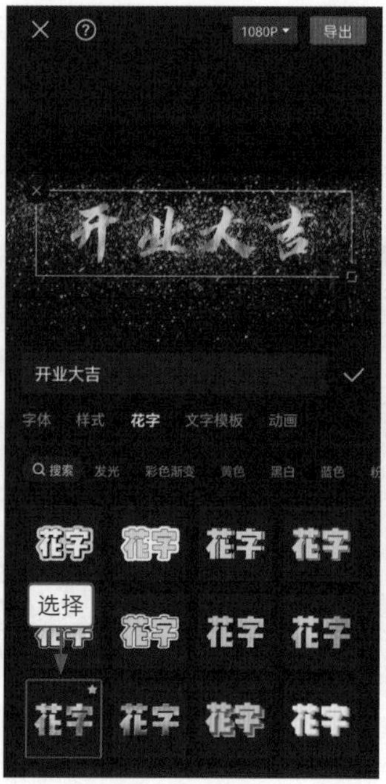

图 8-27

图 8-28

8.2.2 店铺Logo制作：《墨香阁》

效果对比 在剪映中制作店铺 Logo 时，可以根据店铺风格来设计，如果是现代风，可以将文字设置为基础的、可爱的字体，或者是创意类字体；如果是古风，可以将文字设置为书法相关字体，也可以为其添加印章和飘散粒子，使 Logo 更美观，效果如图 8-29 所示。

图8-29

1. 用剪映电脑版制作

剪映电脑版的操作方法如下。

步骤 01 在剪映电脑版中，添加一个粒子视频至视频轨道中，在“文本”功能区的“花字”|“黄色”选项卡中，单击金色花字的“添加到轨道”按钮，如图 8-30 所示。添加金色花字文本，并调整文本时长至与视频时长一致。

步骤 02 在“文本”操作区中，❶输入店铺名称的第 1 个字；❷设置一个字体；❸调整文本的大小和位置，如图 8-31 所示。

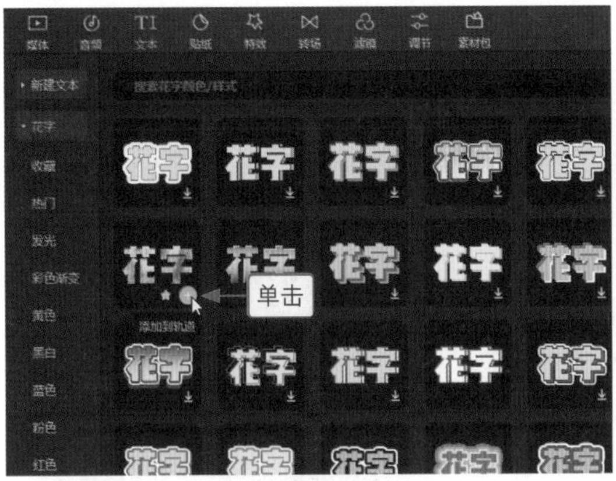

图8-30

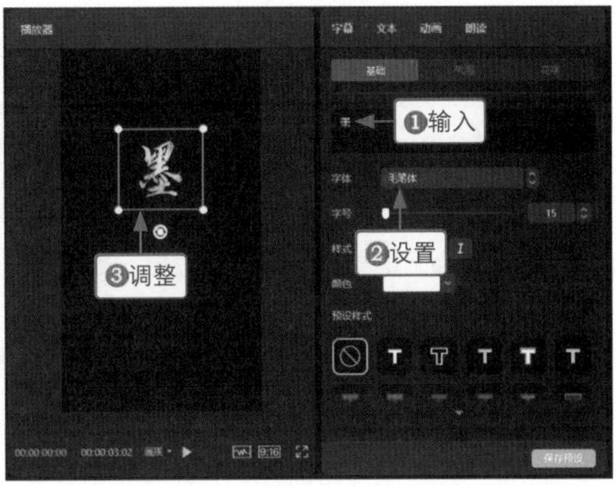

图8-31

步骤 03 复制制作的文本，粘贴在第 2 条字幕轨道和第 3 条字幕轨道中，修改文字内容并调整文本位置，如图 8-32 所示。

步骤 04 在“文本”功能区的“文字模板”|“气泡”选项卡中，选择一个印章模板并单击“添加到轨道”按钮，如图 8-33 所示，添加印章文本并调整其时长至与视频时长一致。

步骤 05 在“文本”操作区中，❶修改印章文字；❷调整印章的大小和位置，如图 8-34 所示。

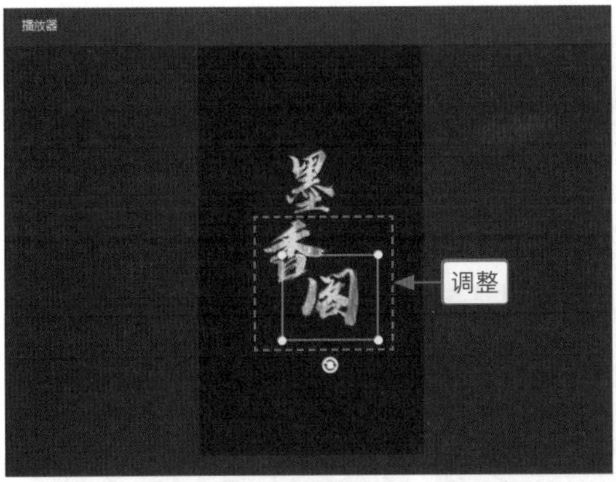

图8-32

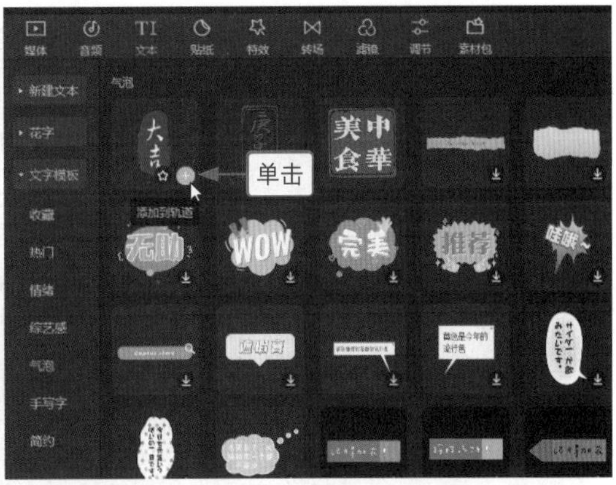

图8-33

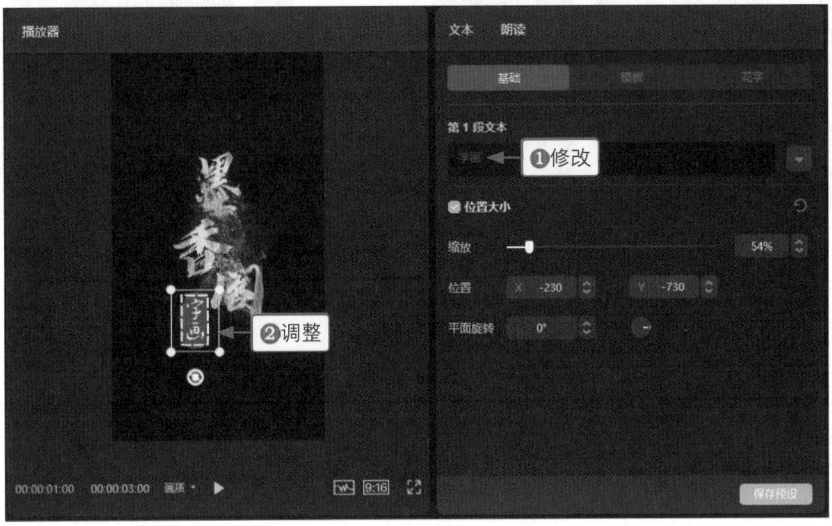

图8-34

2. 用剪映手机版制作

剪映手机版的操作方法如下。

步骤 01 在剪映手机版中，添加一个视频至视频轨道中，新建一个文本，❶输入文字内容；❷选择一个字体；❸调整文本的大小和位置，如图 8-35 所示。

步骤 02 在“花字”选项卡的“黄色”选项区中，选择一个金色花字，如图 8-36 所示，将白色的文字改为金色的文字。

步骤 03 ❶复制制作的文本并粘贴至第 2 条字幕轨道和第 3 条字幕轨道中；❷修改文字内容并调整文本位置；❸点击“文字模板”按钮，如图 8-37 所示。

步骤 04 在“文字模板”选项卡的“气泡”选项区中，❶选择一个印章模板；❷修改文字内容；❸调整印章的大小和位置，如图 8-38 所示。执行操作后，即可完成对店铺 Logo 文字的制作。

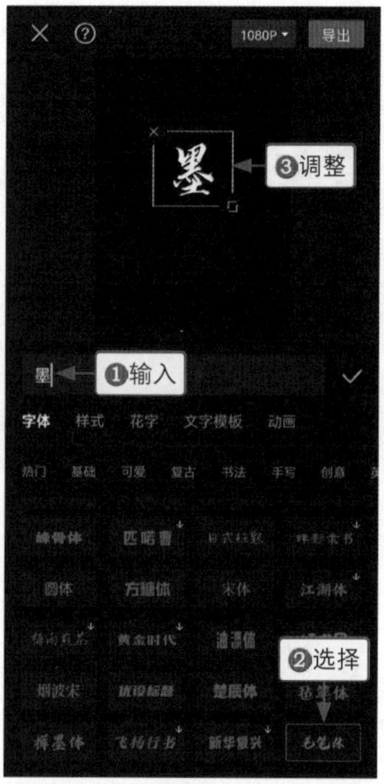

图8-35

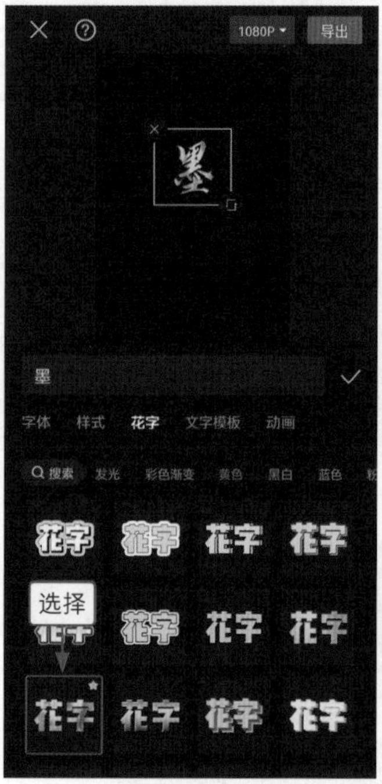

图 8-36

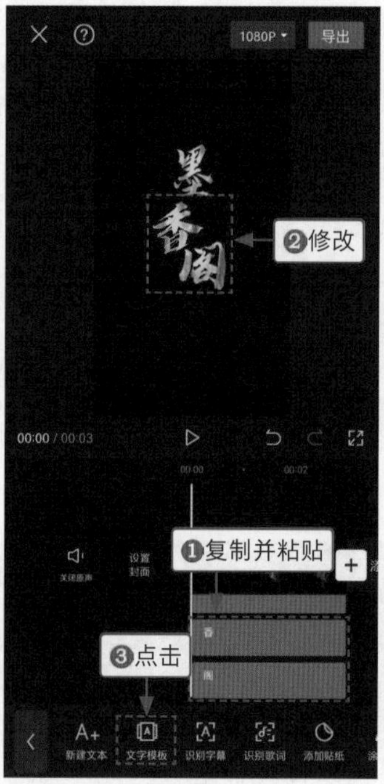

图 8-37

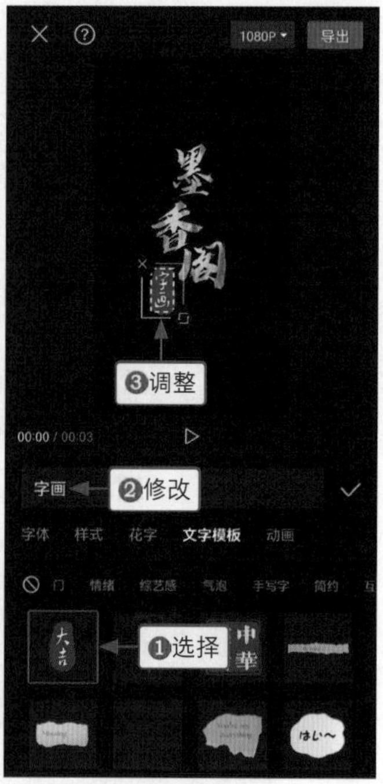

图 8-38

8.2.3 撞击粒子动画片头：《龙腾科技》

效果对比 在剪映中添加一个粒子片头素材，制作粒子撞击爆炸后出现公司名称和广告语的效果，并为文字添加动画效果，完成对撞击粒子片头的制作，效果如图 8-39 所示。

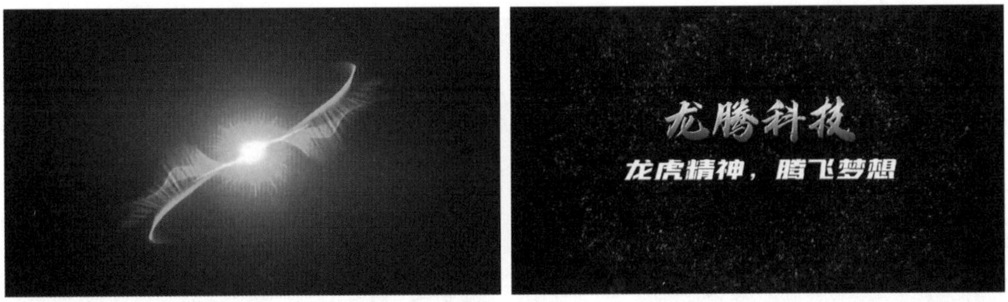

图8–39

1. 用剪映电脑版制作

剪映电脑版的操作方法如下。

步骤 01 在剪映电脑版中，添加一个粒子视频至视频轨道中，拖曳时间指示器至 2s 的位置，在“文本”功能区的“花字”|“黑白”选项卡中，单击金属感花字的“添加到轨道”按钮，如图 8–40 所示，添加金属感花字文本。

步骤 02 在“文本”操作区中，❶输入公司名称；❷设置一个字体；❸调整文本的大小和位置，如图 8–41 所示。

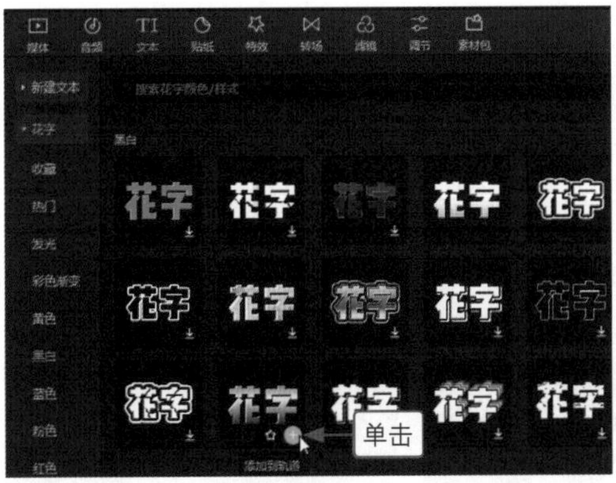

图8–40

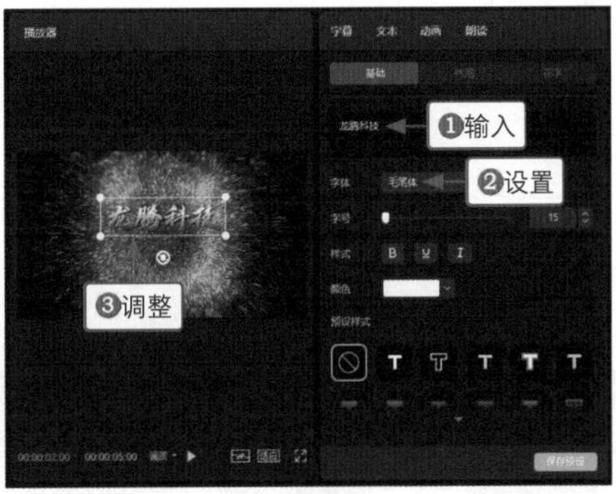

图8–41

步骤 03 在“动画”操作区中，❶选择“渐显”入场动画；❷设置“动画时长”参数为 1.0s，如图 8–42 所示。

步骤 04 在 2s 处，再次添加一个默认文本，如图 8–43 所示。

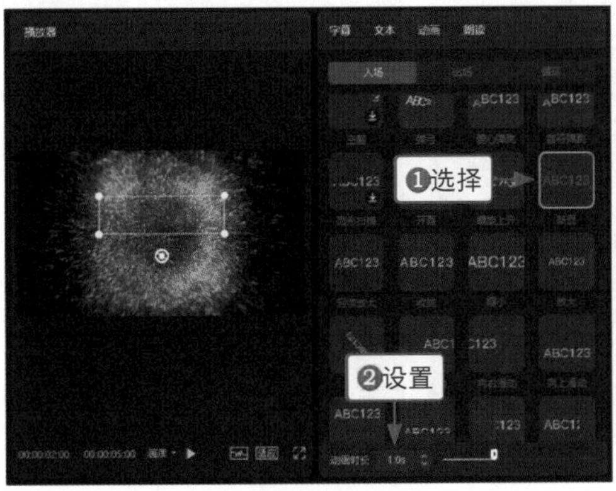

图8–42

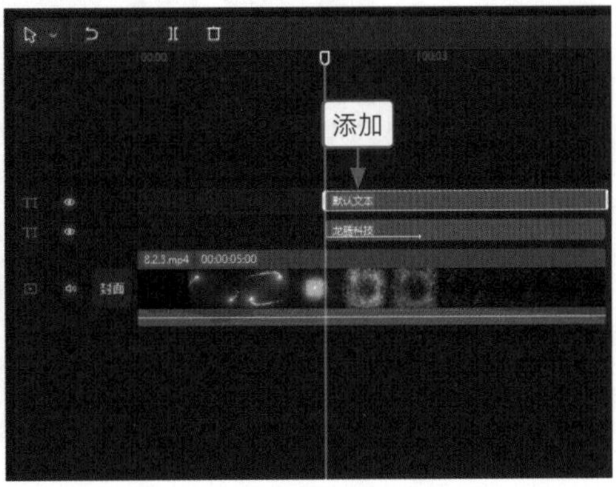

图8–43

步骤 05 在“文本”操作区中，❶输入广告语；❷设置一个字体；❸调整文本的大小和位置，如图 8-44 所示。

步骤 06 在“动画”操作区中，❶选择“逐字显影”入场动画；❷设置“动画时长”参数为 1.5s，如图 8-45 所示。

图8-44

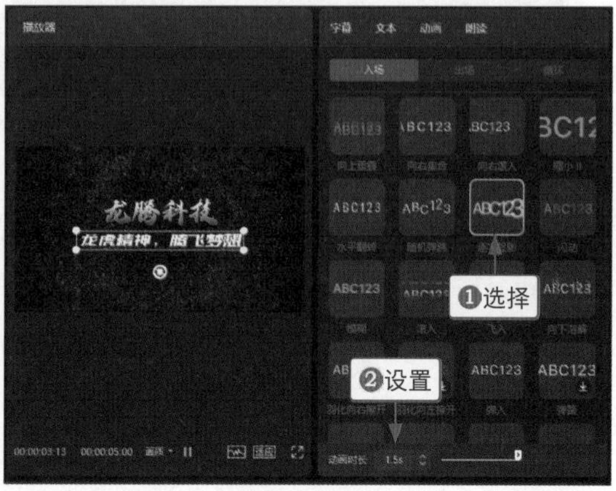

图8-45

2. 用剪映手机版制作

剪映手机版的操作方法如下。

步骤 01 在剪映手机版中，导入一个粒子视频，拖曳时间轴至 2s 的位置，新建一个文本，❶输入公司名称；❷选择一个字体；❸调整文本的大小和位置，如图 8-46 所示。

步骤 02 在“花字”|“黑白”选项卡中，选择一个金属感花字，如图 8-47 所示。

步骤 03 在“动画”选项卡中，❶选择“渐显”入场动画；❷设置动画时长为 1.0s，如图 8-48 所示。

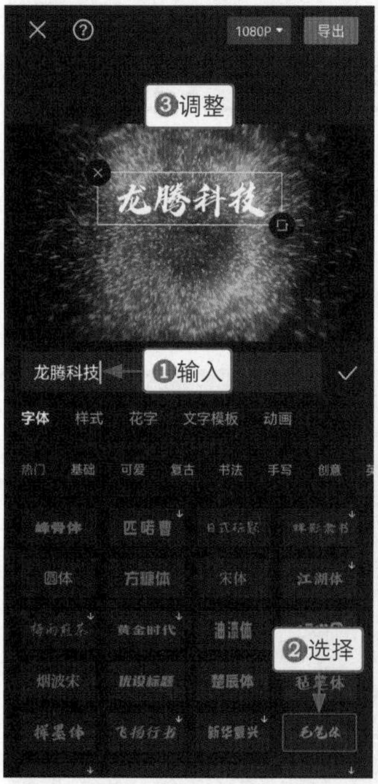

图 8-46

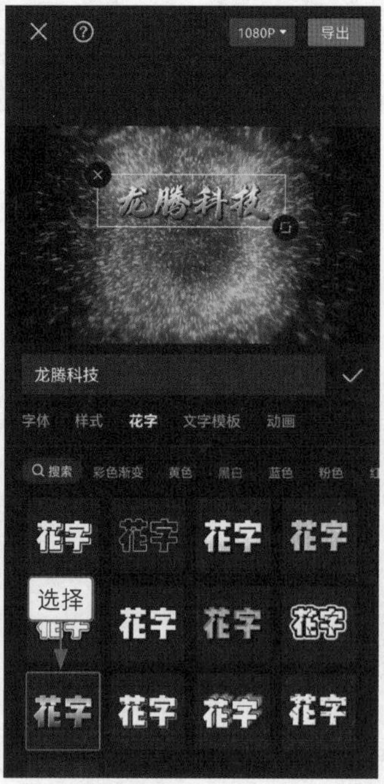

图 8-47

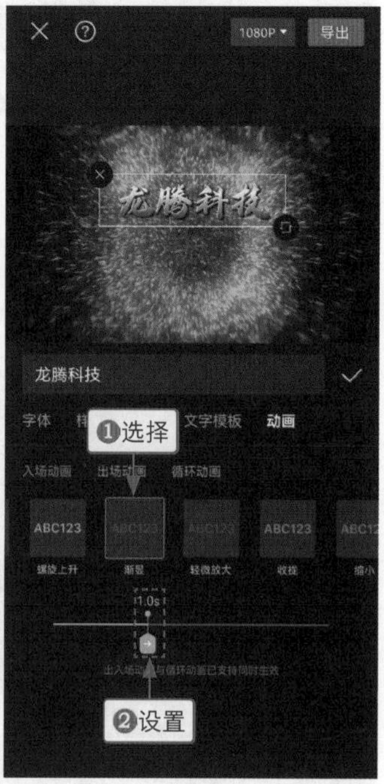

图 8-48

步骤 04 执行上述操作后，在 2s 处再次新建一个文本，❶输入广告语；❷设置一个字体；❸调整文本的大小和位置，如图 8-49 所示。

步骤 05 在“花字”选项卡中，选择⊘选项，禁用花字效果，如图 8-50 所示。

步骤 06 在“动画”选项卡中，❶选择“逐字显影”入场动画；❷设置动画时长为 1.5s，如图 8-51 所示。

图 8-49

图 8-50

图 8-51

课后实训：健身广告片头

效果对比 健身，既是锻炼身体的有效手段，又是维护健康的绝佳方案，现在，很多健身房策划宣传时都不再局限于制作宣传单了，而是制作视频广告，发布在朋友圈、视频号、抖音以及快手等平台上，一个动感的健身广告片头，可以帮助健身俱乐部吸引更多潜在消费者的注意，效果如图 8-52 所示。

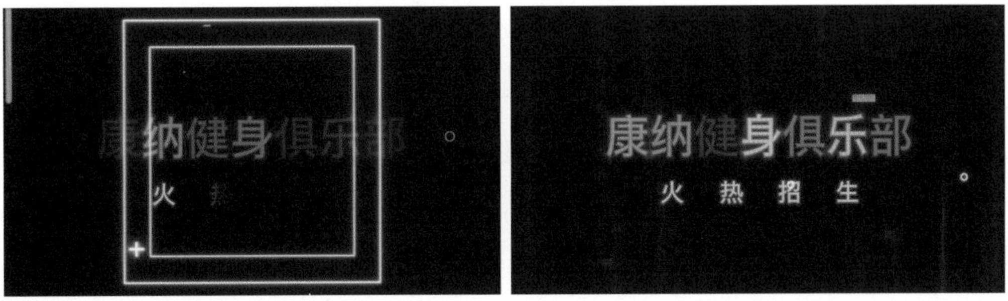

图8-52

本案例制作步骤如下。

❶将背景视频添加到视频轨道中；❷在“文本”操作区的“文字模板”|“收藏”选项卡中，单击所

选文字模板的“添加到轨道”按钮，如图 8-53 所示，将文本添加到轨道中，并调整文本时长至与健身广告片头时长一致。

在“文本”操作区中，修改文本内容为健身俱乐部的名称，如图 8-54 所示，完成对健身广告片头效果的制作。

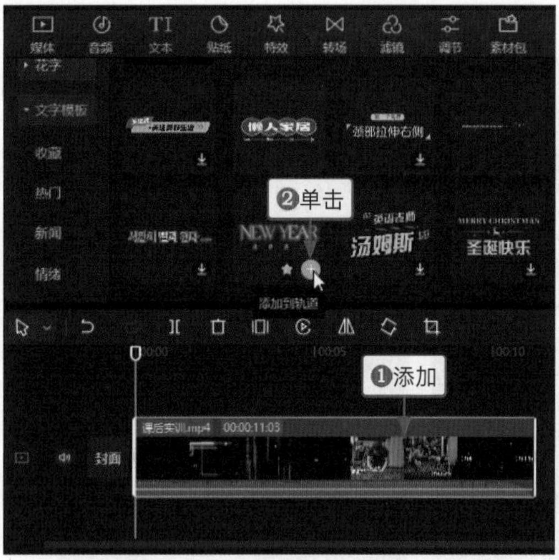

图8-53

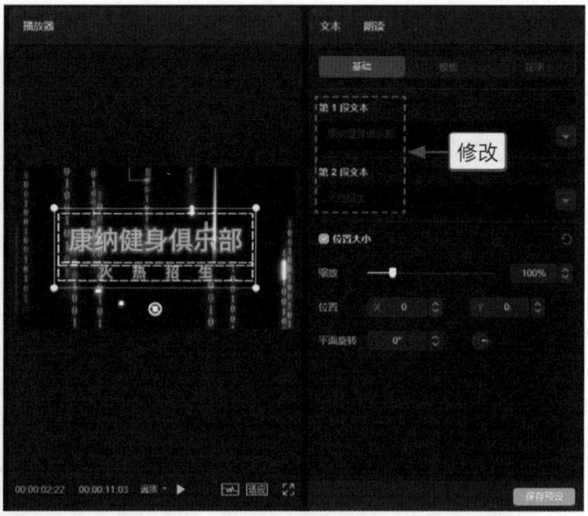

图8-54

第 9 章 Vlog：创意片头字幕特效

Vlog 是 Video Weblog 或 Video Blog 的简称，大意为用视频记录日常生活，即通过拍摄视频的方式，记录日常生活中的点滴画面。如今，很多人都喜欢用视频记录生活，并发布在互联网上，跟网友分享。制作 Vlog 时，为片头添加有创意的字幕，可以吸引更多人的关注。本章主要介绍创意片头字幕特效的制作方法。

9.1 旅行出游片头

文本字幕有着解说视频内容的作用，在剪映中制作旅行出游的 Vlog 时，用户可以在“文本”功能区中为视频添加片头文本，向观众传达自己旅游途中的想法、心情以及心得体会等。

9.1.1 旅行日记片头：《日出山巅》

效果对比 在剪映中，用户可以根据旅行 Vlog 的特点，在“文字模板”素材库中选用合适的模板，修改内容和字体，制作旅行日记片头，效果如图 9-1 所示。

图9-1

1. 用剪映电脑版制作

剪映电脑版的操作方法如下。

步骤 01 在剪映电脑版中，将视频添加到视频轨道中，在“文本”功能区的“文字模板”|“简约”选项卡中，单击“冬日旅行”文字模板的“添加到轨道”按钮，如图 9-2 所示。

步骤 02 添加文字模板后，在“文本”操作区中，修改 4 段文本的内容，如图 9-3 所示。

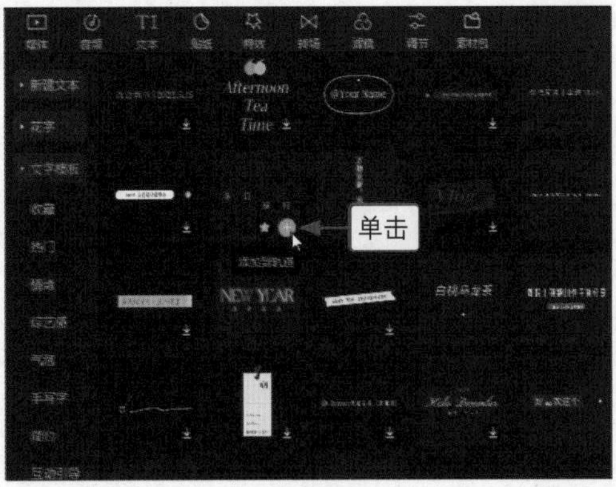

图9-2

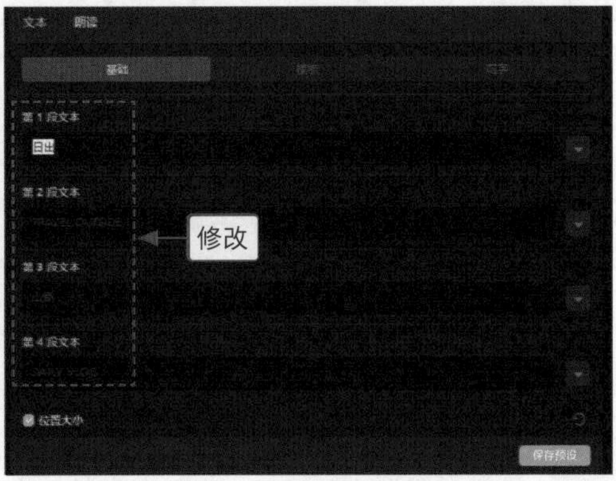

图9-3

步骤 03 ❶单击文本框右侧的下拉按钮；❷修改第 1 段文本和第 3 段文本的字体，如图 9-4 所示。

图9–4

2. 用剪映手机版制作

剪映手机版的操作方法如下。

步骤 01 在剪映手机版中，将视频添加到视频轨道中，新建一个文本，在“文字模板”|“简约”选项卡中，❶选择“冬日旅行”文字模板；❷分别修改 4 段文本的内容，如图 9–5 所示。

步骤 02 在“字体”选项卡中，修改中文文字的字体，如图 9–6 所示。

图9–5

图9–6

9.1.2 创意旅行文字：《诗和远方》

效果对比 在剪映中，用户可以通过抠像和混合文字视频等操作，制作人物在文字前面行走的创意旅行文字，效果如图 9-7 所示。本例一共使用了 3 层画面，模糊的背景为底层，文字为第 2 层，人物行走为第 3 层，大家可以根据这个创作思路进行创作。

图9-7

1. 用剪映电脑版制作

剪映电脑版的操作方法如下。

步骤 01 在剪映电脑版中，添加一个时长为 5s 的默认文本，在“文本”操作区中，❶输入文字内容；❷设置一个字体；❸单击按钮，设置斜体样式，如图 9-8 所示。

步骤 02 在“排列”选项区中，❶设置“字间距”参数为 5、“行间距”参数为 30；❷调整文本的大小和旋转角度，如图 9-9 所示。

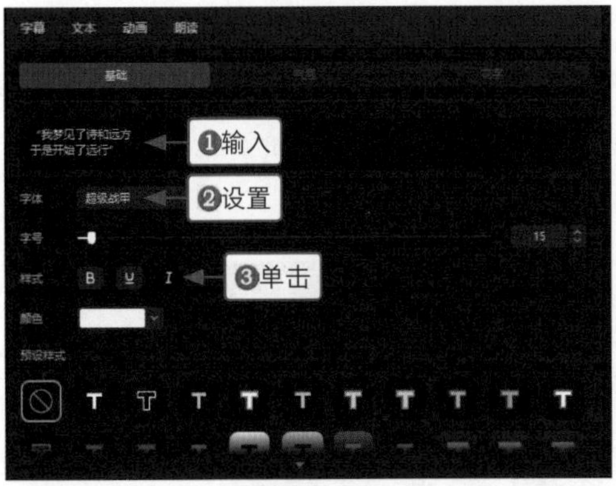

图9-8

图9-9

步骤 03 在“动画”操作区中，选择“溶解”出场动画，如图 9-10 所示。

步骤 04 在“贴纸”功能区的“收藏”选项卡中，单击白色直线贴纸的“添加到轨道”按钮，如图 9-11 所示。添加白色直线贴纸，并调整贴纸时长至与文本时长一致。

图9-10

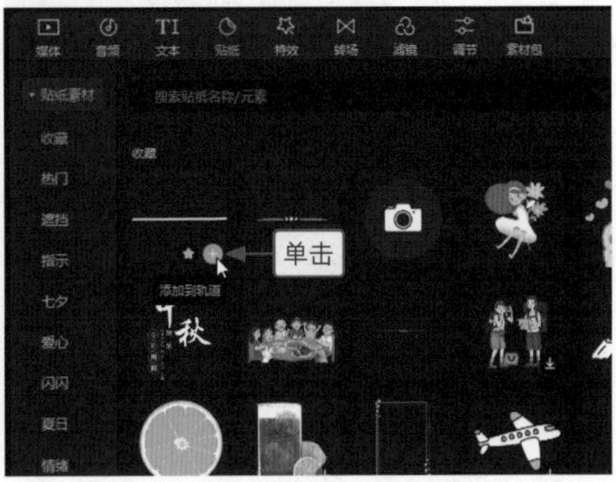

图9-11

步骤 05 在“播放器”面板中，调整直线贴纸的位置、大小和旋转角度，使其位于第 1 句话的下方，如图 9-12 所示。

步骤 06 在“动画”操作区中，选择“渐隐”出场动画，如图 9–13 所示。

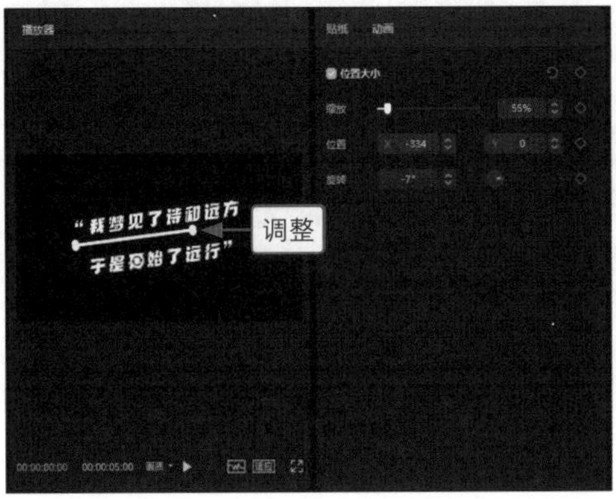

图9–12

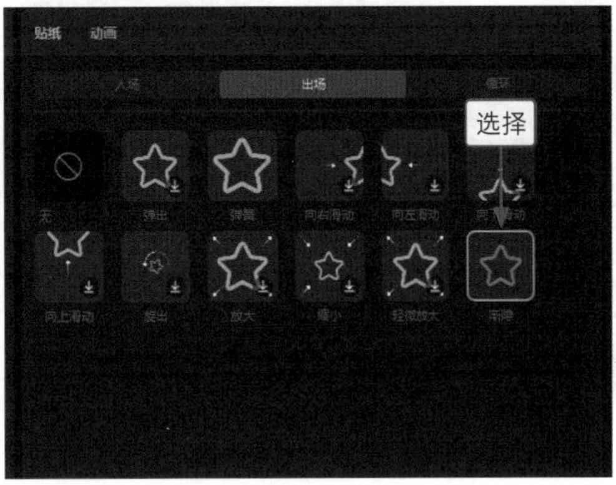

图9–13

步骤 07 ❶复制并粘贴制作的贴纸；❷调整第 2 个直线贴纸的位置，使其位于第 2 句话的上方，如图 9–14 所示。执行操作后，将制作的文字导出为文字视频备用。

图9–14

步骤 08 清空轨道，❶在视频轨道中添加一个模糊背景视频（注意，背景视频要与人物行走视频的背景一致）；❷在画中画轨道中添加步骤 07 中制作的文字视频，如图 9–15 所示。

步骤 09 在“画面”操作区中，设置“混合模式”为“变亮”模式，去除黑色背景，如图 9–16 所示。

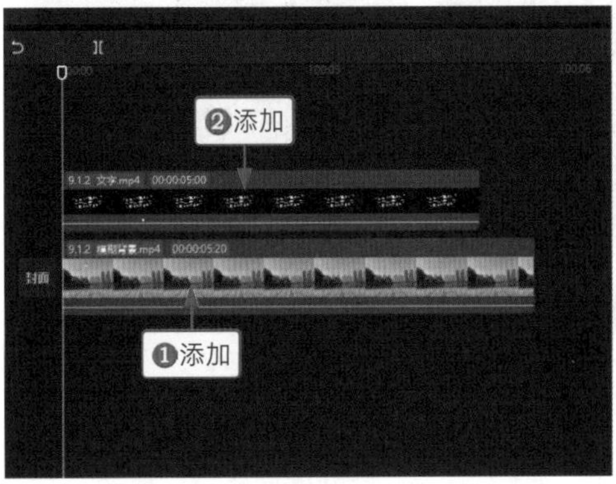

图9–15

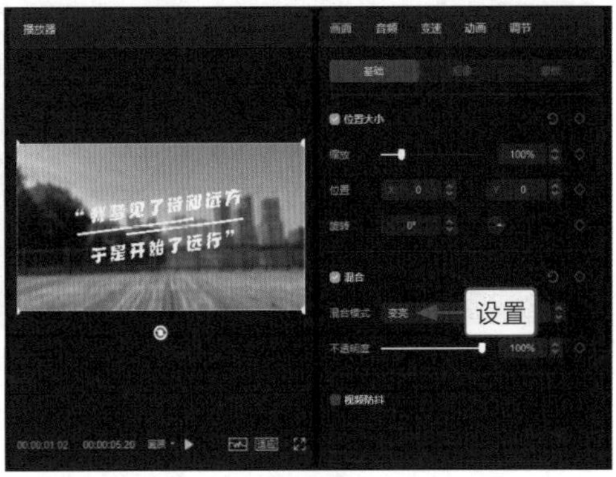

图9–16

步骤 10 在第 2 条画中画轨道中，添加一个人物侧面行走的视频，如图 9–17 所示。

步骤 11 在“画面”操作区的“抠像”选项卡中，选中“智能抠像”复选框，抠取人像，如图 9–18 所示。

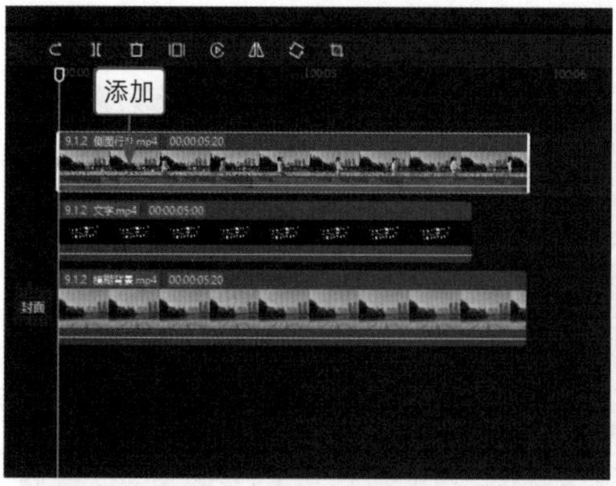

图9-17

图9-18

2. 用剪映手机版制作

剪映手机版的操作方法如下。

步骤 01 在剪映手机版中，添加一个时长为 5s 的黑场素材，新建一个文本，❶输入文字内容；❷选择一个字体，如图 9-19 所示。

步骤 02 在“样式”选项卡的“粗斜体”选项区中，点击 I 按钮，设置斜体样式，如图 9-20 所示。

步骤 03 在“排列”选项区中，❶设置“字间距”参数为 5、“行间距”参数为 30；❷调整文本的大小和旋转角度，如图 9-21 所示。

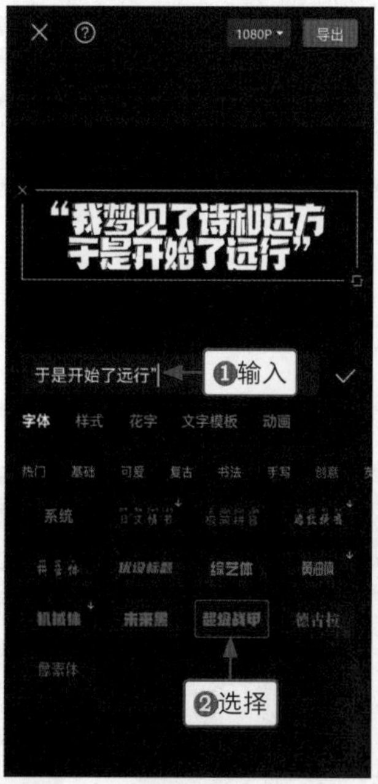

图 9-19

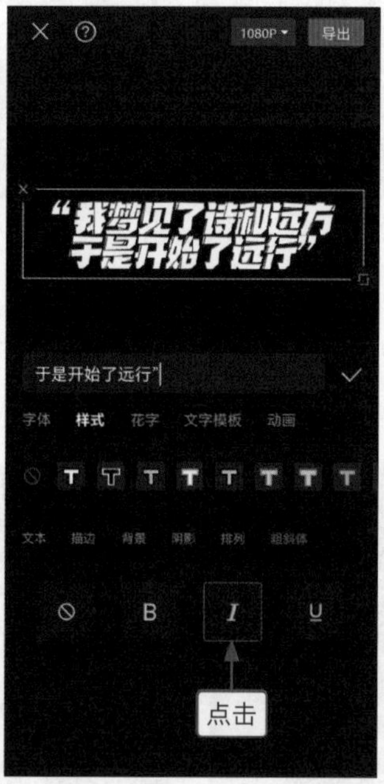

图 9-20

图 9-21

步骤 04 在“动画”选项卡的“出场动画”选项区中，选择“溶解”动画，如图 9-22 所示。

步骤 05 ❶返回，调整文本时长至与视频时长一致；❷点击“添加贴纸”按钮，如图 9-23 所示。

步骤 06 在“收藏”选项卡中，❶选择白色直线贴纸；❷调整直线贴纸的大小、位置和旋转角度，如图 9-24 所示。

步骤 07 ❶返回，调整直线贴纸时长至与文本时长一致；❷点击“动画”按钮，如图 9-25 所示。

步骤 08 在“出场动画”选项卡中，选择“渐隐”动画，如图 9-26 所示。

步骤 09 ❶复制并粘贴制作的贴纸；❷调整第 2 个直线贴纸的位置，如图 9-27 所示。执行操作后，将制作的文字导出为文字视频备用。

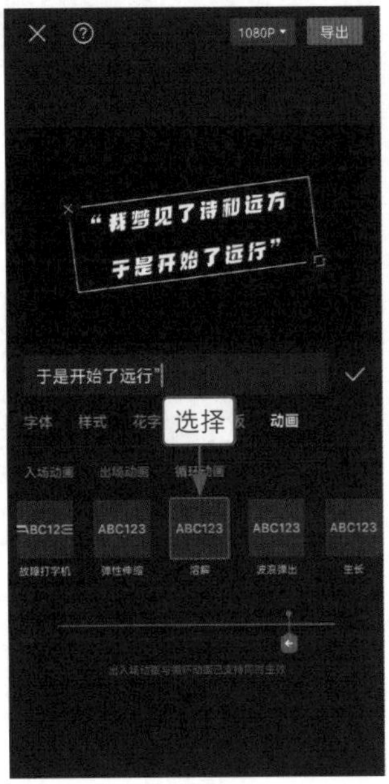

图 9-22

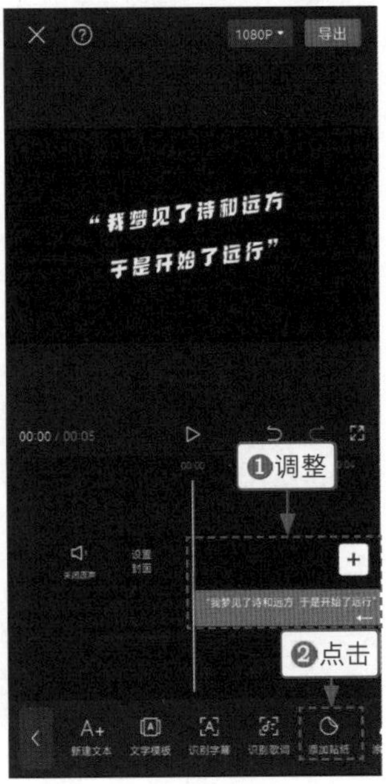

图 9-23

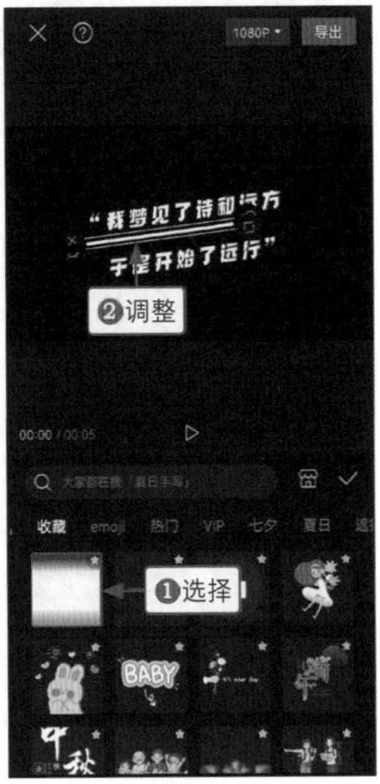

图 9-24

图 9-25

图 9-26

图 9-27

步骤 10 新建一个草稿文件，❶在视频轨道中添加一个模糊背景视频；❷在画中画轨道中添加步骤 09 中制作的文字视频；❸调整画面，使其铺满屏幕；❹点击“混合模式”按钮，如图 9-28 所示。

步骤 11 在“混合模式”面板中，选择“变亮”选项，去除黑色背景，如图 9-29 所示。

步骤 12 在第 2 条画中画轨道中，❶添加一个人物侧面行走的视频；❷调整画面，使其铺满屏幕；❸点击“抠像”|“智能抠像”按钮，抠取人像，如图 9-30 所示。

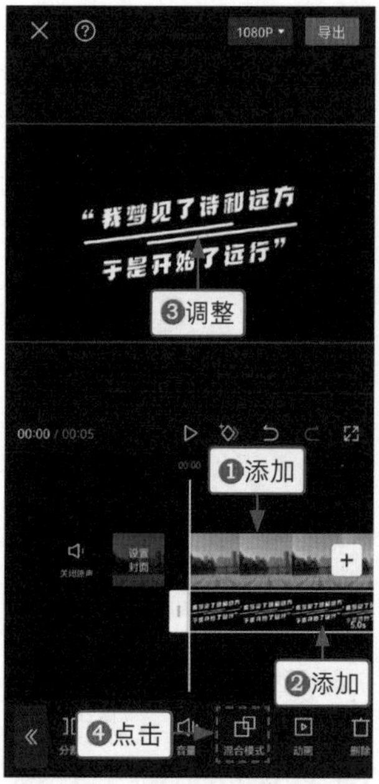

图 9-28

图 9-29

图 9-30

9.2 镂空文字片头

在剪映中，用户可以使用“色度抠图”功能、“混合模式”功能制作镂空文字，使用蒙版、关键帧制作镂空文字的动态效果。本节将向大家介绍镂空文字片头的制作方法。

9.2.1 上下分屏镂空片头：《记录美景》

效果对比 在剪映中制作上下分屏镂空片头，需要先制作一个黑底白字的文字视频，再使用“正片叠底”混合模式、“线性”蒙版以及出场动画，制作文字视频上下分屏效果，效果如图 9-31 所示。

1. 用剪映电脑版制作

剪映电脑版的操作方法如下。

步骤 01 在剪映电脑版中，添加两个文本，如图 9-32 所示。

图9-31

步骤 02 在“文本”操作区中分别输入相应的文本内容后，在“播放器”面板中调整两个文本的位置和大小，如图 9-33 所示。执行操作后，将制作好的文字导出为文字视频备用。

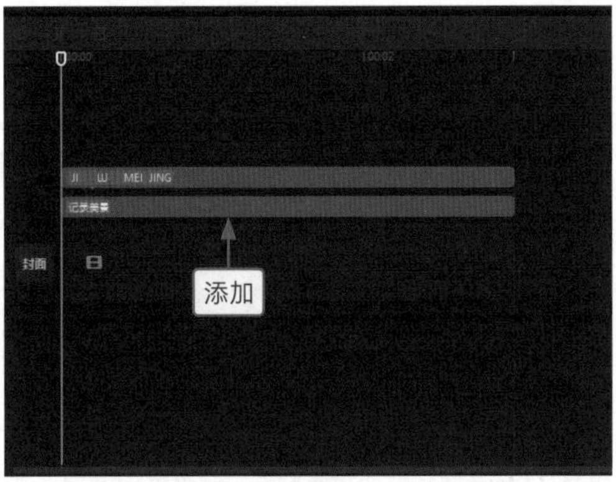

图9-32

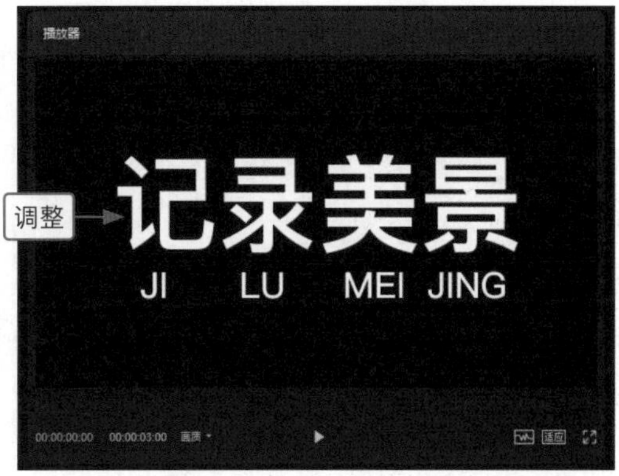

图9-33

步骤 03 清空轨道，❶将背景视频添加到视频轨道中；❷将文字视频添加到画中画轨道中，如图 9-34 所示。

步骤 04 选择文字视频，在“画面”操作区中，设置“混合模式”为“正片叠底”模式，如图 9-35 所示，制作文字镂空效果。

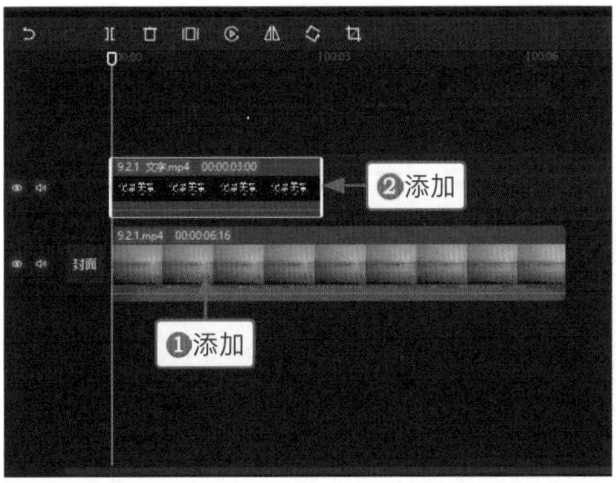

图9-34

图9-35

步骤 05 在“蒙版”选项卡中，选择“线性”蒙版，使画面中仅显示文字的上半段，如图 9-36 所示。

步骤 06 在“动画”操作区的“出场”选项卡中，❶选择“向上滑动”动画；❷设置“动画时长”参数为 1.5s，如图 9-37 所示，制作镂空文字向上滑屏效果。

图9-36

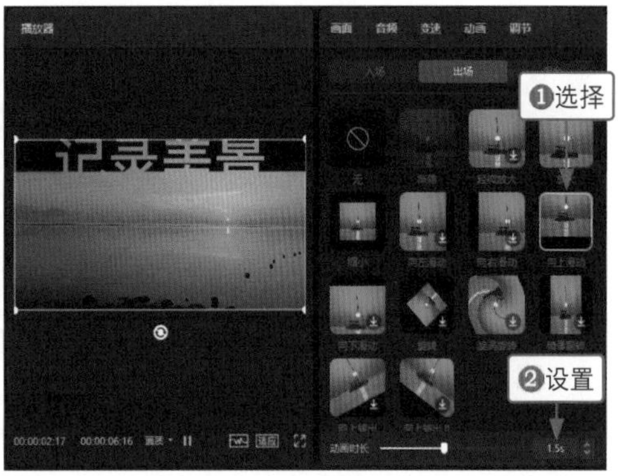

图9-37

步骤 07 复制并粘贴文字视频，在“蒙版”选项卡中，单击“反转”按钮，反转蒙版，显示文字的下半段，如图 9-38 所示。

步骤 08 在“动画”操作区的“出场”选项卡中，❶选择“向下滑动”动画；❷设置“动画时长”参数为 1.5s，如图 9-39 所示。执行操作后，即可完成对上下分屏镂空片头的制作。

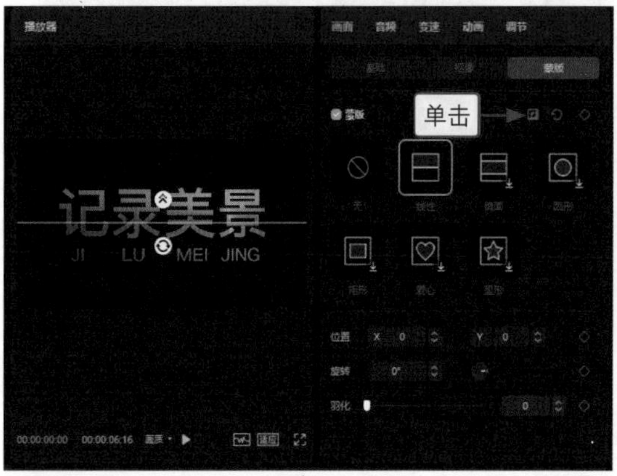

图9-38

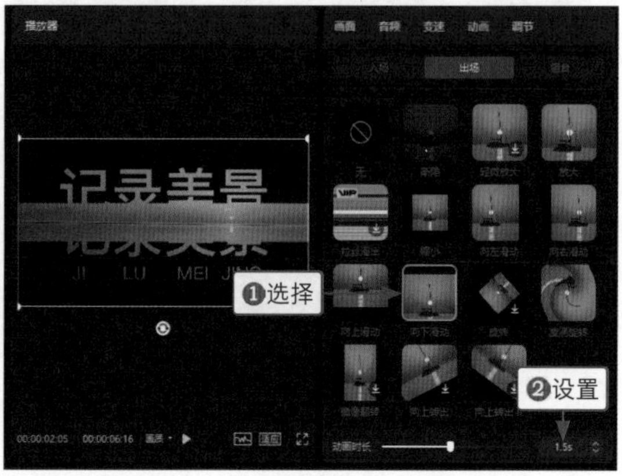

图9-39

温馨提示

除了可以通过添加动画制作上下分屏效果外，还可以在“蒙版”选项卡中，通过添加“位置”关键帧制作上下分屏效果，具体操作可以参考后文中剪映手机版的操作。

2. 用剪映手机版制作

除了可以使用出场动画制作上下分屏效果外，还可以通过添加关键帧的方式制作上下分屏效果，剪映手机版的操作方法如下。

步骤 01 在剪映手机版中，❶添加两个黑底白字的文本；❷调整两个文本的位置和大小，如图 9-40 所示。执行操作后，将制作好的文字导出为文字视频备用。

步骤 02 新建一个草稿文件，❶将背景视频和文字视频分别添加到视频轨道和画中画轨道中；❷选择文字视频；❸点击“混合模式”按钮，如图 9-41 所示。

步骤 03 ❶选择“正片叠底”选项；❷调整文字视频的画面大小，如图 9-42 所示，制作文字镂空效果。

步骤 04 ❶拖曳时间轴至 1.5s 处；❷在文字视频上添加一个关键帧；❸点击“蒙版”按钮，如图 9-43 所示。

步骤 05 在“蒙版”面板中，选择“线性”蒙版，使画面中仅显示文字的上半段，如图 9-44 所示。

步骤 06 点击按钮返回，❶拖曳时间轴至文字视频的结束位置；❷向上拖曳文字文本，直至看不到文字时，停止拖曳；❸此时，会自动添加第 2 个关键帧，如图 9-45 所示。

图 9-40

图 9-41

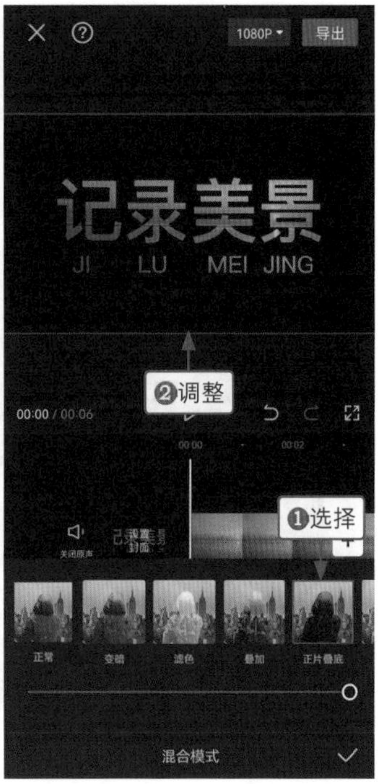

图 9-42

图 9-43

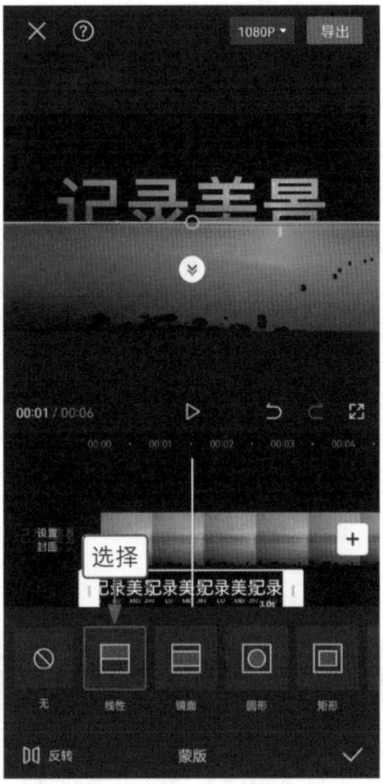

图 9-44

图 9-45

步骤 07 ❶复制并粘贴文字视频，将其拖曳至第 2 条画中画轨道中；❷在文字视频的结束位置点击“蒙版”按钮，如图 9-46 所示。

步骤 08 在“蒙版”面板中，点击“反转”按钮，显示文字的下半段，如图 9-47 所示。

步骤 09 返回，向下拖曳文字文本，直至看不到文字时，停止拖曳。此时，会自动添加第 3 个关键帧，如图 9-48 所示。

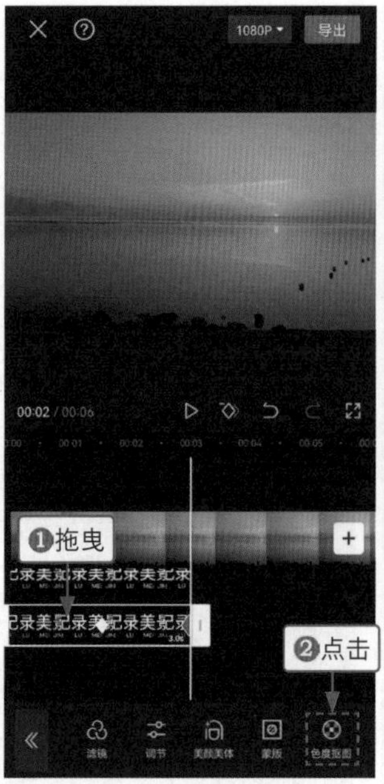

图 9-46

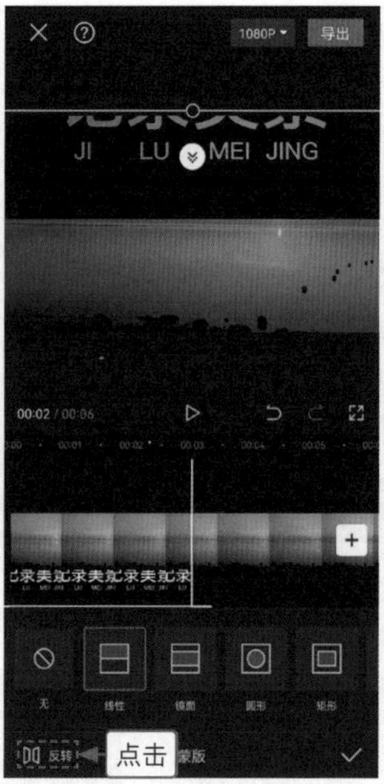

图 9-47

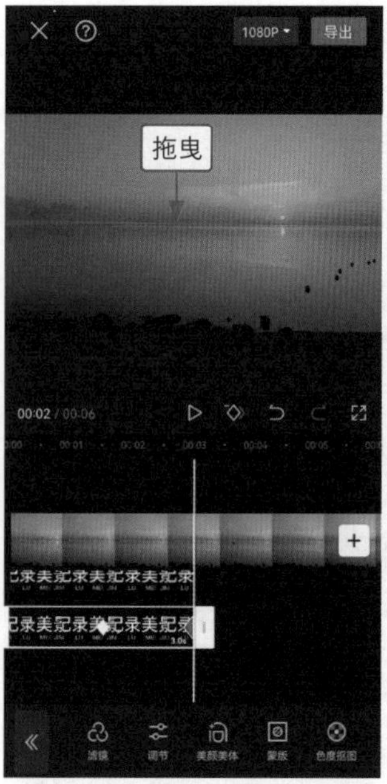

图 9-48

9.2.2 镂空文字右滑开场：《DUSK》

图9-49

效果对比 在剪映的“文字模板”素材库中，有镂空文字右滑开场效果的模板，套用模板后修改内容，即可制作镂空文字右滑开场的效果，效果如图 9-49 所示。

1. 用剪映电脑版制作

剪映电脑版的操作方法如下。

步骤 01 在剪映电脑版中，在“文本”功能区的“文字模板”|“片头标题”选项卡中找到镂空文字向右滑动的文字模板，单击“添加到轨道”按钮，如图 9-50 所示。

步骤 02 执行上述操作后，即可添加文字模板，调整其时长为 6s，如图 9-51 所示。

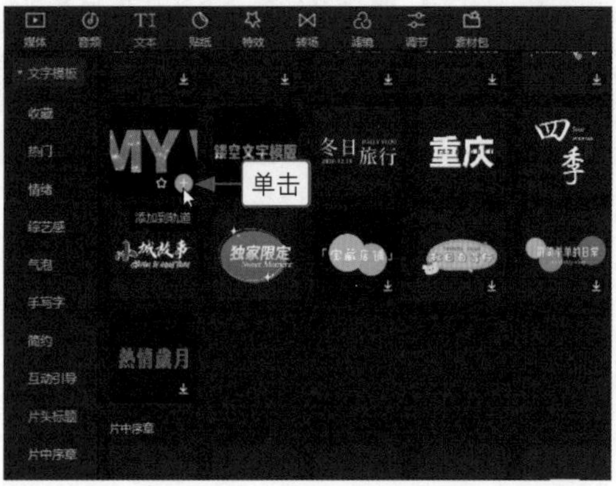

图9-50

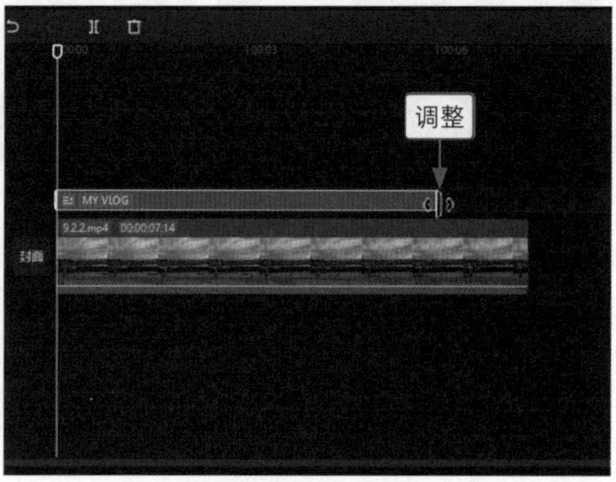

图9-51

步骤 03　在“文本”操作区中修改文字内容，如图 9-52 所示。执行操作后，即可完成对镂空文字右滑开场效果的制作。

图9-52

2. 用剪映手机版制作

剪映手机版的操作方法如下。

步骤 01　在剪映手机版中，添加一个背景视频至视频轨道中，新建一个文本，在“文字模板”|“片头标题”选项卡中，❶选择镂空文字向右滑动的文字模板；❷修改文字内容，如图 9-53 所示。

步骤 02　执行上述操作后，返回，调整文字模板时长为 6s，如图 9-54 所示。

图9-53

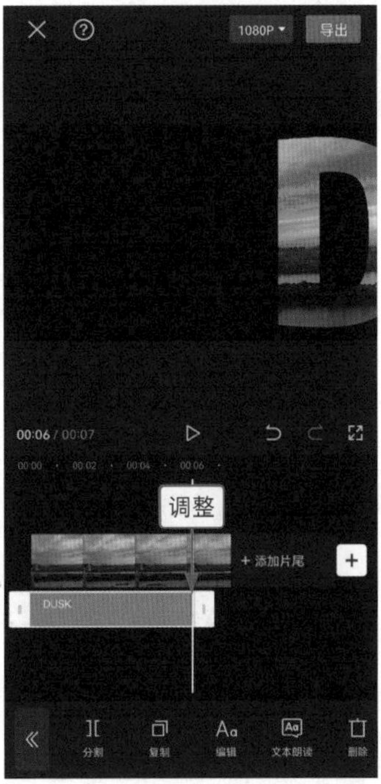

图9-54

9.2.3 镂空文字穿越开场：《VLOG》

图9–55

效果对比 在剪映中使用“色度抠图”功能，可以制作镂空文字穿越开场的效果，让视频随着文字的放大而出现，效果如图 9–55 所示。

1. 用剪映电脑版制作

剪映电脑版的操作方法如下。

步骤 01 在剪映电脑版中，添加绿幕背景图片和一个默认文本，均调整时长为 6s。选择文本，在“文本”操作区中，❶输入内容；❷设置一个字体；❸设置“颜色”为红色，如图 9–56 所示。

步骤 02 在“画面”操作区中，❶点亮“缩放”和“位置”右侧的关键帧◆；❷将文本放大，如图 9–57 所示。

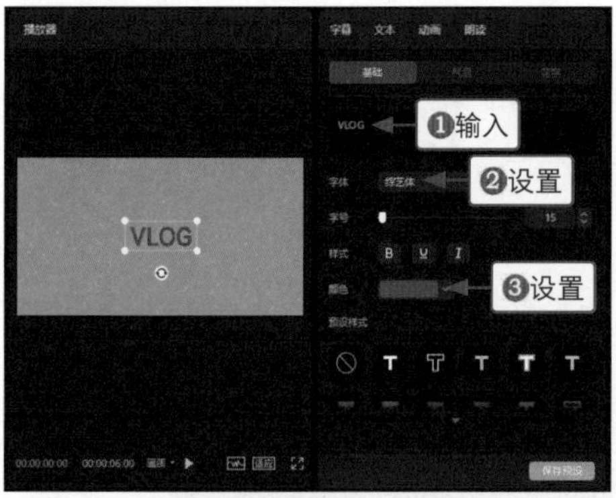

图9–56

图9–57

步骤 03 拖曳时间指示器至 3s 的位置，❶再次放大文本，此时，“缩放”关键帧会自动点亮；❷点亮“位置”关键帧◆，如图 9–58 所示。

步骤 04 拖曳时间指示器至结束位置，再次将文本放大并调整位置，使画面呈红色，如图 9–59 所示。此时，会自动添加“缩放”和“位置”的第 3 组关键帧。执行操作后，将制作好的文字导出为文字视频备用。

图9–58

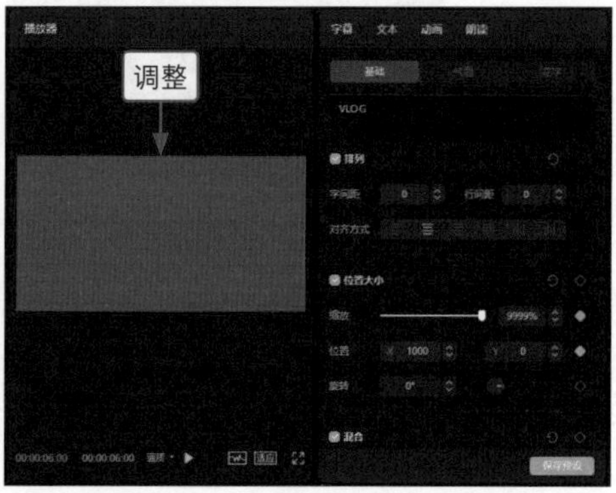

图9–59

步骤 05 清空轨道，❶在视频轨道中添加夜景视频；❷在画中画轨道中添加步骤 04 中制作的文字视频，如图 9-60 所示。

步骤 06 ❶调整文字视频的大小，使其铺满整个屏幕；❷在“抠像”选项卡中，使用“色度抠图”功能抠取红色文字，如图 9-61 所示。执行操作后，将制作好的第 2 个文字视频导出备用。

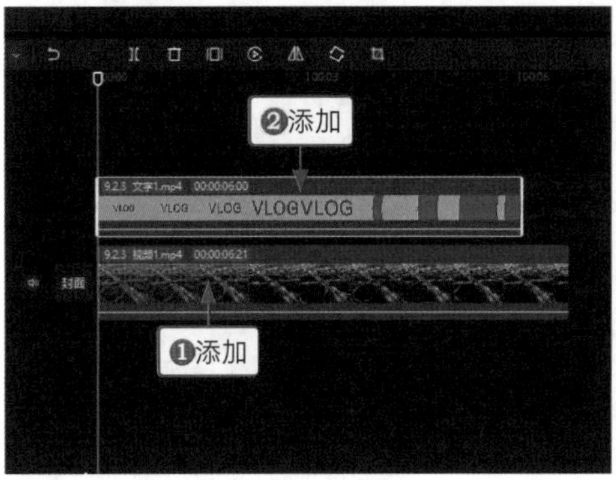

图9-60

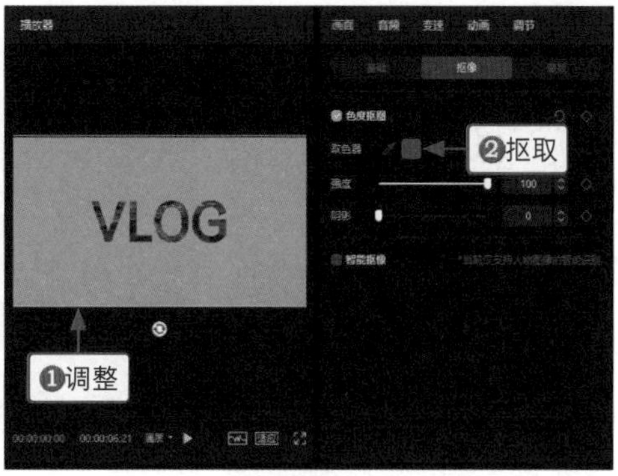

图9-61

温馨提示

“色度抠图”的操作方法在 6.2.2 节中有详细讲解，大家可以前往查看和学习，或者观看本节的教学视频进行学习。

步骤 07 再次清空轨道，❶在视频轨道中添加日景视频；❷在画中画轨道中添加步骤 06 中制作的第 2 个文字视频，如图 9-62 所示。

步骤 08 在“抠像”选项卡中，使用“色度抠图”功能抠取绿色，如图 9-63 所示。执行操作后，即可完成对镂空文字穿越开场效果的制作。

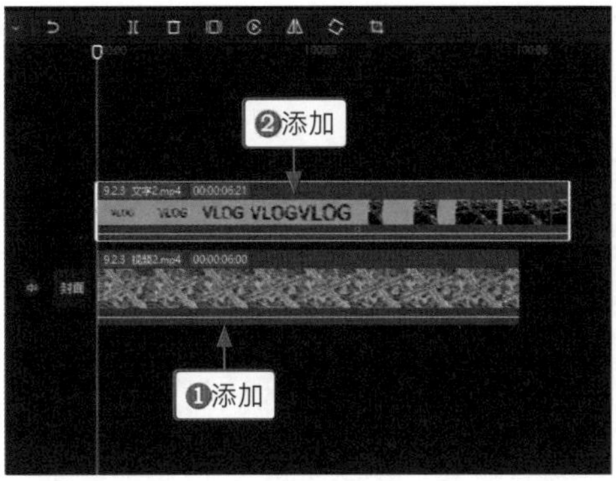

图9-62

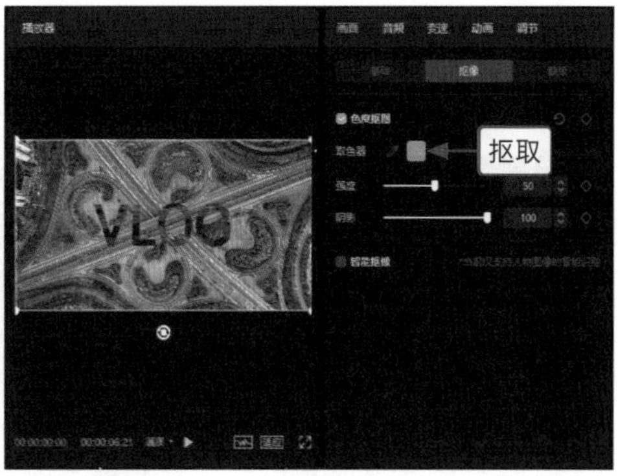

图9-63

2. 用剪映手机版制作

剪映手机版的操作方法如下。

步骤 01 在剪映手机版中，添加绿幕背景图片，调整时长为 6s。新建一个文本，❶输入内容；❷选择一个字体，如图 9-64 所示。

步骤 02 在“样式”选项卡中，选择红色色块，设置文字的颜色，如图 9-65 所示。

步骤 03 ❶返回，调整文本时长至与绿幕图片时长一致；❷在文本的开始位置添加第 1 个关键帧；❸将文本放大，如图 9-66 所示。

图 9-64

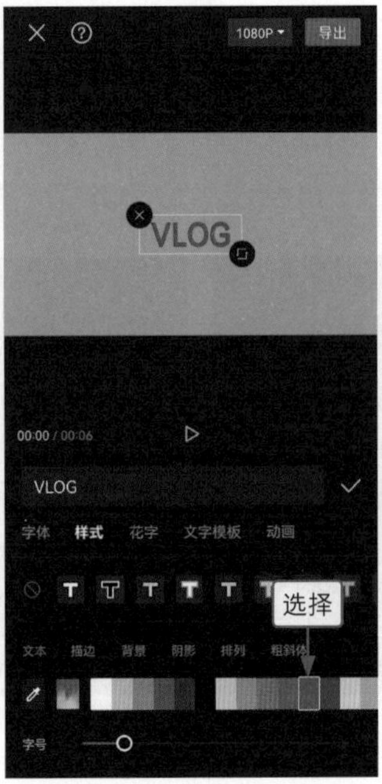

图 9-65

图 9-66

步骤 04 ❶拖曳时间轴至 3s 的位置；❷再次放大文本；❸此时，文本中会自动添加第 2 个关键帧，如图 9-67 所示。

步骤 05 ❶拖曳时间轴至结束位置；❷再次将文本放大并调整位置，使画面呈红色；❸此时，文本中会自动添加第 3 个关键帧，如图 9-68 所示。执行操作后，将制作好的文字导出为文字视频备用。

步骤 06 新建一个草稿文件，❶在视频轨道中添加夜景视频；❷在画中画轨道中添加步骤 05 中制作的文字视频；❸调整文字视频的大小，使其铺满整个屏幕；❹点击“色度抠图”按钮，如图 9-69 所示。

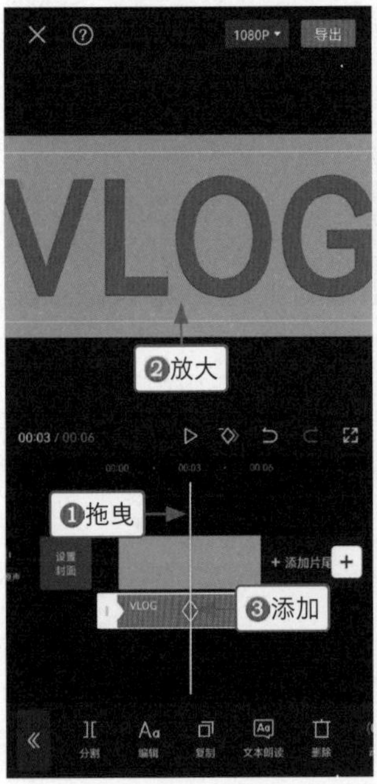

图 9-67

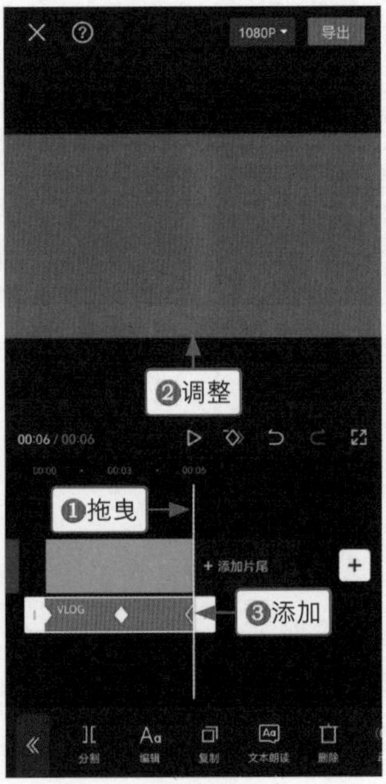

图 9-68

图 9-69

步骤 07 使用“色度抠图”功能抠取红色文字，如图 9–70 所示。执行操作后，将制作好的第 2 个文字视频导出备用。

步骤 08 再次新建一个草稿文件，❶在视频轨道中添加日景视频；❷在画中画轨道中添加步骤 07 中制作的第 2 个文字视频；❸调整文字视频的大小，使其铺满整个屏幕；❹点击“色度抠图”按钮，如图 9–71 所示。

步骤 09 使用“色度抠图”功能抠取绿色，如图 9–72 所示。执行操作后，即可完成对镂空文字穿越开场效果的制作。

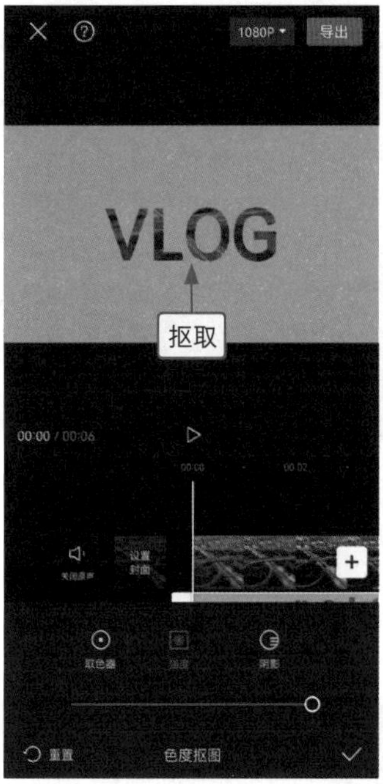

图 9–70

图 9–71

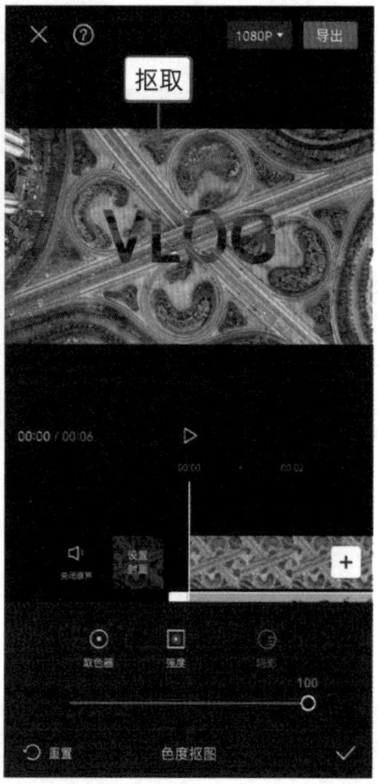

图 9–72

课后实训：文字划过开场

效果对比 文字划过开场效果也是镂空文字特效的一种，即在文字划过视频时叠加显示两个视频中的画面，效果如图 9–73 所示。

图9–73

本案例制作步骤如下。

准备一个文字从右向左划过的文字视频，蓝色背景、绿字、白底，准备两个背景视频（其中一个不能含有文字视频中的蓝色，否则抠图的时候会受影响）。❶将第 1 个不含蓝色的背景视频添加到视频轨道中；❷将文字视频添加到画中画轨道中；❸调整背景视频的时长至与文字视频的时长一致，如图 9–74 所示。

选择文字视频，将时间轴移至文字出现的位置，❶将文字视频放大，使其铺满屏幕；❷使用“色度抠图”功能对文字中的绿色进行抠除，留下蓝色和白色，如图 9–75 所示。

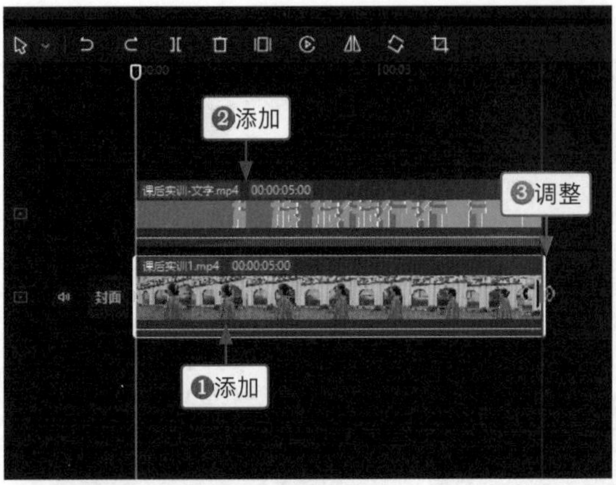

图9–74

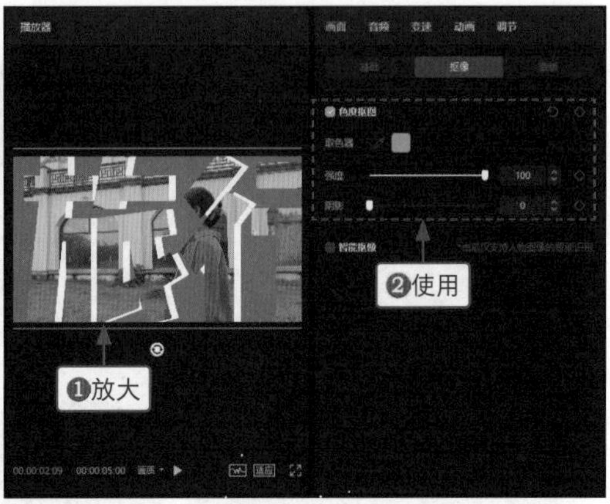

图9–75

将制作完成的抠图视频导出备用。新建一个草稿文件，❶将第 2 个背景视频添加到视频轨道中；❷将导出的抠图视频添加到画中画轨道中；❸使用“色度抠图”功能对抠图视频中的蓝色进行抠除，制作白底镂空文字划过背景视频的效果，如图 9–76 所示。

图9–76

案例中所用的文字视频，大家也可以自己在剪映中制作出来，具体的制作思路如下。

首先，在素材库中找到一个透明素材，将其添加到视频轨道中，设置背景为蓝色，得到一个蓝色背景视频；其次，添加一个白色的文字文本，设置好字体、位置和大小后，复制白色文字文本，将颜色改为绿色，并将绿色文字文本向左稍微移动一些，得到一个绿字、白底的文字；再次，通过添加位置关键帧的方式，制作文字从右向左滑动的效果；最后，在第 3 条字幕轨道中添加一个绿色的“–”符号文本，将符号文本调大，铺满屏幕，紧跟最后一个字向左滑动。

第 10 章 谢幕：影视片尾字幕特效

本章主要介绍影视片尾字幕特效的制作方法。片尾的播放，意味着影片的结束，一部好的影片，往往凝结着工作人员大量的心血和汗水，但当影片播放到结尾时，才会在荧幕上出现他们的名字。因此，在片尾播放工作人员名单，实质是在对所有付出艰辛努力的人表示致敬和感谢！

10.1 电影片尾

随着影视行业的发展，影视片尾的展示逐渐多样化，很多片尾的制作原理是相通的，想要制作出更多精彩的影视片尾，需要了解片尾制作的基础操作。本节将向大家介绍上滑黑屏滚动片尾、左右双屏谢幕片尾以及底部向右滚动片尾的制作方法。

10.1.1 上滑黑屏滚动片尾：《片尾1》

效果对比 上滑黑屏滚动片尾，即电影结束时，影片画面向上滑动，使屏幕呈现黑屏状态，与此同时，工作人员或演职人员的名单随着影片画面上滑滚动的片尾，效果如图 10-1 所示。

图10-1

1. 用剪映电脑版制作

剪映电脑版的操作方法如下。

步骤 01 在剪映电脑版中，❶将视频添加到视频轨道中；❷拖曳时间指示器至 00:00:02:00 的位置，如图 10-2 所示。

步骤 02 在“画面”操作区的“基础”选项卡中，点亮“位置”关键帧◆，如图 10-3 所示，为视频添加第 1 个关键帧。

步骤 03 拖曳时间指示器至 00:00:04:00 的位置，❶将视频向上移出画面；❷“位置”关键帧会自动点亮，如图 10-4 所示，为视频添加第 2 个关键帧，制作视频向上滑动效果。

步骤 04 ❶拖曳时间指示器至 00:00:03:00 处；❷添加文本并调整文本时长，如图 10-5 所示。

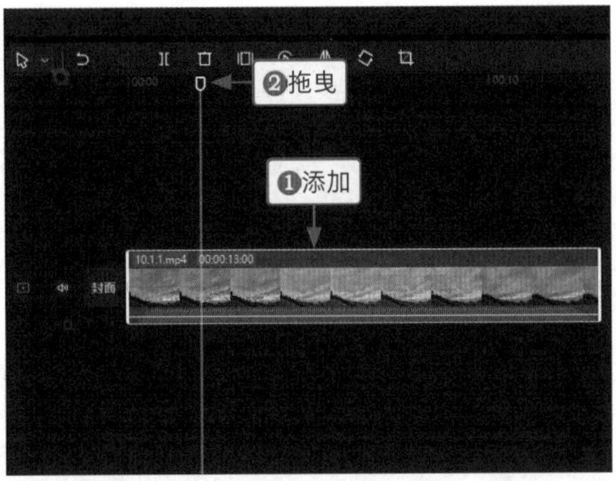

图10–2

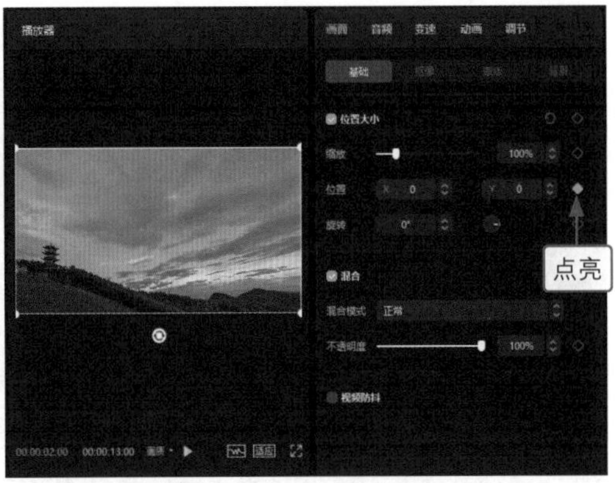

图10–3

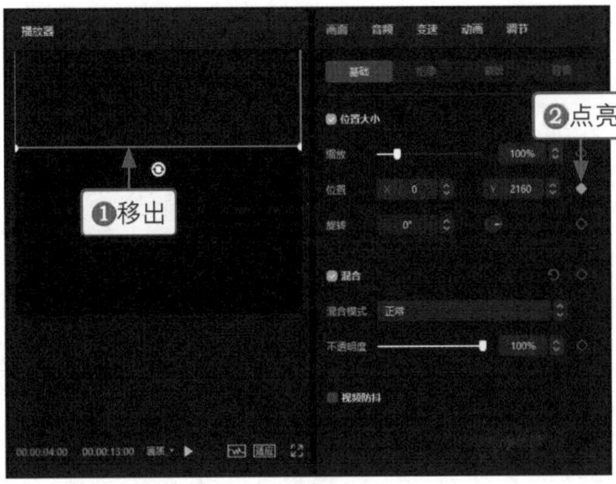

图10–4

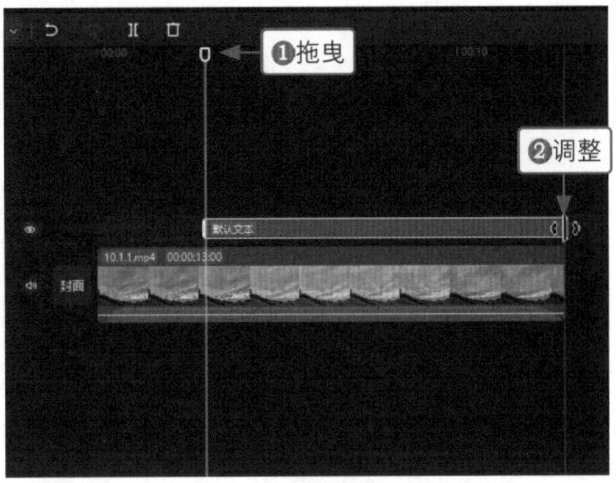

图10–5

步骤 05 打开事先编辑好的片尾字幕记事本，按【Ctrl + A】组合键，全选记事本中的内容，按【Ctrl + C】组合键复制，如图 10–6 所示。

步骤 06 在“文本”操作区的“基础”选项卡中，❶按【Ctrl + V】组合键，粘贴记事本中的内容（如果粘贴后排列不整齐，可以按空格键调整排列位置）；❷在“排列”选项区中设置“字间距”参数为 10、“行间距”参数为 20；❸调整文本的大小，如图 10–7 所示。

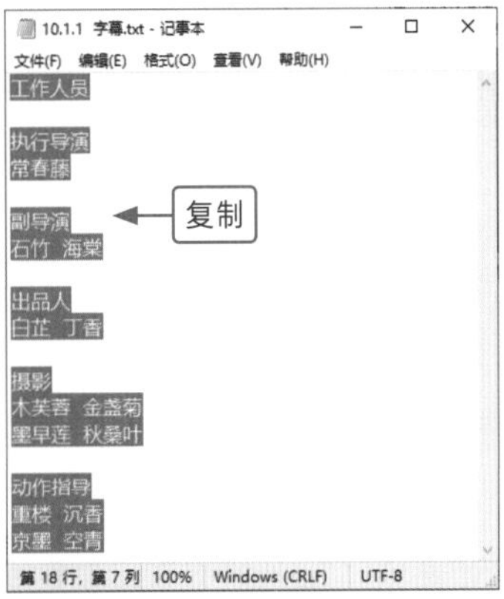

图10–6

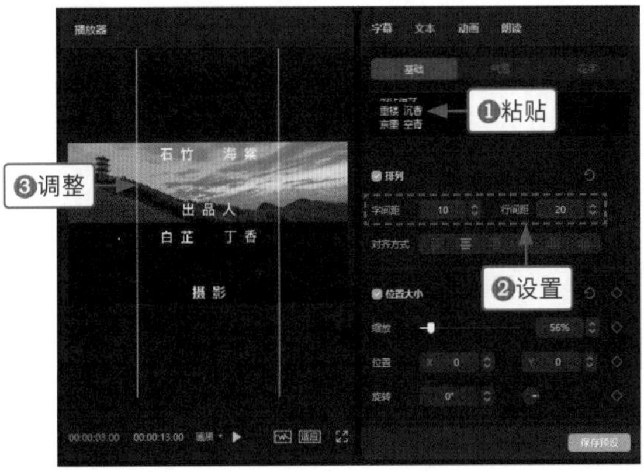

图10–7

步骤 07 ❶将文本向下移出画面；❷点亮“位置”关键帧◆，如图 10–8 所示。

步骤 08 在视频的结束位置，❶将文本向上移出画面；❷“位置”关键帧会自动点亮，如图 10–9 所示，制作文本字幕向上滚动的效果。

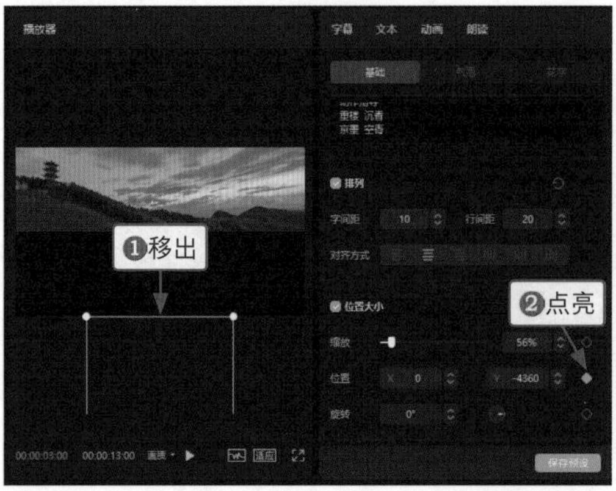

图10-8

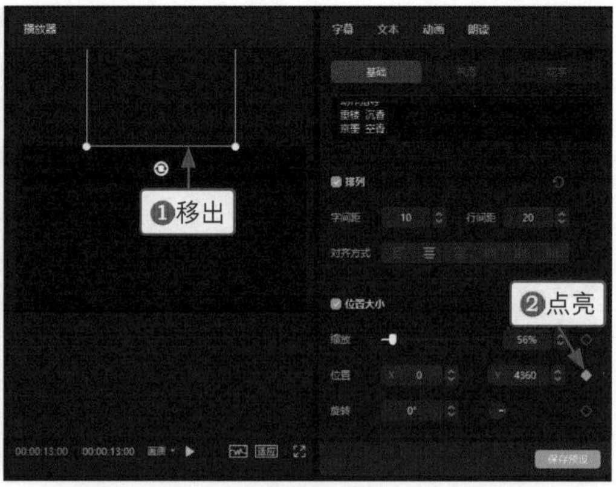

图10-9

步骤 09 在“文本”功能区的“文字模板”|“片尾谢幕”选项卡中，选择一个文字模板并单击“添加到轨道”按钮，如图 10-10 所示，将文本添加到片尾。

步骤 10 在“文本”操作区中，修改文字内容，如图 10-11 所示，完成对片尾的制作。

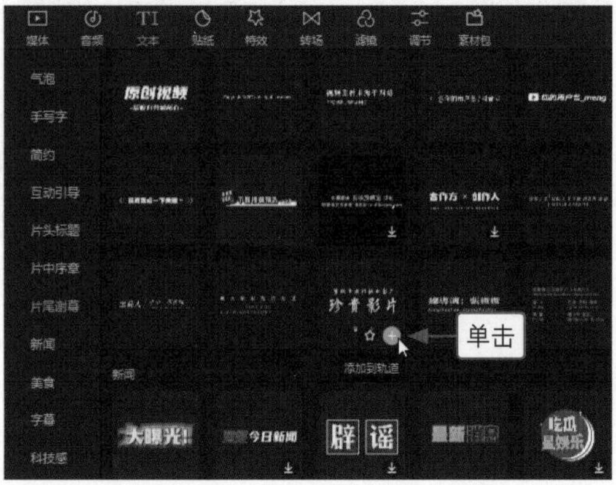

图10-10

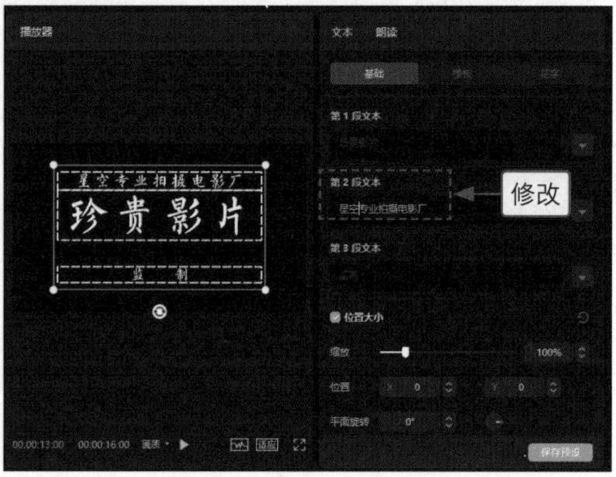

图10-11

2. 用剪映手机版制作

剪映手机版的操作方法如下。

步骤 01 在剪映手机版中，❶添加一个黑场素材并设置时长为 13.0s；❷设置画布比例为 9：16，如图 10-12 所示。

步骤 02 新建一个文本，❶输入片尾字幕内容；❷设置“字间距”参数为 10、“行间距”参数为 20；❸调整文本的大小和位置，使其全部显示在画面中，如图 10-13 所示。执行操作后，调整文本的时长至与黑场素材的时长一致，导出为字幕视频备用。

步骤 03 新建一个草稿文件，❶在视频轨道中添加背景视频；❷拖曳时间轴至 00:02 的位置；❸点击按钮，添加关键帧，如图 10-14 所示。

步骤 04 ❶拖曳时间轴至 00:04 的位置；❷将视频向上拖出画面；❸视频缩略图上会自动添加第 2 个关键帧，如图 10-15 所示，制作视频向上滑动效果。

步骤 05 ❶拖曳时间轴至 00:03 的位置；❷在画中画轨道中添加步骤 02 中制作的字幕视频；❸点击“混合模式”按钮，如图 10-16 所示。

步骤 06 在“混合模式”面板中，选择“滤色”选项，如图 10-17 所示。

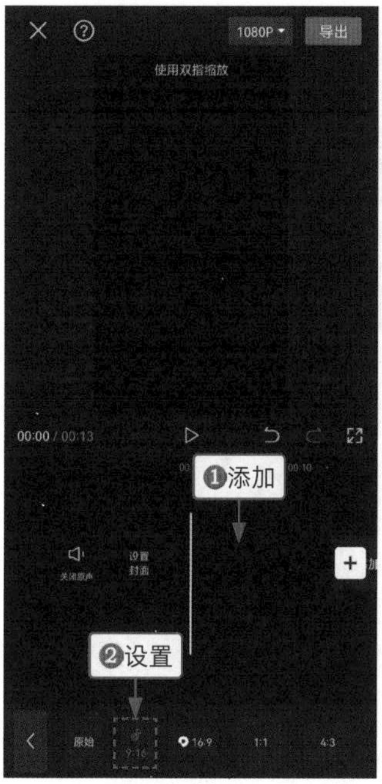

图 10-12

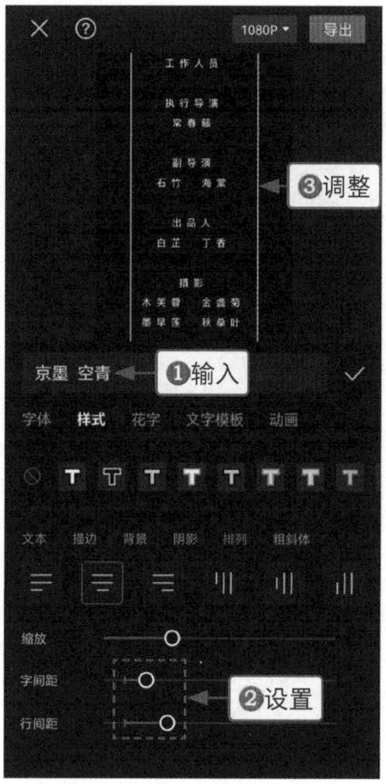

图 10-13

图 10-14

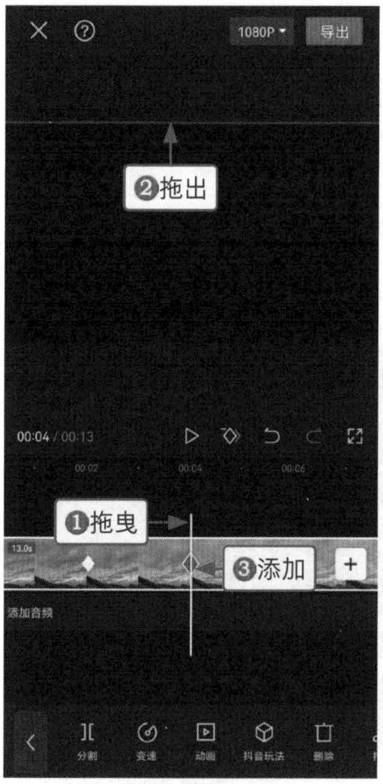

图 10-15

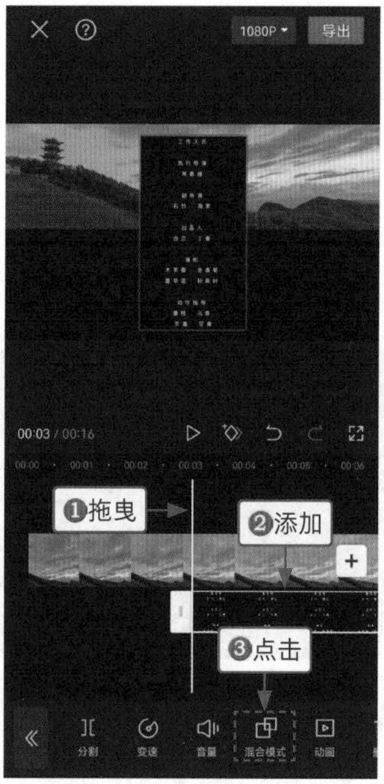

图 10-16

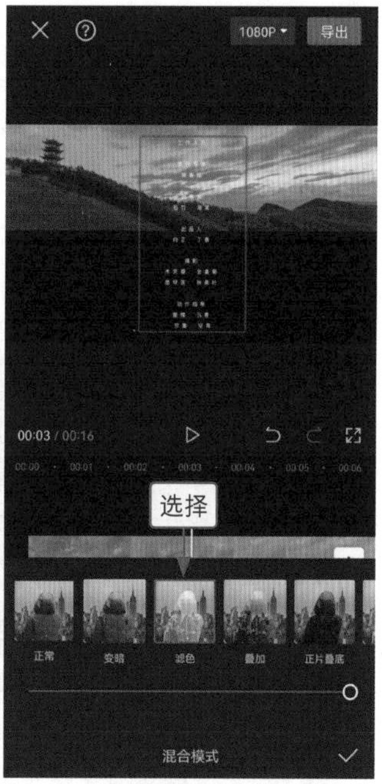

图 10-17

步骤 07 点击✓按钮返回，❶调整字幕的大小和位置，将其向下移出画面；❷点击◇按钮，如图 10-18 所示，添加一个关键帧。

步骤 08 ❶拖曳时间轴至视频的结束位置；❷将字幕向上拖曳，移出画面；❸字幕视频中自动添加一个关键帧，如图 10-19 所示。

步骤 09 在视频的结束位置新建一个文本，在“文字模板”选项卡的“片尾谢幕”选项区中，❶选择一个文字模板；❷修改文字内容，如图 10-20 所示，完成对上滑黑屏片尾字幕的制作。

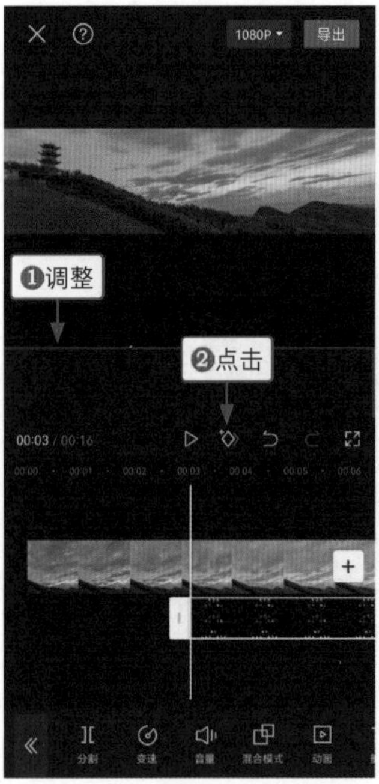

图 10-18

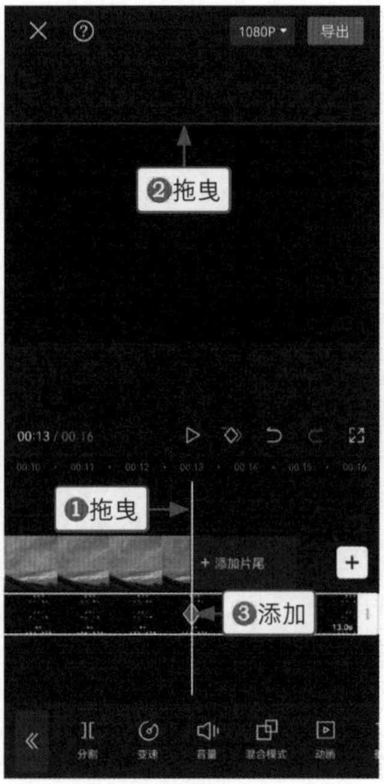

图 10-19

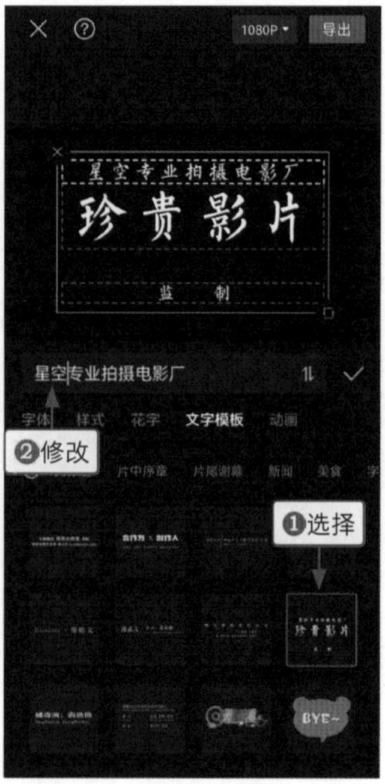

图 10-20

10.1.2 左右双屏谢幕片尾：《片尾2》

效果对比 使用左右双屏谢幕片尾，电影结束时，影片画面会慢慢缩小，从全屏到占据屏幕一半左右的位置，屏幕的另一半则呈现黑屏状态，在影片画面停住的时候，黑屏位置会显示多组工作人员或演职人员名单，效果如图 10-21 所示。

图10-21

1. 用剪映电脑版制作

剪映电脑版的操作方法如下。

步骤 01 在剪映电脑版中，将视频添加到视频轨道中。在“画面”操作区中，点亮“缩放”和“位置”关键帧，如图 10-22 所示。

步骤 02 拖曳时间指示器至 00:00:03:00 的位置，❶在“画面”操作区中，设置“缩放”参数为 50%；❷在“播放器”面板中，调整视频的位置，使其位于画面左侧，如图 10-23 所示。

图10–22

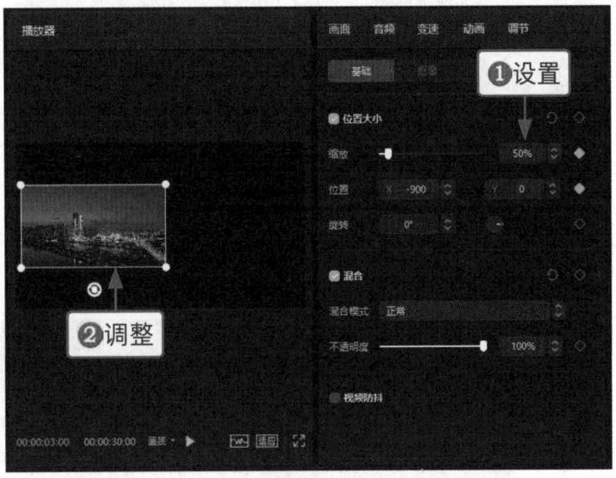

图10–23

步骤 03 在“文本”功能区的“文字模板”|“片尾谢幕”选项卡中，选择一个文字模板并单击“添加到轨道”按钮，如图 10-24 所示，将文字模板添加到字幕轨道中，并调整时长为 5s 左右。

步骤 04 ❶在“文本”操作区中，修改领衔主演的名字；❷在“播放器”面板中，调整文本的位置和大小，使其位于画面右侧，如图 10-25 所示。

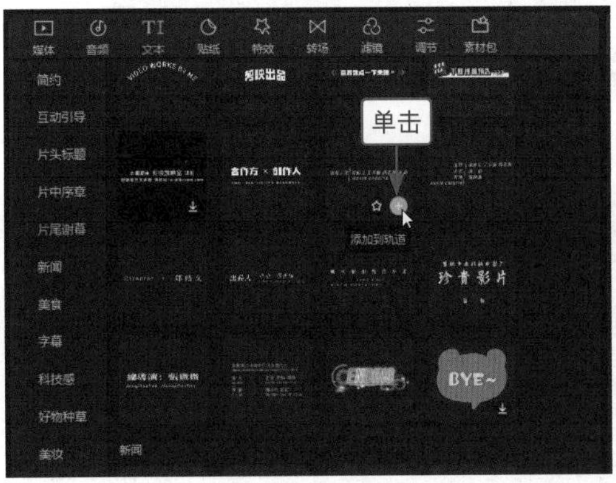

图10–24

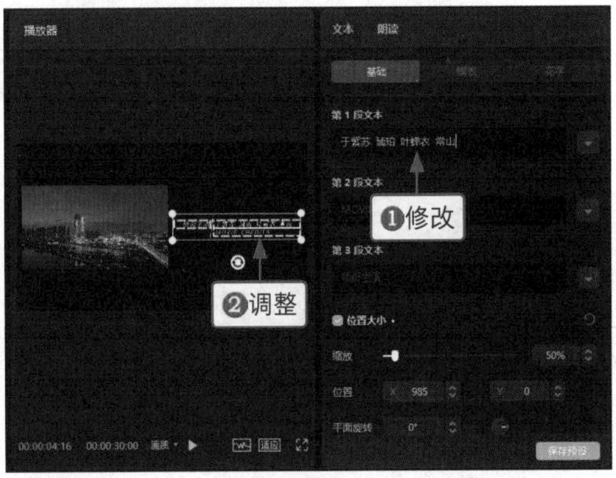

图10–25

步骤 05 ❶拖曳时间指示器至第 1 个文本的结束位置；❷将制作的第 1 个文本复制后粘贴到时间指示器所在的位置，如图 10-26 所示。

步骤 06 在“文本”操作区中，修改第 1 段文本和第 3 段文本的内容，效果如图 10-27 所示。

步骤 07 用与上述方法同样的方法，再次复制并粘贴文本，修改第 1 段文本和第 3 段文本中的内容，效果如图 10-28 所示。

步骤 08 将时间指示器拖曳至第 3 个文本的后面，在“文本”功能区的“文字模板”|“片尾谢幕”选项卡中，选择一个文字模板并单击“添加到轨道”按钮，如图 10-29 所示，将文字模板添加到字幕轨道中，并调整时长为 5s 左右。

步骤 09 在“文本”操作区中，修改文本内容；在“播放器”面板中，调整文本的位置和大小，使其位于画面右侧，如图 10-30 所示。

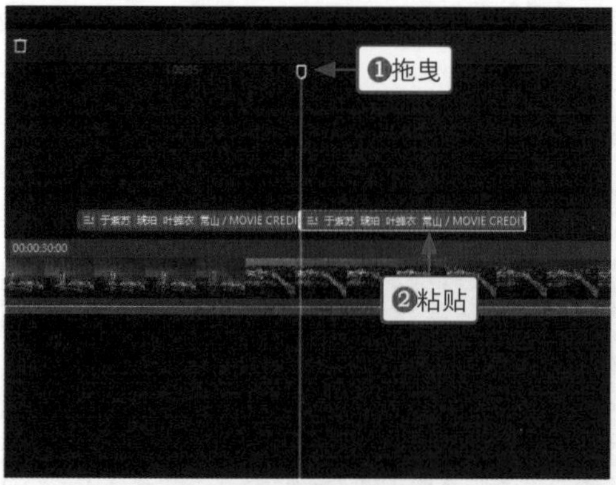

图10-26

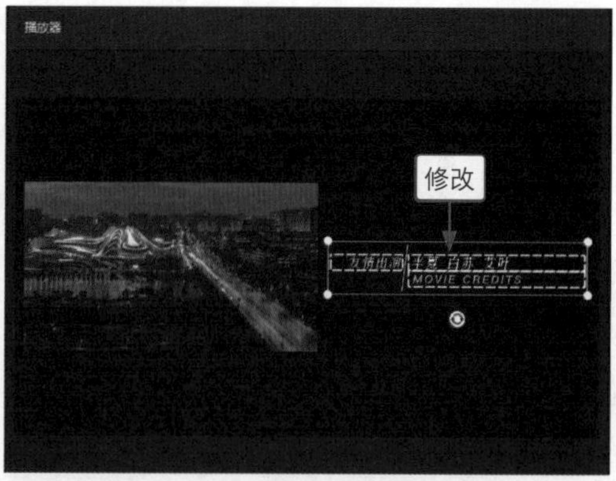

图10-27

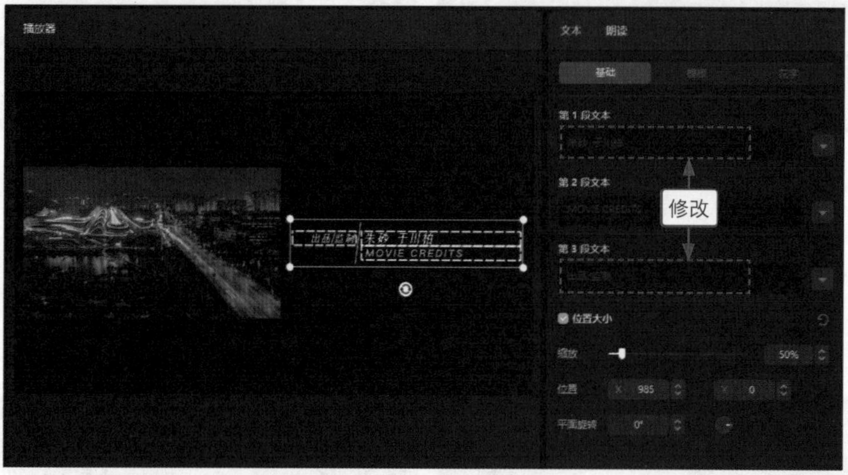

图10-28

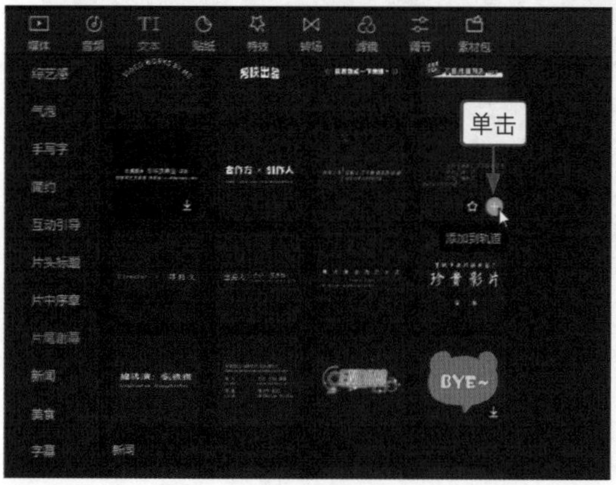

图10-29

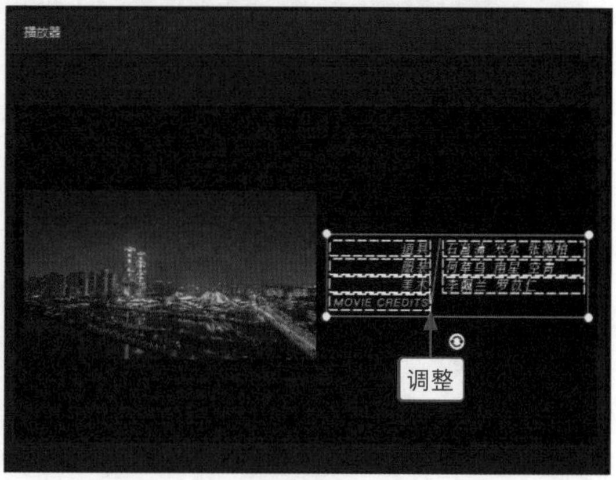

图10-30

步骤 10 执行上述操作后，复制并粘贴制作的第 4 个文本，修改文本内容，效果如图 10-31 所示。

步骤 11 拖曳时间指示器至 00:00:27:00 的位置（最后一个文本即将溶解消失的位置），选择视频素材，在“画面”操作区中，点亮“不透明度”关键帧◆，如图 10-32 所示。

步骤 12 拖曳时间指示器至 00:00:28:00 的位置（文本的结束位置），在“画面”操作区中，设置“不透明度”参数为 0%，如图 10-33 所示，实现视频的渐隐效果，完成对左右双屏谢幕片尾的制作。

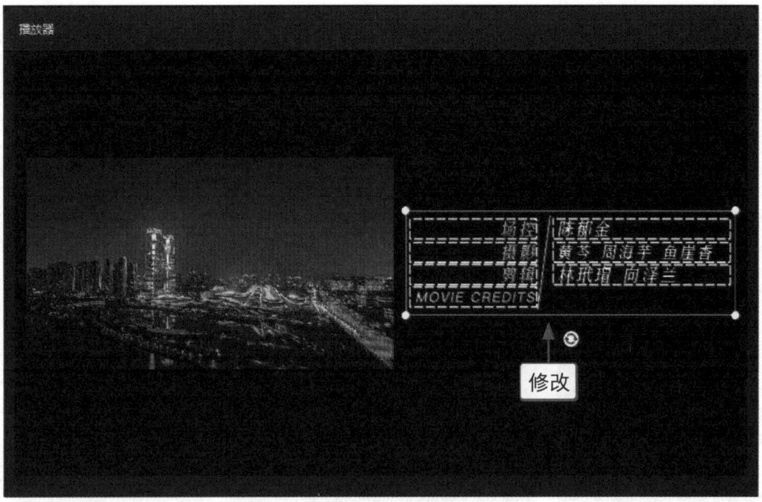

图10-31

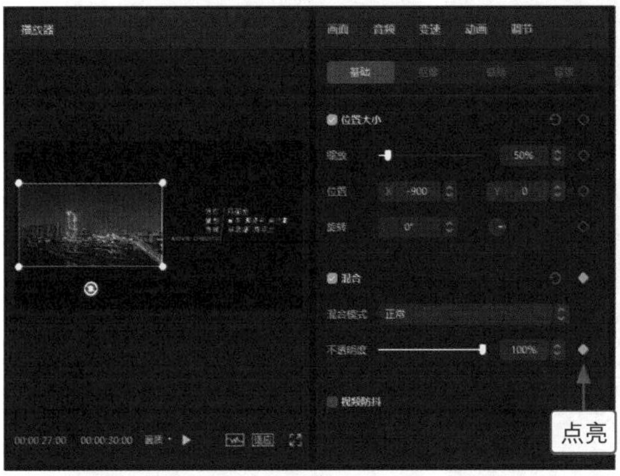

图10-32

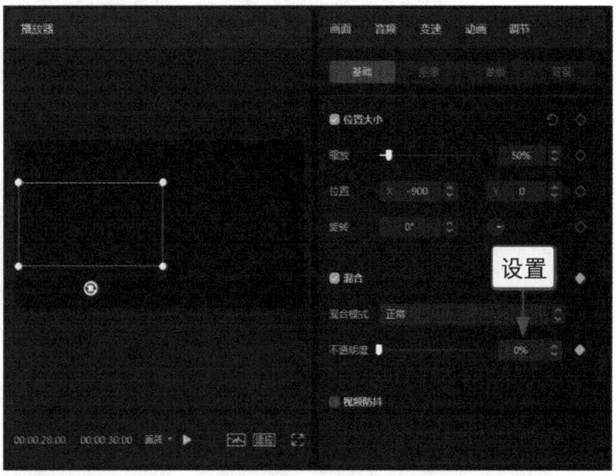

图10-33

2. 用剪映手机版制作

剪映手机版的操作方法如下。

步骤 01 在剪映手机版中，将视频添加到视频轨道中，在视频开始位置添加第 1 个关键帧，如图 10-34 所示。

步骤 02 拖曳时间轴至 00:03 的位置，❶调整视频的位置，使其位于画面左侧；❷自动添加第 2 个关键帧，如图 10-35 所示。

步骤 03 新建一个文本，在“文字模板”|“片尾谢幕”选项卡中，❶选择一个文字模板；❷修改文本内容；❸调整文本的位置和大小，使其位于画面右侧，如图 10-36 所示。

步骤 04 ❶返回，调整文本时长为 5s 左右；❷复制并粘贴文本；❸修改文本内容，如图 10-37 所示。

步骤 05 ❶继续复制并粘贴文本；❷修改文本内容，如图 10-38 所示。

步骤 06 再次新建一个文本，在“文字模板”|“片尾谢幕”选项卡中，❶选择另一个文字模板；❷修改文本内容；❸调整文本的位置和大小，使其位于画面右侧，如图 10-39 所示。

图 10-34

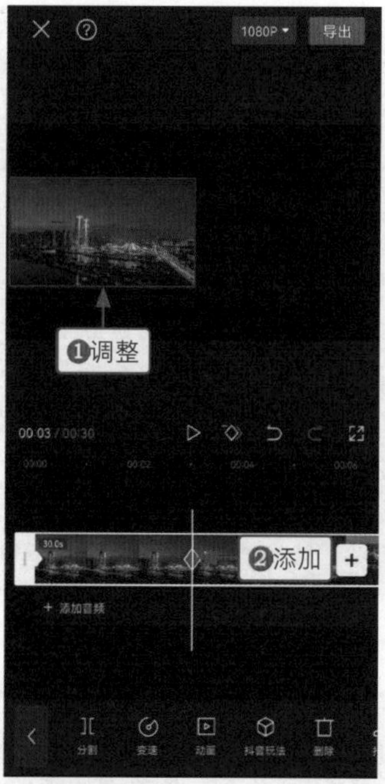

图 10-35

图 10-36

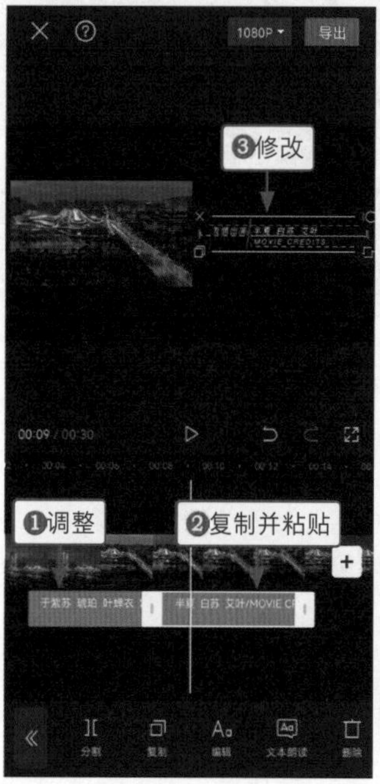

图 10-37

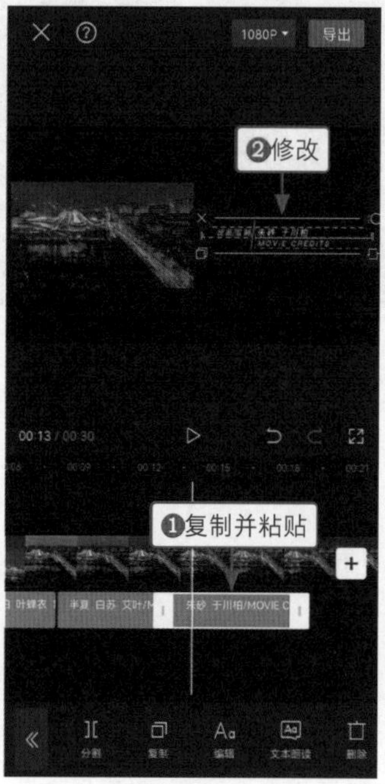

图 10-38

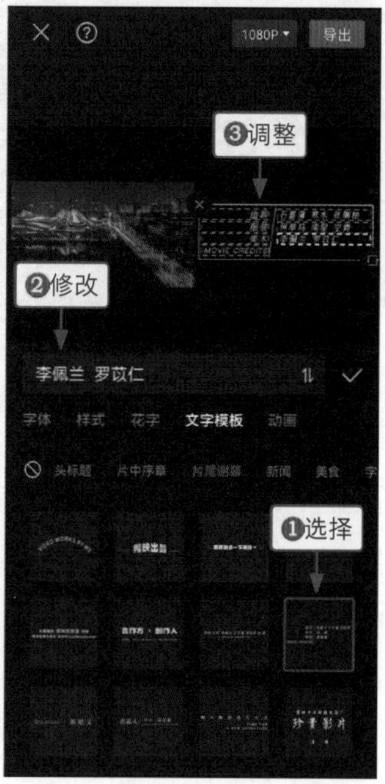

图 10-39

步骤 07 ❶返回，调整第 4 个文本的时长为 5s；❷复制并粘贴刚制作好的文本；❸修改文本内容，如图 10-40 所示。

步骤 08 ❶拖曳时间轴至 26s 左右；❷在视频中添加一个关键帧；❸点击“不透明度”按钮，如图 10-41 所示。

步骤 09 ❶拖曳时间轴至文字的结束位置；❷在“不透明度”面板中拖曳滑块至最左侧，如图 10-42 所示，实现视频渐隐效果，完成对左右双屏谢幕片尾的制作。

图 10-40

图 10-41

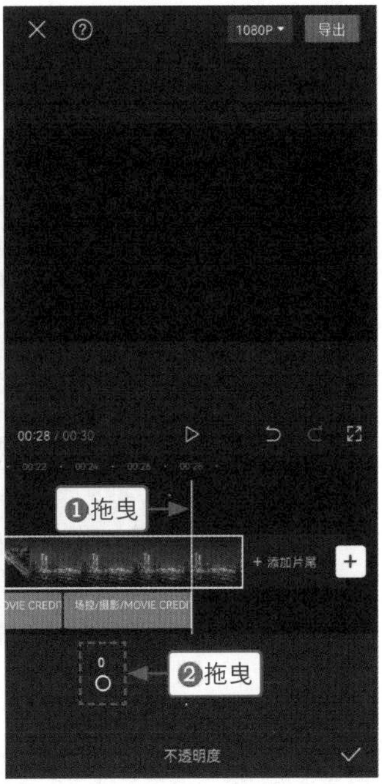

图 10-42

10.1.3 底部向右滚动片尾：《片尾3》

效果对比 使用底部向右滚动片尾，电影结束时，影片画面占据屏幕上面的三分之二，屏幕下面的三分之一呈现黑屏状态，工作人员或演职人员名单在黑屏的位置从左向右滚动，效果如图 10-43 所示。

图10-43

1. 用剪映电脑版制作

剪映电脑版的操作方法如下。

步骤 01 在剪映电脑版中，将视频添加到视频轨道中。在“播放器”面板中，向上调整视频画面的位置，如图 10-44 所示。

步骤 02 在字幕轨道中添加一个默认文本，并调整其时长至与视频时长一致。打开事先编辑好的片尾字幕记事本，按【Ctrl + A】组合键，全选记事本中的内容，按【Ctrl + C】组合键复制，如图 10-45 所示。

步骤 03 在“文本”操作区中，❶按【Ctrl + V】组合键，粘贴记事本中的内容；❷设置一个合适的字体，如图 10-46 所示。

步骤 04 在“排列”选项卡中，❶设置“字间距”参数为 2、“行间距”参数为 40；❷单击“对齐方式”右侧的第 4 个按钮，设置文本垂直顶端对齐；❸调整文本的大小和位置，使其刚好显示在画面底部，如图 10-47 所示。

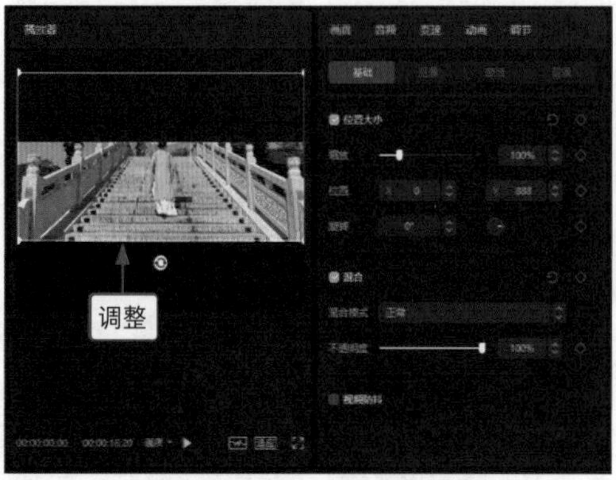

图10-44

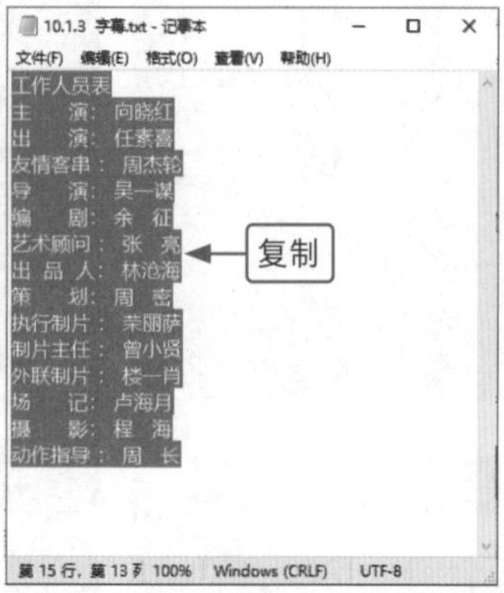

图10-45

图10-46

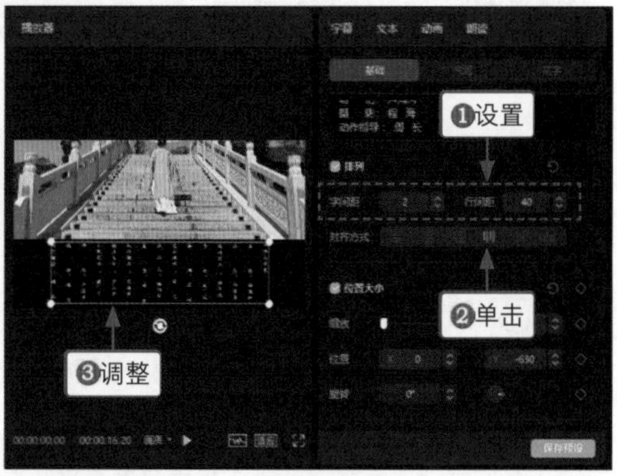

图10-47

步骤 05 在“播放器”面板中，❶向左将文本移出画面；❷在“文本”操作区中点亮“位置”关键帧，如图 10-48 所示，在文本的开始位置添加一个关键帧。

步骤 06 拖曳时间指示器至 00:00:16:00 的位置（视频即将结束的位置），将文本水平移出画面右侧，如图 10-49 所示，添加第 2 个关键帧。执行操作后，即可制作字幕从左向右的滚动效果。

图10-48

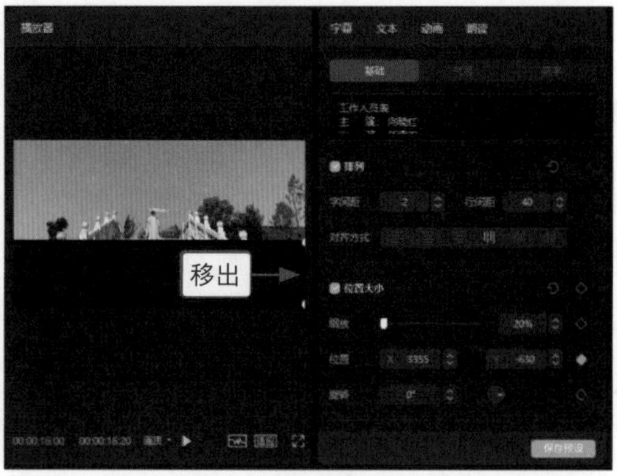

图10-49

步骤 07 选择视频素材，在“画面”操作区中，点亮“不透明度”关键帧，如图 10-50 所示。

步骤 08 拖曳时间指示器至视频的结束位置，设置"不透明度"参数为 0%，如图 10-51 所示。随后，添加第 2 个关键帧，使视频呈现渐隐为黑屏的效果。执行操作后，即可完成对底部向右滚动片尾的制作。

图10-50

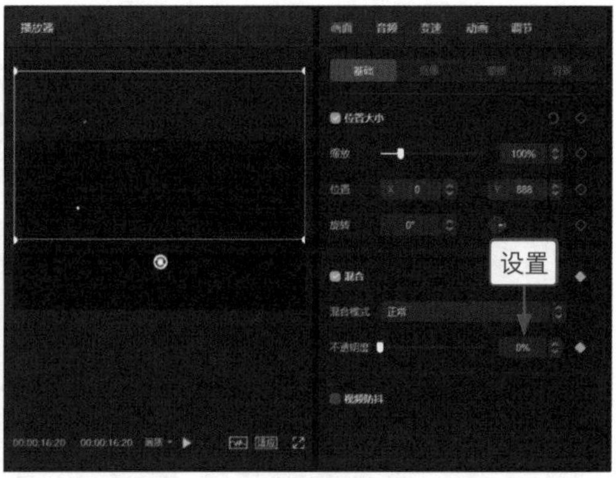

图10-51

2. 用剪映手机版制作

剪映手机版的操作方法如下。

步骤 01 在剪映手机版中，❶添加一个黑场素材，设置时长为 16.7s；❷设置画布比例为 2.35：1，如图 10-52 所示。

步骤 02 新建一个文本，❶输入片尾字幕内容；❷选择一个字体，如图 10-53 所示。

步骤 03 在"样式"选项卡的"排列"选项区中，❶设置"字间距"参数为 2、"行间距"参数为 40；❷点击▥按钮；❸调整文本的大小和位置，使其全部显示在画面中并置顶，如图 10-54 所示。执行操作后，调整文本的时长至与黑场素材的时长一致，导出为字幕视频备用。

图 10-52

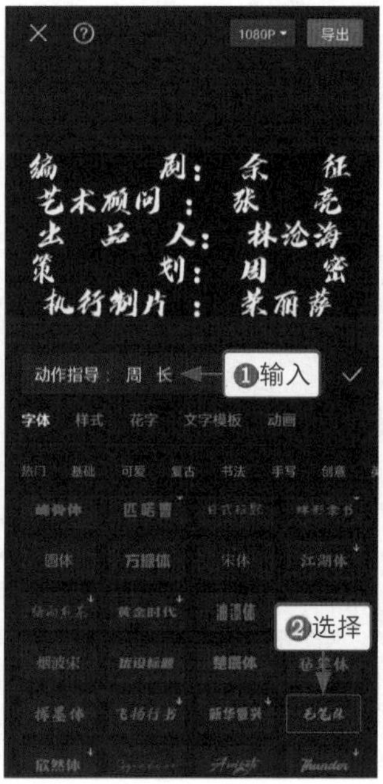

图 10-53

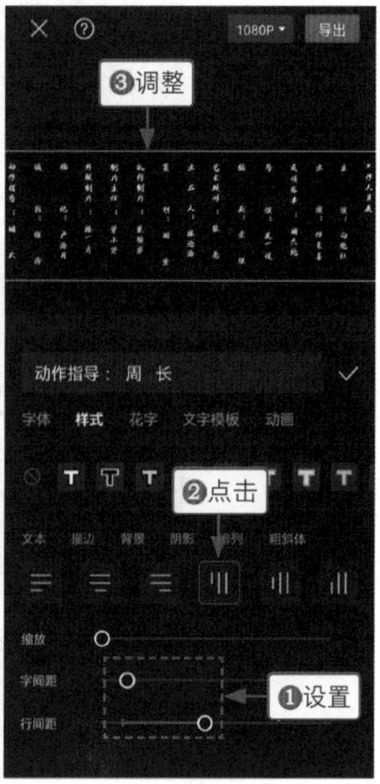

图 10-54

步骤 04 新建一个草稿文件，❶添加背景视频；❷将画面向上移动，如图 10-55 所示。

步骤 05 ❶在画中画轨道中添加字幕视频；❷点击“混合模式”按钮，如图 10-56 所示。

步骤 06 在“混合模式”面板中，❶选择“滤色”选项；❷调整文本的大小和位置，使其刚好显示在画面底部，如图 10-57 所示。

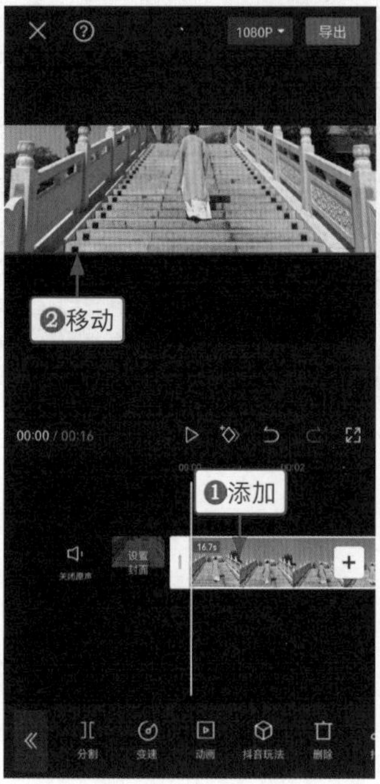

图 10-55

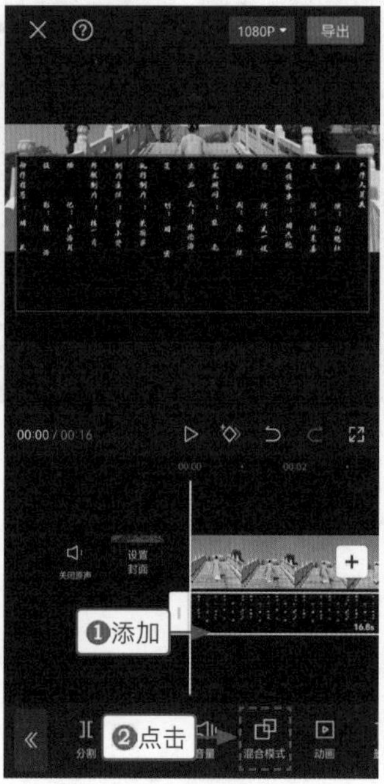

图 10-56

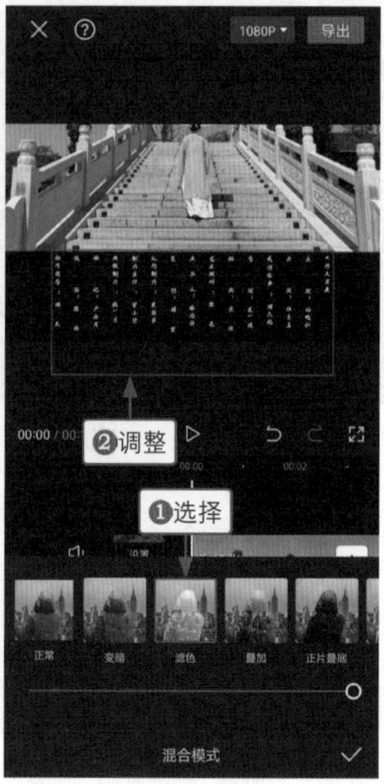

图 10-57

步骤 07 ❶将文本向左移出画面；❷在字幕视频中添加一个关键帧，如图 10-58 所示。

步骤 08 拖曳时间轴至 00:16 的位置，❶将文本水平移出画面右侧；❷添加第 2 个关键帧，如图 10-59 所示。执行操作后，即可制作字幕从左向右的滚动效果。

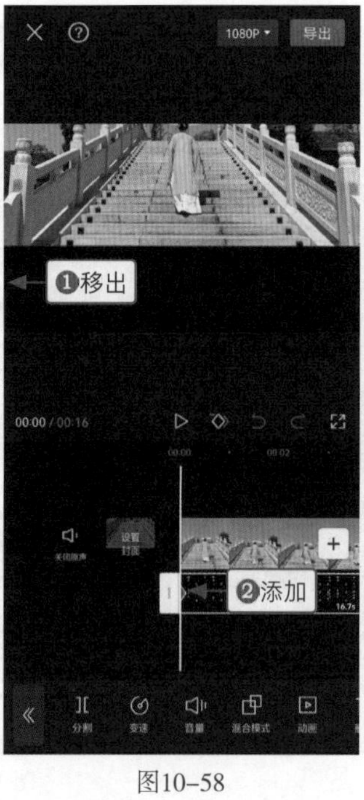

图10-58

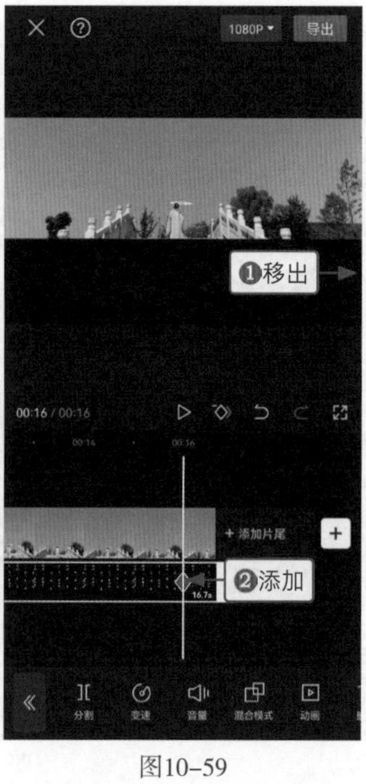

图10-59

步骤 09 ❶选择视频素材；❷在视频中添加一个关键帧；❸点击"不透明度"按钮，如图 10-60 所示。

步骤 10 ❶拖曳时间轴至视频的结束位置；❷在"不透明度"面板中拖曳滑块至最左侧，如图 10-61 所示，实现视频渐隐效果，完成对底部向右滚动片尾的制作。

图10-60

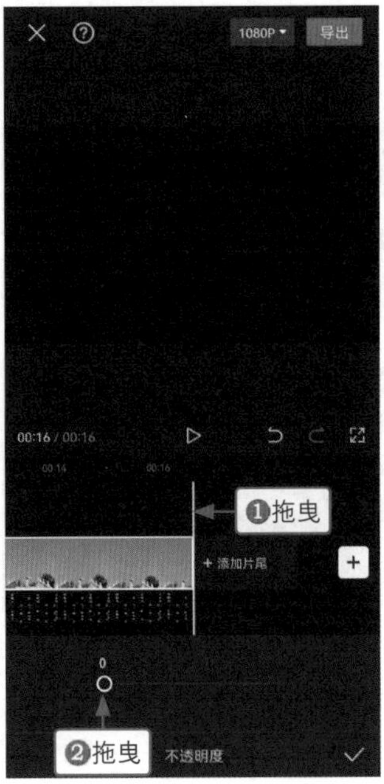

图10-61

10.2 综艺片尾：《片尾4》

节目片尾起着烘托和升华主题的作用，一个好看的片尾，能提高节目的艺术效果。在很多节目中，片尾字幕都是悬挂在画面中的，本节将向大家介绍综艺节目中方框悬挂片尾的制作方法。

效果对比 使用方框悬挂片尾，节目结尾时，画面左侧或画面右侧会悬挂一个方框，片尾字幕在悬挂的方框中从下往上滚动，效果如图 10-62 所示。

图10-62

1. 用剪映电脑版制作

剪映电脑版的操作方法如下。

步骤 01 在剪映电脑版中，添加一个默认文本，并调整文本的结束位置至 00:00:17:15 处。在“文本”操作区中，❶输入片尾字幕内容；❷设置“字间距”参数为 5、“行间距”参数为 18；❸设置“缩放”参数为 30%，如图 10-63 所示。

步骤 02 拖曳时间指示器至 00:00:00:15 的位置，❶点亮“位置”关键帧；❷在“播放器”面板中，将文本垂直向下移出画面，如图 10-64 所示。

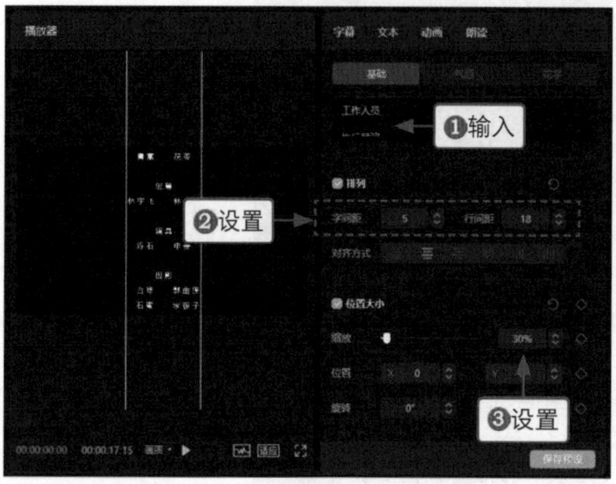

图10-63

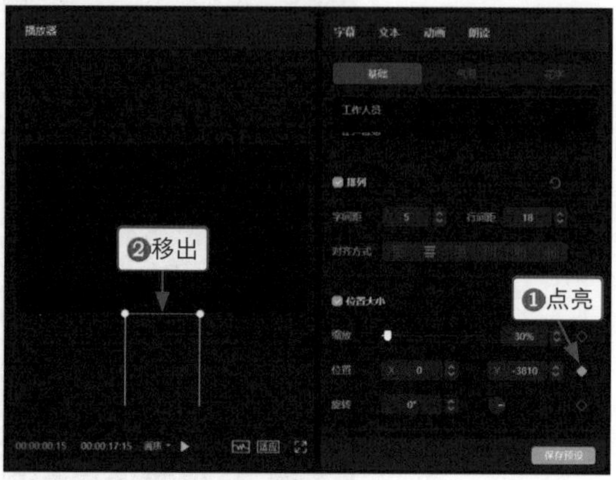

图10-64

步骤 03 拖曳时间指示器至结束位置，将文本向上移出画面，如图 10-65 所示。为文本添加第 2 个关键帧，制作字幕向上滑动效果，并将制作的片尾字幕导出为字幕视频备用。

步骤 04 清空轨道，将背景视频添加到视频轨道中，在“贴纸”功能区的“收藏”选项卡中，找到一个带有气泡的方框贴纸并单击“添加到轨道”按钮，如图 10-66 所示。将贴纸添加到轨道中，调整贴纸时长至与视频时长一致。

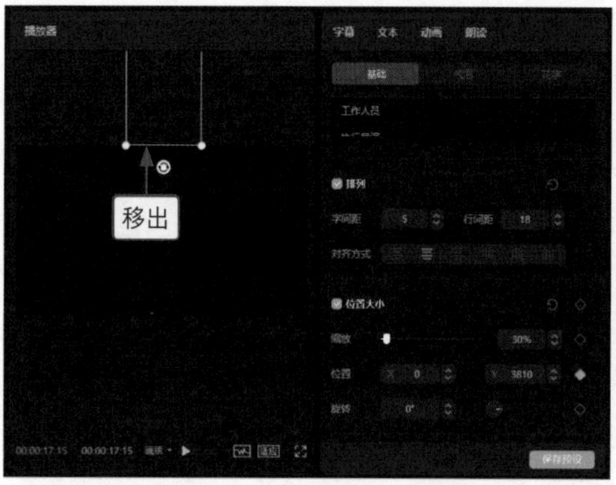

图10-65

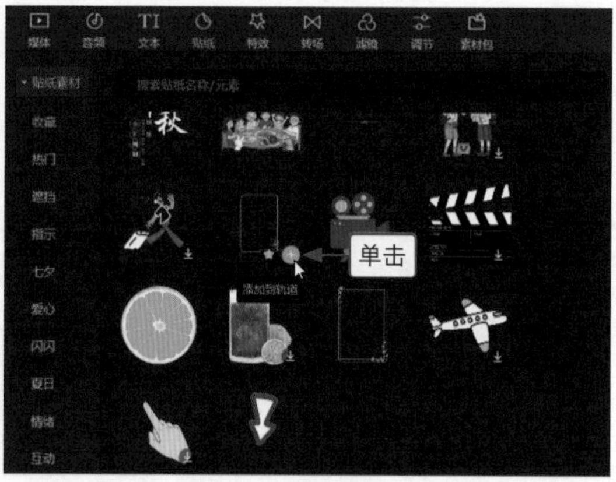

图10-66

步骤 05 在“贴纸”操作区中，❶设置“缩放”参数为 108%；❷调整贴纸的位置，使其悬挂在画面左侧，如图 10-67 所示。

步骤 06 在“动画”操作区中，❶选择“渐显”入场动画（图中无指示，读者可自行操作）和“渐隐”出场动画；❷设置“动画时长”参数分别为 0.5s 和 1.0s，如图 10-68 所示。

图10–67

图10–68

步骤 07 选择背景视频，在“动画”操作区的“出场”选项卡中，❶选择“渐隐”动画；❷设置“动画时长”参数为 1.0s，如图 10–69 所示，制作视频淡出效果。

步骤 08 将字幕视频添加到画中画轨道中，❶在“画面”操作区中，设置“混合模式”为“滤色”模式；❷调整字幕文本的大小和位置，使其刚好置于方框贴纸内，如图 10–70 所示。执行操作后，即可完成对综艺方框悬挂片尾的制作。

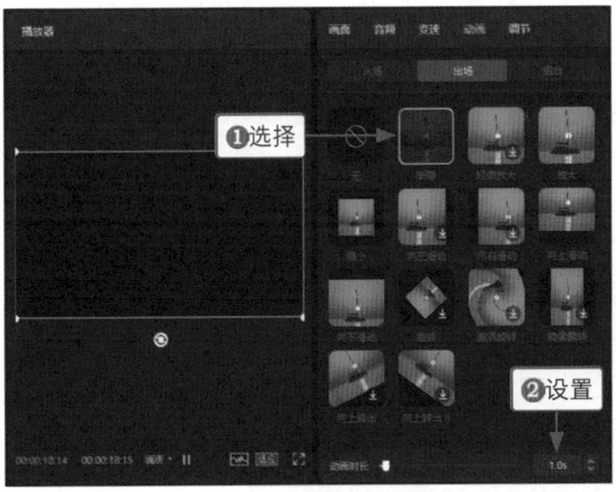

图10–69

图10–70

2. 用剪映手机版制作

剪映手机版的操作方法如下。

步骤 01 在剪映手机版中，添加一个黑场素材并设置时长为 17.5s，设置画布比例为 9：16。新建一个文本，❶输入片尾字幕内容；❷设置“字间距”参数为 5、“行间距”参数为 18；❸调整文本的大小和位置，使其全部显示在画面中，如图 10–71 所示。执行操作后，调整文本的时长至与黑场素材的时长一致，并导出为字幕视频备用。

步骤 02 新建一个草稿文件，❶添加字幕视频；❷设置画布比例为 16：9；❸拖曳时间轴至 0.5s 的位置；❹添加一个关键帧；❺调整字幕的大小和位置，将其向下移出画面，如图 10–72 所示。

步骤 03 ❶拖曳时间轴至字幕视频结束位置；❷将字幕向上移出画面，如图 10–73 所示，制作字幕向上滚动效果。执行操作后，将字幕滚动视频导出备用。

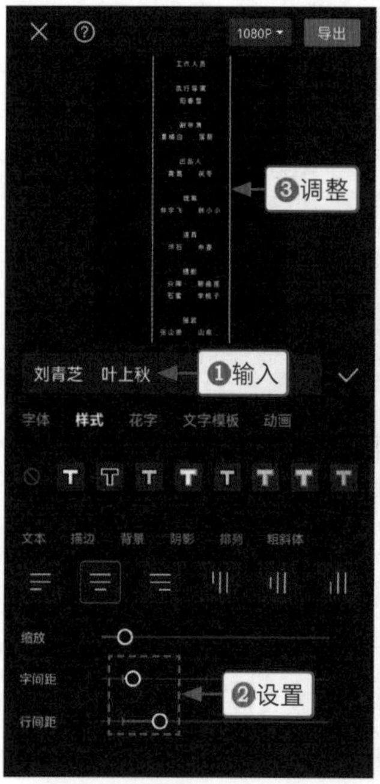

图 10-71

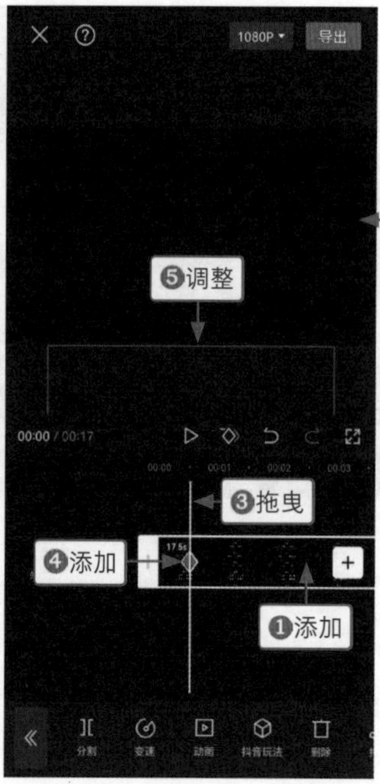

图 10-72

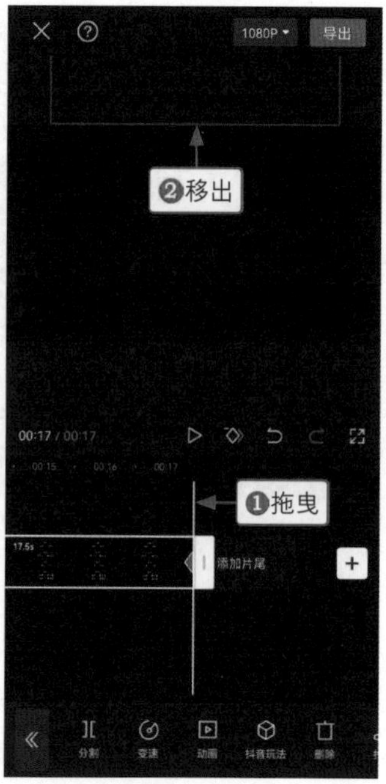

图 10-73

步骤 04 再次新建一个草稿文件，❶在视频轨道中添加背景视频；❷在“出场动画”面板中选择“渐隐”动画；❸拖曳滑块至 1.0s，如图 10-74 所示，制作视频淡出效果。

步骤 05 在贴纸素材库中，❶选择一个带气泡的方框贴纸；❷调整贴纸的大小和位置，使其悬挂在画面左侧，如图 10-75 所示。

图10-74

图10-75

步骤 06 返回，调整贴纸时长至与视频时长一致，在“贴纸动画”面板中，❶为贴纸选择“渐显”入场动画（图中无指示，读者可自行操作）和“渐隐”出场动画；❷设置动画时长分别为 0.5s 和 1.0s，如图 10-76 所示。

步骤 07 执行上述操作后，在画中画轨道中添加字幕滚动视频，❶在“混合模式”面板中，选择“滤色”选项；❷调整字幕的大小和位置，使其刚好位于方框贴纸内，如图 10-77 所示。执行操作后，即可完成对综艺方框悬挂片尾的制作。

图10-76

图10-77

课后实训：半透明白底滚动片尾

效果对比 在很多影视剧和新闻节目中，片尾中有一个半透明的白底，片尾字幕在白底的位置从底部向上滚动，效果如图 10-78 所示。

图10-78

本案例制作步骤如下。

❶将背景视频添加到视频轨道中；❷在“素材库”中，单击白底素材的“添加到轨道”按钮；❸将白底素材添加到画中画轨道中，并调整其时长至与视频时长一致，如图 10-79 所示。

选择白底素材，❶在“画面”操作区中设置“不透明度”参数为 50%，使白底呈半透明状态；❷调整白底素材的位置，使其位于画面左侧，如图 10-80 所示。

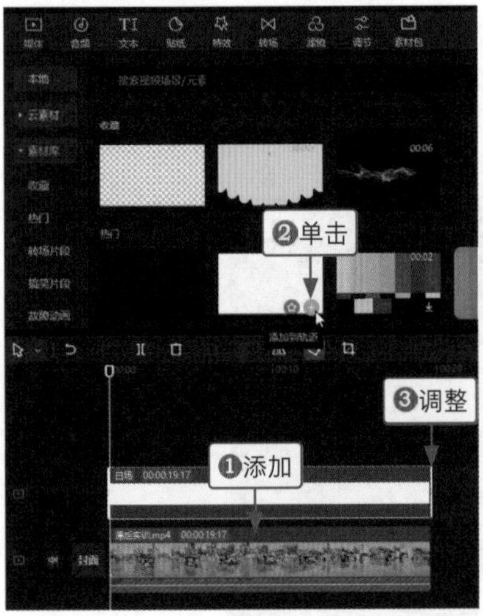

图10-79

图10-80

在“动画”操作区中，❶选择“向右滑动”入场动画；❷设置“动画时长”参数为 2.0s，如图 10-81 所示。

参考 10.1.1 节中字幕滚动的制作方法，在两秒处添加一个文本，输入字幕内容，制作向上滚动的字幕，效果如图 10-82 所示。

图10-81

图10-82

附录 剪映快捷键大全

为方便读者快捷、高效地学习，笔者特意对剪映电脑版快捷键进行了归类说明，如下所示。

操作说明	快捷键	
时间线	Final Cut Pro X 模式	Premiere Pro 模式
分割	Ctrl + B	Ctrl + K
批量分割	Ctrl + Shift + B	Ctrl + Shift + K
鼠标选择模式	A	V
鼠标分割模式	B	C
主轨磁吸	P	Shift + Backspace（退格键）
吸附开关	N	S
联动开关	~	Ctrl + L
预览轴开关	S	Shift + P
轨道放大	Ctrl ++（加号）	+（加号）
轨道缩小	Ctrl +−（减号）	−（减号）
时间线上下滚动	滚轮上下	滚轮上下
时间线左右滚动	Alt +滚轮上下	Alt +滚轮上下
启用 / 停用片段	V	Shift + E
分离 / 还原音频	Ctrl + Shift + S	Alt + Shift + L
手动踩点	Ctrl + J	Ctrl + J
上一帧	←	←
下一帧	→	→
上一分割点	↑	↑
下一分割点	↓	↓
粗剪起始帧 / 区域入点	I	I
粗剪结束帧 / 区域出点	O	O
以片段选定区域	X	X
取消选定区域	Alt + X	Alt + X
创建组合	Ctrl + G	Ctrl + G
解除组合	Ctrl + Shift + G	Ctrl + Shift + G

续表

操作说明	快捷键	
唤起变速面板	Ctrl + R	Ctrl + R
自定义曲线变速	Shift + B	Shift + B
新建复合片段	Alt + G	Alt + G
解除复合片段	Alt + Shift + G	Alt + Shift + G

操作说明	快捷键	
播放器	Final Cut Pro X 模式	Premiere Pro 模式
播放 / 暂停	Spacebar（空格键）	Ctrl + K
全屏 / 退出全屏	Ctrl + Shift + F	~
取消播放器对齐	长按 Ctrl	V

操作说明	快捷键	
基础	Final Cut Pro X 模式	Premiere Pro 模式
复制	Ctrl + C	Ctrl + C
剪切	Ctrl + X	Ctrl + X
粘贴	Ctrl + V	Ctrl + V
删除	Delete（删除键）	Delete（删除键）
撤销	Ctrl + Z	Ctrl + Z
恢复	Shift + Ctrl + Z	Shift + Ctrl + Z
导入媒体	Ctrl + I	Ctrl + I
导出	Ctrl + E	Ctrl + M
新建草稿	Ctrl + N	Ctrl + N
切换素材面板	Tab（制表键）	Tab（制表键）
退出	Ctrl + Q	Ctrl + Q

操作说明	快捷键	
其他	Final Cut Pro X 模式	Premiere Pro 模式
字幕拆分	Enter（回车键）	Enter（回车键）
字幕拆行	Ctrl + Enter	Ctrl + Enter